ものと人間の文化史

181

和紙植物

有岡利幸

法政大学出版局

まえがき

世界の数多くの国で紙が漉かれているが、その中で最良の品質と、千年もの長年月を経ても朽ちることがない超長期の保存性のある紙は和紙だけである。その優秀性と漉く技術が認められ平成二六年一一月二七日、ユネスコが「日本の手漉和紙技術」を無形文化財として登録することを決めた。登録の対象は、わが国の重要無形文化財に指定されている細川紙（埼玉県）、本美濃紙（岐阜県）、石州半紙（島根県）という三つの和紙である。これらの紙はいずれも、楮を原料として手漉きでつくられる。

この三つの和紙は、わが国の伝統的な手漉き技法で製作されている和紙の代表である。これ以外にも各地に手漉きで製作されている和紙がたくさんある。また和紙の主要原料には、楮以外に雁皮と三椏がある。

和紙の歴史については数多くの先生がたの著作があるが、その原木である雁皮、三椏、楮という三種の樹木についての著述は極めて少ない。本書は紙が漉かれはじめた奈良時代以降から現代にいたるまでの、和紙の原料とされる雁皮、三椏、楮の原木と人々との関わりを調べたものである。全八章で構成している。第一章と第二章は雁皮を、第三章から第五章は三椏を、第六章から第八章は楮をあつかっているが、第六章は紙でなく、衣料をつくる楮のことを記している。

雁皮はジンチョウゲ科の暖地に生育する落葉低木で、いわゆる雑木林や松林の痩せた土壌に成立している森林の低木層を構成している。顕著な特徴をもっていないので植生に興味のある人か、和紙原料にできることを知っている人くらいがそれと判るくらい目立たない。

雁皮の樹皮で漉かれた紙は、温度や湿気の変化にも強く、紙肌がなめらかで、しかも丈夫で、紙魚（しみ）に食われないので保存性に富んでいる。この紙は奈良時代から平安時代にかけては斐紙（ひし）とよばれ、のちに鳥子紙（とりのこかみ）とも称されるようになった。鳥子紙はのちには純粋の雁皮紙から、楮を混ぜて漉かれるものもこう称されるようになる。雁皮紙は古来より貴重な文書や金札（藩札）に用いられた。

『延喜式』では、朝廷用の紙漉きの材料として西日本諸国から、「紙麻（かみそ）」「斐紙麻（ひかみそ）」が貢納されている。紙麻は穀皮（かじひ）とよばれる楮や梶の木の樹皮のことで、斐紙麻は雁皮の樹皮のことである。

雁皮の古語は『延喜式』でみられるように「斐」であるが、これまでは『大言海』をはじめとして「かにひ」が雁皮の古語だとしているが、「かにひ」から「がんぴ」へどうしてかわったのかは説明できていなかった。筆者は「かにひ」の「ひ」は「斐」であり、「かに」は「かん（神）」の筆記名と考え、「神斐」と解読した。「かにひ」の「に」は、「かん」の「ん」を記すとき、平安時代には「に」と記される例がある。したがって文字に記されている「かにひ」は、声にだすときは「かんひ」である。「かんひ」が次第になまって「ガンピ」なったという説を考えた。白く清浄な紙は古代では神と同一であり「紙は神なり」であるため「紙斐」となる。

すぐれた和紙原料の雁皮であるが、栽培が困難なので自然に生育しているものを採取しなければならない。和紙製造がさかんであった江戸期の終わりごろから明治初期には、良質な雁皮を産した和歌山県熊野地方では、生育地の山地を鎌留、口明けと称して、一定期間雁皮の採取を禁止し、良好な雁皮の皮を生産するため地域の村々が一致して実施していたところもあった。

三椏もすぐれた和紙原料として使われているが、わが国に自生する樹木ではなく、中国南部やヒマラヤ地方原産のジンチョウゲ科の低木で、渡来時期は未詳である。わが国で三椏が紙として使われはじめたのは室町時代後期ごろの静岡県東部で、文書では伊豆国の修善寺がはじまりとされている。江戸期中ごろには、駿河国東部の富士山の東南麓で栽培されるようになっている。また興津川流域でも、三椏の栽培と紙漉きがおこなわれるようになり、ここで漉かれる紙は駿河半紙とよばれた。さらに甲斐国南部の身延山麓でも、栽培と紙漉きがおこなわれた。

江戸期における三椏の栽培と紙漉きは、駿河国と甲斐国のみであったが、江戸期の終末ごろに土佐国に三椏の種子が送られ、土佐国でも栽培されるようになった。

明治維新により徳川幕府から明治新政府にかわった。明治新政府は国内統一の手段として通貨の統一を考え、紙幣を考案した。紙幣用紙の原料に当初は雁皮をあてたが、自然に生育している樹木からの採取のため、原料供給に限界が認められた。紙幣は毎年安定的に継続して発行することが必要なので、原料供給面から雁皮を原料とすることは断念された。

そこで栽培可能な樹木で、必要量の確保が可能と見込まれるうえ、丈夫で、印刷に適し、滑らかな光沢のある紙が漉ける三椏が目をつけられた。藩札をはじめて漉いた越前国五箇地域の紙漉きが大蔵省紙幣寮に招かれ、紙幣寮の職員に紙漉き技術を指導するとともに、紙幣用の新しい紙つくりをおこない、ついに越前の紙漉き職人が三椏を紙幣用紙にすることに成功した。

この紙幣用紙は局紙とよばれ、明治一〇年にはじめて海外に輸出され、日本の羊皮紙などとよばれ、世界的に有名となった。大蔵省印刷局では、紙幣用の三椏樹皮を確保することを目的に、三椏栽培を奨励した。政府の奨励で西日本の鳥取、島根、岡山、徳島、香川、愛媛、高知、山口県などで栽培されるようになった。

三椏はつくれば政府が買い入れてくれるので、山間地における安定した換金作物となり、従来自給作物を栽培してきた焼畑農業地域では、重要な商品作物と評価された。焼畑農業をおこなっている各県の急峻な山岳地域では、作づけ体系の中に組み込まれ、盛んに栽培されるようになった。昭和初期から二〇年近くにわたり紙幣の増産がおこなわれた戦争中でも、需要をみたす量の三椏皮が供給されてきたのである。

紙幣用の三椏皮は平成一二年あたりまでは、生産量が需要量をみたしていたが、生産地である山岳地域の過疎化、生産農家の高齢化、後継者不足により局納みつまたの生産量の激減が見込まれるようになった。そこで印刷局は紙幣原料を確保するため、三椏原産地である中国やネパールからの輸入をはじめた。平成二七年には国産三椏皮は、需要量の一〇パーセント程度の生産がやっととなった。紙幣まで外国産の原料に頼らねばならない状況におかれたのである。

三椏の花には芳香があり、よくみるとかなりの美花である。かつて和紙原料供給のため三椏が栽培されていた各地の主として杉の造林地に、伐採や台風などで空き地ができ、埋もれていた種子が芽をだし、群落となっているところがあちこちみられるようになった。山歩きの人やハイキングの人は、この珍しい光景に出会えることを楽しみにするようになってきた。

楮は和紙の原料としてもっとも多く使われる。ところが楮は紙の原料となる以前には、その強靭な繊維は物を縛る結束の材料として用いられていた。わが国では神話の中の話とされる出雲大社創建のとき、楮皮が柱などを縛る材料として使われたことが『出雲風土記』に記されている。

また楮繊維を糸につむいで、布を織っていた。布の材料の楮繊維が白かったので、できた布は白妙（しろたえ）（別に白栲とも書かれる）ともよばれた。また楮繊維が白いところから、白色を神聖とみていた古代人は、楮皮を細く裂いて糸状にし、白い木綿（ゆう）をつくり神事に用いた。楮糸で織られた太布（たふ）は、江戸期のおわりごろまで農村では織られ、普段着とされていた。また漉いた紙は、紙子（かみこ）にも仕立てられた。

江戸期には楮皮で漉かれる紙は高価に取引されるところから、藩財政を豊かにする貴重な財源と評価され、西日本の各藩は競って紙を藩の専売品にした。萩藩や土佐藩は楮畑の検地をおこない、畑の中の楮株数を数え上げてことごとく把握し、それを基礎に楮皮の収量と漉きだす紙の数量を算定した。紙漉きに必要な資本を藩が提供、紙漉きが漉きだした紙は藩が決まった値段で買上げ、藩は大坂の蔵に運び、販売してかせぎ、藩財政にくりいれた。

紙漉きは百姓たちの冬季の農閑期の余業であったが、いくら紙を漉いても藩の専売品なので紙漉き百姓が自由にできる紙は一枚もなく、藩の買上価格は紙の値段が高騰しても積み増しされず、ただ藩の収入をかせぐ歯車のような役目を負わされた。江戸期には、紙を専売としているそれぞれの藩には、百姓一揆や逃散（ちょうさん）が発生している。

楮紙も著名な石州半紙、本美濃紙、細川紙、杉原紙などを別にして、ほとんどが紙漉きの地域周辺で消費されていた。明治以降の紙漉きの機械化による大量生産に、手漉きは価格的に対抗できず、紙漉きの廃業が各地でおこなわれた。

さらに近年、在来工法の木造住宅の建築数の減少、生活の洋風化などの影響をうけ、和紙の用途の大部分を占めていた障子紙や襖(ふすま)紙の需要はきわめて少なくなり、和紙はほとんど漉かれなくなった。同時に楮栽培も、農家の高齢化、栽培地域の過疎化がすすみ、供給も需要を満たすことができなくなっている。伝統産業である手漉き紙をどう取り扱っていけばいいのか、行政の施策はみえていない。

そのうえ和紙原料生産の問題として、野生獣の被害がある。雁皮や三椏には毒があるため野生獣が食わないことに対し、和紙原料として大きな比重を占めている楮は猿、鹿、猪が好む植物のため、これらの野生獣による食害がひどくて、楮栽培をあきらめたところも出ている。楮産地の過疎化、高齢化、野生獣の食害の現状を最後に触れた。

目　次

第三章　耐久性抜群の和紙を生む三椏

第四章　局紙用三椏栽培の繁栄と衰退

第一章　高品質和紙を生む雁皮

ガンピとはこんな植物

世界的にみても高品質で最上級の紙は、和紙である。その和紙の原料となる樹皮をもつガンピ（雁皮）という樹木は、山地の乾燥したうえに肥料分の少ない痩せた尾根筋に主として生育している。しかし、混生している低木類の中からこの木をみつけることは、この木の樹皮から上質の和紙を漉（す）くことを知っている人か、特別に森林生態に興味をもっている人あたりが見分けることができるくらいで、ごく目立たない低木である。

雁皮という語には、雁皮という低木をさす場合と、製紙用の樹皮をさす場合の、二つのよびかたがある。できるだけ区別できるように記述するつもりであるが、文章の流れから判断していただくことがあると考える。

ガンピ（雁皮）は、ジンチョウゲ科アオガンピ属とガンピ属という二属に分けられる。どちらも低木で、高さは一・五メートル以上になり、外皮はなめらかで、茶褐色を呈し、桜の樹皮に似ている。雁皮の仲間には二〇種あまりあり、アジア東部と中部に分布し、そのうち七種から八種が日本に自生している。

日本の自生種は、アオガンピ属を除きいずれも落葉低木である。分布地など主として佐竹義輔・原寛・亘理俊次・冨成忠夫編『日本の野生植物　木本II』（平凡社、一九八九年）から紹介する。

アオガンピ属のアオガンピは南西諸島の沖縄本島や西表島、石垣島および台湾の原野に生え、高さは一メートルから三メートルで、密に分枝する常緑ないしは半常緑の低木である。若枝はまっすぐで、短毛を密生するが、二年目にはほぼ無毛になる。樹皮で和紙をつくる。この樹皮で漉いた紙は、薄い青色をしている。

ガンピ属の樹木は和紙の原料として、平安時代の昔から採取が繰り返されてきたので、現在では生育数が減少し、環境省や関係する県の絶滅危惧種に指定されている。

ミヤマガンピ（ヒオウともいう）の高さは一メートルほどで、紀伊半島の大台ヶ原や大峰山、四国の中部から西部、九州の祖母山や大崩（おおくえ）山系の深山（標高一三〇〇メートルまで）の岩石地に稀に産する。生育環境がよくないため、生長が遅く紙漉き用となる採皮量は少ない。和歌山県で絶滅危惧II類、大分県で準絶滅危惧種に指定されている。

キガンピ（キコガンピともいう）は、高さ一から二メートルの枝分かれの多い低木である。

本州では近畿地方および中国地方西部、四国、九州の大隅半島以北、朝鮮半島南部の山中のやや日あたりのよい標高一〇〇〇メートル以下の地に生育する。種子がよく発芽し、生長が早く、発芽当年に開花することもある。採皮量は比較的多いが、枝分かれが多く、繊維処理に手間がかかる。和紙原料として樹皮が採取される。愛知県と大分県で絶滅危惧I類、島根県と愛媛県で絶滅危惧II類、京都府で準絶滅危惧種に指定されている。

ガンピ（カミノキともいう）は高さ二メートルほどで、樹皮は桜の皮に似ている。本州では静岡県掛川市小笠山および石川県南部以西で、四国および九州の佐賀県黒髪山の比較的日のあたる砂質土あるいは蛇紋岩地に生育する。高級和紙である雁皮紙の原料として樹皮が採取され、ときに栽培される。石川県と佐賀県で準絶滅危惧種に指定されている。

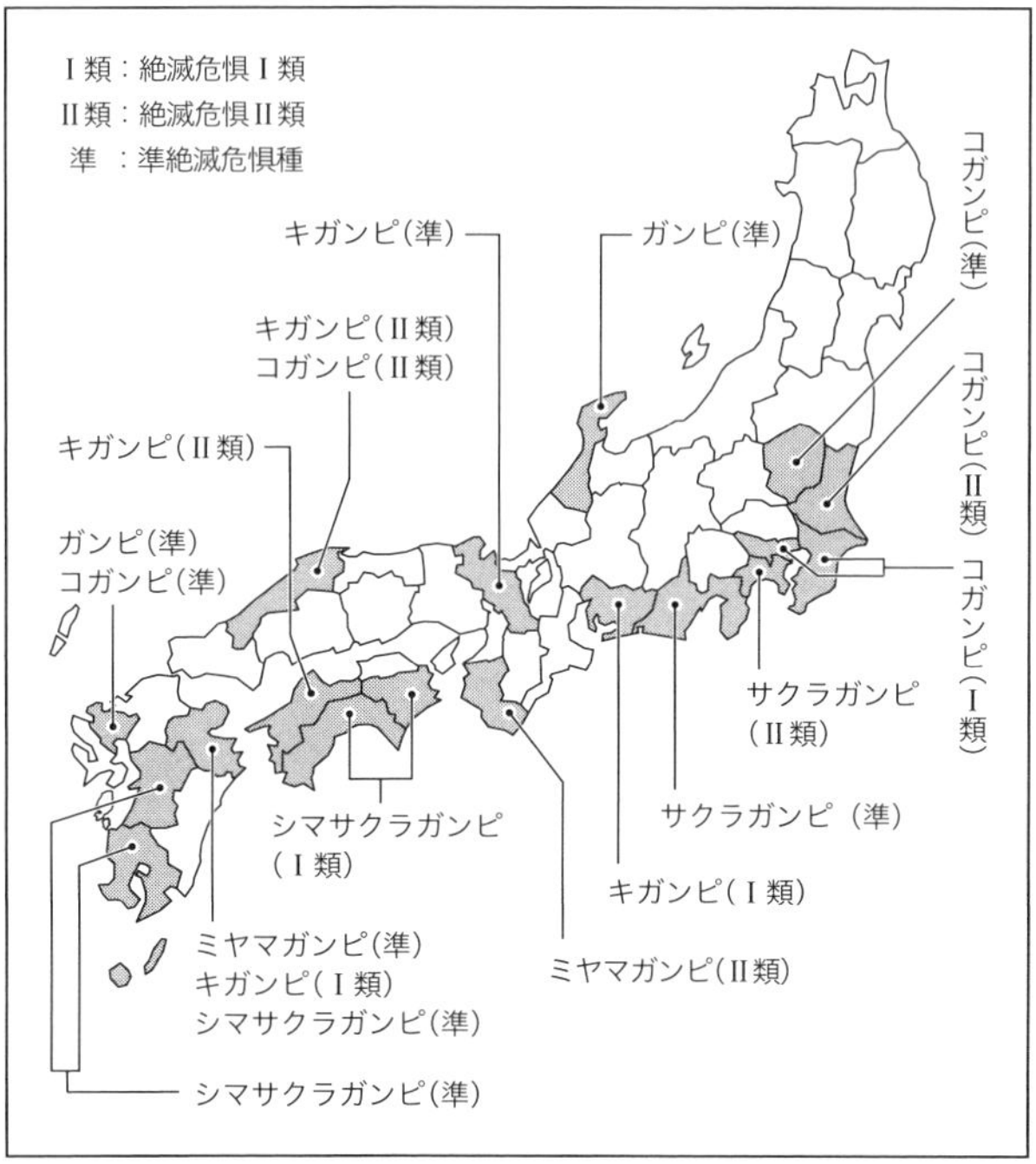

図1-1　ガンピ類の絶滅危惧種指定

　コガンピは高さ一メートル足らずの落葉低木である。関東以西の暖地で、本州では群馬県赤城山および茨城県と福井県以西、四国、九州では奄美群島までの日あたりのよい山野に生育する。幹の樹皮はもろい。幹は毎年二〇センチ程度で枯れてしまい、長い糸になりにくく、太く長い白皮が採れにくいうえ、きれいにし難いなど、作業効率が悪くなる欠点があり、良質な紙をつくりにくい。千葉県と東京都で絶滅危惧Ⅰ類、茨城県と島根県で絶滅危惧Ⅱ類、栃木県と佐賀県で準絶滅危惧種に指定されている。

タカクマコガンピは、キガンピに似た低木で、近畿地方や九州のキガンピとコガンピがともに生育している土地にみられるので、両種の種間雑種と推定されている。

サクラガンピ（ヒメガンピともいう）は高さ二メートルほどの落葉低木である。伊豆半島各地と箱根山中の谷側などに生育している。幹は谷側になためにに立つのが特徴である。明治時代までは高級和紙の原料として樹皮が採取されていたが、現在は生育地が減少したので採取されていない。環境省の絶滅危惧Ⅱ類、神奈川県の絶滅危惧Ⅱ類、静岡県の準絶滅危惧種に指定されている。

シマサクラガンピ（シマコガンピともいう）は高さ二メートルを越す落葉低木である。九州の大分県以南の東側一帯と鹿児島県甑島（こしきじま）および屋久島の標高一二〇〇メートル以下の、日あたりのよい斜面あるいは林の中に生える。斜面に生えて、幹は直立か上部がやや下垂する。高級和紙の原料として大量に採取されていたが繊維が円頭形であるため緊度が少なく、柔らかい質感の紙ができる。徳島県と高知県及び熊本県で絶滅危惧Ⅰ類、大分県と鹿児島県で準絶滅危惧種に指定されている。

オオシマガンピは鹿児島県の奄美大島および徳之島のみに産する種で、高さ一・五メートルほどの低木である。

日本に自生するガンピ属は八種類であるが、そのうち和紙の原料として樹皮が採取される種は、アオガンピ属とキガンピ、ガンピ、サクラガンピ、シマサクラガンピの五種類となる。本書では、和紙の原料とするガンピを取り扱っているので、この五種を格別に区別することなく、一括して雁皮として記していくことにする。

いわゆる雁皮の分布は、日本海側では石川県の加賀市付近が北限であり、太平洋側では群馬県・茨城県が東限で、それ以西の近畿・中国地方、四国、九州の暖地である。枝はよく分岐し、新枝には白色の毛がある。葉は互生し、全縁で広卵形または卵状披針形をなし、両面に白色の毛があるが、ことに裏面では密生している。葉柄はきわめて短い。枝は褐色、葉は卵形で互生し、初夏に枝の端に黄色の小花を頭状に密生する。花には花弁がなく、先端が四裂して黄色、下部が筒状で白色のガクをもち、花の後はガクを伴った痩果(そうか)をむすぶ。痩果とは、果実が小さいうえ果皮がかたく、成熟しても裂開せず、内部に果肉に密着せず、一個の種子をいれるものをいう。

滋賀県田上山やせ地の雁皮

雁皮の自生地はおもに日あたりのよい尾根の頂部から尾根型斜面の水分環境にめぐまれない、肥料分が少なく痩せて乾燥した土壌がある場所に多くみられる。このような環境下を好んで生育しているので、生長はよくない。土壌条件の比較的良好なところで、陽光がよくあたる条件下では生長は旺盛である。雁皮はアカマツ林や、いわゆる雑木林の下層木として生えている。林業的には薪炭の用材にもならないので、あまり有用な樹木とはいえないが、和紙の原料としてはピカ一の材料として評価されている低木である。

筆者は滋賀県の琵琶湖南方の田上山(たなかみやま)地区にある、滋賀森林管理署が管理する近江湖南アルプス自然休養林の一丈野国有林の遊歩道周辺で、雁皮の生育地をみたことがある。花崗岩の深層風化物で形成され、腐植質がほとんどない痩せた土壌のアカマツ疎林であったが、林床にはたくさんの雁皮が生えていた。田上山は大津市南部の田上地区から大石地区に連なる標高四〇〇から六〇〇メートルの山の総称である。

図 1-2　雁皮が生育している滋賀県田上山の林相写真　中央の歩道左側のヤブに数本の大きな雁皮が生育していた。

この山には太古の昔、ヒノキの大木がうっそうと繁茂していたが、藤原京の造営用材やその後の平城京遷都、東大寺などの南都の諸寺院の造営に際し、瀬田川、宇治川、木津川を利用した水運による利便性と、山中に生育する木々の良質さから、ヒノキ数万本が伐採され運び出され利用された。田上山は花崗岩の深層風化物でできあがっているため、伐採後はひどく荒廃し、長年の間はげ山となっていた。近年になって、ようやく治山の手が入り、現在では山に緑が回復しつつあるが、再生しかけている植生の生長はわるい。

中学一年生の孫娘とその友達をつれてハイキングに行ったとき、谷から尾根へと登る遊歩道のかたわらには、必ずといっていいほど雁皮をみかけた。雁皮は大きなもので根元が鉛筆くらい、樹高は一八〇センチほどであった。大きな尾根筋にのぼると、からからに乾燥した花崗岩の風化土の遊歩道沿いの茂みにもみられた。全体的に高さは五〇センチ以下で、乾燥したやせ山なので、どれも良好な生育はしていなかった。

このとき山歩きというのに孫娘は半ズボンだったので、狭い遊歩道の両側からはみ出したコシダで脛（すね）

がこすれ、痛いといい出したので、持っていたタオルを足に巻いたが、縛る紐をもっていなかったので、近くのガンピの皮を剥いで、それで縛ってやった。雁皮という木の皮は、靭性があって、少しくらいの力で引っ張っても千切れない。資料や記録は何もないが、昔から山の人たちは雁皮の皮を、薪や材木を束ねるのに用いてきたのではなかろうか。奈良時代に紙を漉く技術がわが国に伝えられたが、わが国の人たちはその技術を取りいれ、たちまちのうちに雁皮を用いて紙を漉くことができた。雁皮という木がどんな木であるかを、人々が知っていなければ無理である。紙原料とする以前に、山仕事にたずさわる人たちも、官の仕事の人たちも、雁皮という木の性質をよく知っていたので、その性質を紙漉きに応用できたのであろうと考える。

雁皮紙は貴重書や謄写版原紙に

雁皮は和紙の原料として用いられ、この樹皮の繊維で漉（す）かれる紙が雁皮紙である。わが国で和紙の材料として雁皮が用いられたのは奈良時代で、これから漉いた紙の紙肌が平滑で美しいので斐紙（ひし）とよばれ、写経用紙などに用いられた。

雁皮紙は平安時代になるとおもに料紙（りょうし）として愛用され、たくさん用いられた。室町時代には漉いた紙の色が、鳥の子つまり卵色をしているため、鳥の子紙という名前が用いられるようになった。文安元年（一四四四）に成立した室町時代の作者未詳の国語辞典『下学集（かがくしゅう）』は、「紙の色　鳥の卵の如し　故に鳥の子というなり」と説明している。また室町時代の国語辞典で、享徳三年（一四五四）の序のある飯尾永祥著『撮壌集（さつじょうしゅう）』は「卵紙」と記している。

鳥の子紙の薄く漉いたものを薄様といい、厚く漉いたものは厚様といわれる。厚手の一種で雁皮に泥を混ぜたものを間合紙（間似合紙とも書かれる）という。間合紙は半間（三尺＝約九〇センチ）の間尺に合う紙の意味で、普通は襖や障子を貼るのに用いられる。間合紙は兵庫県西宮市名塩が有名であるが、ここは紙を漉くときに特産の泥をいれている。

鳥の子紙は上代の斐紙と同質のもので、雁皮を材料として漉かれた紙で、半透明で粘着性に富み、絹のような優美さと独特のこのましい光沢をもっている。そして温度や湿度の変化にも強く、保存性もあり、その風格から紙の王と評されることもある。

雁皮の繊維は細く短いので緻密なうえに、緊密な紙となり、紙肌はなめらかであり、丈夫で紙魚（和紙を食害する昆虫）の害にも強いため、古くから貴重な文書や金札（藩札）に用いられた。

文書類の料紙としては『正倉院文書』の一部に斐紙が使われた事例が報告されているが、そのほとんどが楮と雁皮の混ぜ漉きといわれている。古代・中世の文書の料紙はすべて楮紙といってよく、純粋の斐紙が文書の料紙に使われるのは南北朝時代になってからだと、『国史大事典　一一』（国史大事典編集委員会編、吉川弘文館、一九九〇年）はいう。

南北朝時代には小切紙の軍勢催促状や感状があらわれるが、斐紙が料紙として多く用いられている。薄くて強靭なことから、ひそかにかくして書状などを遠くへ運ぶのに適したからであろう。室町時代の応仁・文明年間（一四九七〜八七年）になると、禁制に斐紙が使われるようになる。

斐紙が文書の料紙として本格的に用いられるようになるのは、戦国時代になってからで、戦国武将の切紙の書状類はほとんどが斐紙であり、近世になるとさらにその用途が広くなる。その代表として領知判物・朱印状にそえられる領知目録がある。これには大きくて厚く、良質の間合紙が用いられている。なお切紙とは、鳥の子紙などを横に二つに折り、折り目どおり横に二つに切りはなしたものである。半切ともいう。

雁皮の繊維で漉かれた紙に雁皮紙という名前がつけられたのは江戸時代で、このころは藩札、箔打紙、薬袋紙、腰張紙などに用いられた。箔打紙の箔は金銀などを叩いて紙のように薄くしたもので、叩く時金銀を直接叩かずに紙をはさみ、紙を叩くのであるが、そのときに金銀を間にはさむ紙のことである。

明治初期には雁皮紙のコピー用紙がさかんに外国に輸出され、非常な好評を得た。また国債証券や地方債証券の用紙などに用いられた。このときのコピー用紙とは、現在のコピー機で大量に複写する用紙ではない。普通は二枚または三枚、多くても五枚までの用紙の間にカーボン紙をはさんで、ボールペンか鉛筆で強く筆圧を加えながら書くことで、下の紙に複製ができる。これに使う紙をコピー紙、あるいは複写紙とよんでいた。

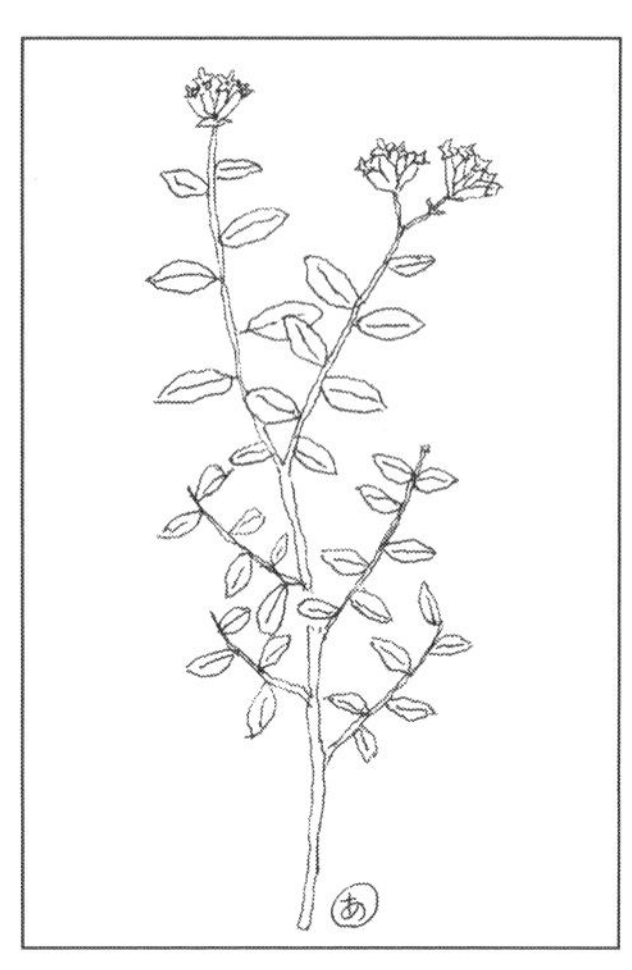

図 1-3　雁皮の幼木　成長したこの木の樹皮で紙を漉く。

明治中期以降になると謄写版の普及により、謄写版原紙用紙として雁皮紙が多く利用されるようになった。謄写版とは、孔版印刷の一種で、うら表とも蠟を引いた原紙を鑢板にあてがい、これに鉄筆で文字や絵を書いて蠟を落とし、その部分から印刷インクをにじみださせて印刷する方法である。雁皮紙の謄写原紙は強靭で、鑢板の上を鉄筆でこすられても破れるなどの損傷がほとんどなかったので、雁皮紙は、謄写版原紙用紙として大量に使用された。また京都西陣の金銀糸の地紙や扇子地、箔打紙、表具用紙、書道紙、色紙、短冊などに広く用いられてきた。

現在では謄写版印刷は、カーボンの粉を文字や図のかたちに直接機械的に紙にふきつける複写機が普及したため急激にすたれ、雁皮紙の謄写版原紙用紙の用途もほとんどなくなった。雁皮紙の需要は減少したが、透かして図などをトレースする用紙をはじめ、箔打紙など薄手の紙の原料として独特の地位を保っている。また製本装丁用、襖(ふすま)・壁表装用、版画用紙、金銀糸の地紙、写真台紙、書画の表具用などに優れた特性を生かして使われている。

『延喜式』の貢納される雁皮

平安時代には朝廷用の紙を製造する紙屋院(かみやいん)(別に「かやいん」という)とよばれる図書寮の付属機関があった。奈良時代の天平宝字元年(七五七)に施行された『養老律令』によると、図書寮に属した造紙(ぞうし)手(しゅ)とよばれる四名の紙漉き技術者と、その下ではたらく品部の紙戸五〇戸が山背国(やましろ)(のちの山城国)に置かれていた。

平安時代になって現在の京都市街地の西方を流れる紙屋川のほとりに、図書寮の別所である紙屋院が設けられた。紙屋川とは京都盆地の北にある鷹峯(たかがみね)に源を発して南下し、太秦(うずまさ)で御室川と合流して天神川となり、桂川に注いでいる。紙屋院は紙屋川の下流となる天神川沿いに設けられたという説もあり、実際には設けられた場所は未詳である。紙屋院は朝廷で使用される紙の製造工場であると同時に、紙漉き技術者を指導したり、また養成する学校でもあった。ここで漉かれた紙は、紙屋紙とよばれた。
『延喜式』（黒坂勝美・国史大系編修会編『新訂増補国史大系第二六巻　延暦交替式・貞観交替式・延喜交替式・弘仁式・延喜式』吉川弘文館、一九六五年）巻十三・図書寮には紙屋院において、朝廷で必要な紙を漉く原料の量や、一日に漉く紙の量などが記されている。なお、本章の主題はガンピ（雁皮）であるが、コウゾ（楮）も併せて記すことにする。

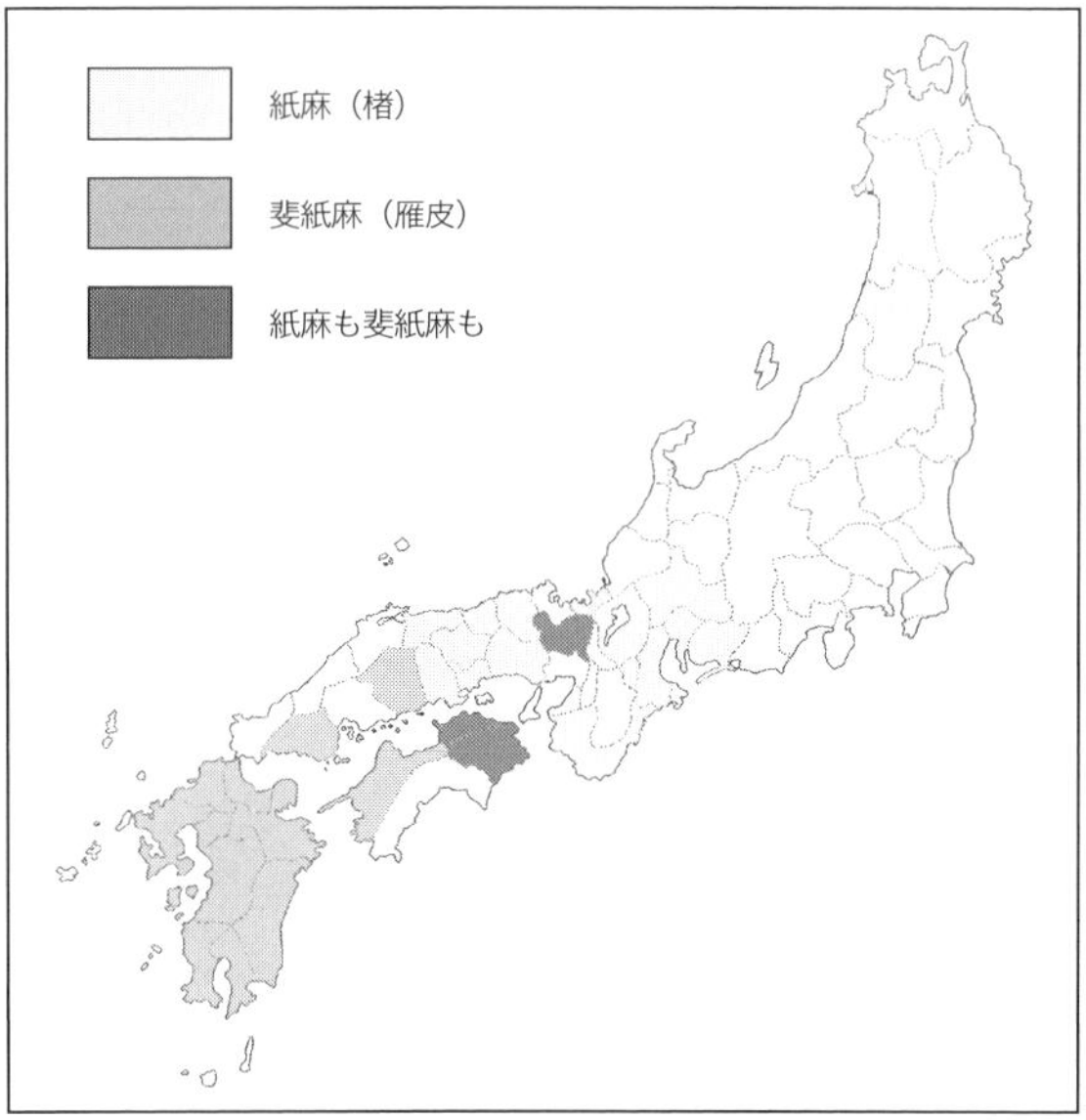

紙麻（楮）
斐紙麻（雁皮）
紙麻も斐紙麻も

図 1-4　『延喜式』の紙麻・斐紙麻の貢納諸国

図書寮の年料紙の条は、紙の原料の量から、紙漉きの道具類を製作する材料など、紙の製造に関わる資材を記しているのであるが、ここではあまり紙漉きまでおよぶ必要性がないと考えるので、紙の原料に関わる部分について抜粋する。

凡年料造紙二万張、広二尺二寸。長一尺二寸。
料紙麻小二千六百斤。一千五百六十斤穀皮。一千四十斤斐皮。並諸国所進。

この条は広さ二尺二寸（約六六・七センチ）、長さ一尺二寸（約三六・四センチ）という大きさの紙を一年間に二万張漉くのに必要な原材料である樹皮と、紙漉き道具を製作するに必要な、藁、絹、簀、調布、鍬、木灰などを記している。紙を漉くのに必要な原材料である紙麻は、小二六〇〇斤（一斤＝一六両＝一六〇匁＝約六〇〇グラムであり、小一斤は三分の一であるから、約二〇〇グラムとなる。二六〇〇斤＝五二〇キロ）という大きな量であった。その内訳は、穀皮（コウゾの皮）小一五六〇斤（三一二キロ）と斐皮（ガンピの皮）小一〇四〇斤（二〇八キロ）であった。

この紙麻は『延喜式』巻二十二・民部下の年料貢雑物の条に、諸国ごとに貢納する品物が筆一〇〇管、青木香八〇斤、黄楊六枚、甘葛汁二斗、胡桃子一石五斗などとともに、紙麻・斐紙麻の数量が定められているので抜き出すが、よみやすく数量の五十は五〇のように記す。紙麻とは、のちに「こうぞ」の語源となるとされることばで、ここでは製紙原料のうち主として「穀」と記されることもあり、コウゾ（楮）とカジノキ（梶）のことを指している。この紙の原材料は、剝いだ樹皮を蒸してから水にさらして白皮状にしたものである。雁皮は斐紙麻と記されている。

伊賀国（現三重県）　紙麻　五〇斤
伊勢国（現三重県）　紙麻一一〇斤
尾張国（現愛知県）　紙麻　九〇斤
三河国（現愛知県）　紙麻　一〇斤
近江国（現滋賀県）　紙麻一一〇斤
美濃国（現岐阜県）　紙麻六〇〇斤
出羽国（現山形県・秋田県）　紙麻一〇〇斤

若狭国（現福井県）	紙麻一〇〇斤	
越前国（現福井県）	紙麻一〇〇斤	
丹波国（現京都府・兵庫県）	紙麻七〇斤	斐紙麻一〇〇斤
但馬国（現兵庫県）	紙麻七〇斤	
因幡国（現鳥取県）	紙麻七〇斤	
伯耆国（現鳥取県）	紙麻七〇斤	
播磨国（現兵庫県）	紙麻二一〇斤	
美作国（現岡山県）	紙麻七〇斤	
備前国（現岡山県）	紙麻五〇斤	
備中国（現岡山県）	紙麻五〇斤	
備後国（現広島県）		斐紙麻二〇〇斤
周防国（現山口県）		斐紙麻二〇〇斤
紀伊国（現和歌山県・三重県）	紙麻七〇斤	
阿波国（現徳島県）	紙麻七〇斤	斐紙麻一〇〇斤
讃岐国（現香川県）	紙麻一五〇斤	斐紙麻一〇〇斤
伊予国（現香川県）		斐紙麻一〇〇斤
大宰府（現九州諸県）		斐紙麻二〇〇斤

製紙原料はこのように二三か国と大宰府の貢納が、定められていた。雁皮（斐紙麻）を貢納する国々

は、丹波・備後・周防・阿波・讃岐・伊予と大宰府（九州）という西日本である。

集計すると紙麻は一八二〇斤、斐紙麻は一〇〇〇斤で、年紙料二万張の内の穀皮一五六〇斤、斐皮一〇六〇斤とは一致しない。

なお、製紙原料ではなく、漉いた製品の紙の貢納が定められた諸国に、下野国（現栃木県）（麻紙一〇〇張）と大宰府（斐紙一〇〇〇張・麻紙二〇〇張）がある。大宰府は朝廷の出先機関で九州一円を管轄しているが、九州の国ごとの定められ方は不詳である。

別に中男作物（ちゅうなん）として、一人あたり穀皮三斤二両、斐皮三斤を納める定めのところは大宰府管内の九州諸国である。なお穀皮は楮（こうぞ）と梶の木の樹皮であり、斐皮は雁皮の樹皮のことである。

筑前国（現福岡県）…………穀皮
筑後国（現福岡県）…………穀皮
肥前国（現佐賀県・長崎県）……斐皮
豊後国（現福岡県・大分県）……穀皮

納める数量は一人あたりで定められているが、国ごとの量は不詳である。ただ久米康生著『和紙の文化史』（木耳社、一九七六年）によれば、大宰府全体として穀皮一五六〇斤、斐皮一〇四〇斤、合計二六〇〇斤となっていると、記している。

なお、日向国（現宮崎県）は原料でなく、斐皮を紙に漉いた斐紙で納めることとされている。

斐紙の紙漉きは手間がかかる

表1-1　中功日における材料別製紙工程

	煮	択	截	舂	成紙
穀	3斤4両（2550グラム）	1斤9両（750グラム）	3斤4両（1950グラム）	0斤12両（450グラム）	168張
麻	—	1斤0両（600グラム）	1斤4両（750グラム）	0斤2両（75グラム）	150張
斐	3斤4両（2550グラム）	1斤0両（600グラム）	3斤4両（2550グラム）	0斤7両（262.5グラム）	148張
苦参	—	1斤2両（675グラム）	1斤8両（900グラム）	0斤2両（75グラム）	168張

『延喜式』巻十三・図書寮の「造紙」の条に、一年を長功、中功、短功という三つの季節にわけ、それぞれの季節の紙漉きの工程が定められている。長功は四・五・六・七月の四か月、中功は二・三・八・九月の四か月、短功は一〇・一一・一二・一月の四か月のことである。紙を漉く原料は、布、穀（楮）、麻、斐（雁皮）、苦参という五種類である。苦参はマメ科の植物であるクララの靭皮のことである。

クララの和名の由来は、根を噛むとクラクラするほど苦いことから眩草とよばれ、これが転じてクララになったといわれる。根は健胃剤や駆虫剤になるほど苦味があるので、紙魚に強い紙として漉かれたようであるが、数量も少なく現存する紙はないといわれる。本州、四国、九州、中国大陸の日あたりのよい草原などに自生しているが、全草有毒で、根の部分はとくに毒性が強く、場合によっては呼吸困難で死に至る。

紙屋院での紙漉きの工程には、択（ちり取り）、截（切断）、舂（叩解）、成紙（漉き）、煮（煮熟）の五つの過程があるが、原料の種類によって異なる。中功日（二・三・八・九月）における原料別の工程をひろいあげてみると、上の表1-1のようになる。穀（楮）紙と斐（雁皮）紙を漉く工程を比較してみるため、穀（楮）の工程を一〇〇として比較する。

煮では斐（雁皮）も一〇〇である。択では斐が八〇となり、二〇パーセント方斐の手間が多い。截では斐も一〇〇である。春では斐が五八となり、斐が四二パーセント方手間が多い。成紙でも斐は八八となり、斐が一二パーセント方手間が多い。

一日八時間（四八〇分）で紙を漉くとすれば、穀紙は一張（枚）あたりの漉き時間は二分五二秒（一七二秒）となり、斐紙では三分一四秒（一九四秒）となる。一枚あたりの紙漉き時間は、斐紙の方が二二秒余計に時間を要することになる。穀紙の漉き時間を一〇〇とすれば、斐紙の漉き時間は約一一三となり、一三パーセント分だけ斐紙が余計に時間がかかることになる。

雁皮の古名は「斐」である

和紙原料のガンピの古語は何かというと、ヒ（斐）である。正倉院文書に記された紙の名前は、主として原料によって名づけられたものが多い。原料別に紙の名前を整理してみる。

麻　麻紙（まし）、黄麻紙、白麻紙、緑麻紙、常麻紙、短麻紙、白短麻紙
穀　穀紙（かじし）、縹紙（はなだ）
檀　檀紙（だんし）、真弓紙、長檀紙
松　松紙（しょうし）
梶　梶紙（かじし）、加地紙、加遅紙
斐　斐紙（ひし）、肥紙、荒肥紙
竹　竹幕紙（ちくまくし）
楡　楡紙（ゆし）

布　朽布紙（くちぬのし）、白布紙
古紙　本古紙（ほんこし）
藁　藁葉紙（こうようし）、波和良紙
杜中　杜中紙（とちゅうし）

このように奈良時代には一二種類の原料で紙が漉かれていた。原料名を簡略にみると、麻はクワ科アサ属の一年生草本で、茎皮の繊維は衣類にしたり麻糸にする。穀はクワ科コウゾ属のコウゾのことで、重要な和紙原料である。梶はクワ科コウゾ属の落葉高木で、枝の皮を紙の原料とする。

檀紙（だんし）は、マユミの樹皮を漉いた紙との説明をみかけるが、マユミの樹皮はごく薄く紙が漉ける量が採取できない。高級紙として平安時代は歌を記す懐紙として用いられた紙で、楮皮を漉いた紙である。久米康生著『和紙文化研究事典』（法政大学出版局　二〇一二年）は、奈良時代にマユミ樹皮で漉いたといわれるが、平安期からは楮が原料の厚紙だという。紙面に細かい皺紋があるので繭紙・松皮紙ともよばれた。この皺紋はもともと縄にかけて乾燥したからで、後には干板に貼っている。同じ楮原料の紙であるが、穀紙と区別して檀紙というのは、縄干し乾燥の皺紋が特徴だからと考えられると、同書はいう。

図 1-5　シダ生い地の中に生育している太い雁皮の幹　直径は目測で4 cm くらいはあった。

斐はジンチョウゲ科ガンピ属の落葉低木で、重要な和紙原料である。楡はニレ科ニレ属の落葉高木で、紙との関係は不詳である。杜中（仲）はトチュウ科トチュウ属の中国原産の落葉高木で、紙との関係は不詳である。松紙のことは、檀紙のところで松皮紙で触れた。

現在の和紙原料とされているコウゾ（楮）は正倉院文書では穀（かじ）と表記されており、コウゾの古名だということができる。また同じように雁皮の漢字表記は斐（ひ）なので、これが古名だといえる。これでガンピ（雁皮）の古名は従来いわれている「かにひ」ではなく、「斐（ひ）」だと確定することができた。残念ながら筆者の創見ではなく先人がいる。

関彪（たけし）は『雁皮聚録』の中で、一旦は「雁皮の古和名は「かにひ」である」と断言している。しかし、さらに追及し、奈良朝時代の文書に斐紙の名称があるのは、穀紙のごとく原料の植物名を冠したものに相違ないが、「かにひ」には麻や穀のように適当な本草学的漢字がみつからず、当時の風潮として博物学的名詞には、すべて漢字を採用したから「かにひ」の語尾の音をとったものであろう。仮にこれを「伽尼斐」と漢字化し、その一字をとるとすれば伽紙、尼紙となり、ともに面白くない。最後の「斐」は「甲斐国」にも採用されているし、字義が文彩ある貌（かお）で高尚であるから、当時の文筆権威者がこのように命名したのではあるまいか。これは自分（関彪のこと）の独創的卑見としてあえて提唱するという。

関彪は同書で、榊原芳野もガンピの古名は「斐」と決したことを記している。

榊原芳野の『文芸類纂』（明治一一年出版）斐紙の部に「再按、斐の雁皮なるべきは、『草木図説』（伊藤圭介）がんぴの下に、讃岐の方言ひよを載せたり、ひよ恐らくは斐麻の転か、然らば斐とせんこと決したり。」

さて、ガンピ（雁皮）の古名は以上のように、三者がそれぞれ別々の方法から調べたところ「斐」であったことに意見が一致したのであるが、「斐」がどうしてガンピ（雁皮）とよばれるようになったのかを解決しなければならない。

雁皮の語源は方言からか

現在全国のほとんどの地域で、斐紙原料の樹木のよび名は、一般に「ガンピ（雁皮）」で通用する。「斐紙」原木のよび名がどういう経緯で、「雁皮」とよばれるようになったのか文献をたぐってみたが、色よい資料はみつからない。「雁皮」という標準的なよび名が、わが国の和紙製造の業界のみならず、原料の樹皮採取の人たちまで普及する以前は、それぞれの地方名いわゆる方言でよばれていたことは確かである。関彪著『雁皮聚録』と八坂書房編・発行『日本方言植物集成』（二〇〇一年）から、現在の府県別の方言名をまず掲げる。

栃木県…………………おぜんばな
滋賀県…………………かみのき
兵庫県（但馬地方）…………がび
京都府（丹後地方）…………がび
島根県…………………かべ
和歌山県………………かみそ
香川県…………………やまかご、しはなわのき、ひよ、ひぉ、ひよのき
愛媛県…………………ひお

高知県……………………ひお、ひの、ひのお
福岡県……………………かみのき

製紙原料のガンピの方言としては、滋賀県と福岡県の「かみのき」がそのものずばりといっており、わかりやすい。和歌山県の「かみそ」も「紙麻（かみそ）＝紙素（かみそ）」のことであり、これも明確に紙の原材料を示している。香川・愛媛・高知県の「ひお」は「斐麻（ひお）」のことで、紙原材料の平安時代のことばである。但馬・丹後地方の「がび」は、中間に「ん」を挿入すると「がんび」となり、もっともガンピに発音上は近い。但馬国と丹後国は隣接し、山城国の京にごく近い地域である。この地域には雁皮で紙を漉く著名な紙郷はないけれど、原料供給地として雁皮を他の低木類と区別する必要がありガビとよばれていたと考えられる。方言の採取数が少ないように思われるが、現状では方言から標準名の「ガンピ（雁皮）」に昇格したものではなさそうだ。

雁皮の語源と紙斐の文字表記法

大槻文彦著の『新編大言海』（冨山房、一九八二年）は、ガンピは古名「カニヒ」の転訛（てんか）であるとして、「カミヒ」は「紙斐（かにひ）」の転訛で、カミヒからカニヒへ、そしてガンピになったとする。ガンピの古語が「斐」であることは、前に述べた。古語の「斐」から『新編大言海』がいう「紙斐」がどうみちびき出されたのか、よくわからない。

古代では紙は原料の名前でよばれ、麻が原料では麻紙（まし）・白麻紙（しろまし）、コウゾ（カジノキを含む）が原料だと穀紙（かじし）・加地紙（かじし）、竹が原料だと竹幕紙（ちくまし）、松の靭皮が原料だと松紙（しょうし）となる。斐（ひ）が原料の紙は斐紙（ひし）・荒肥（あらひ）

紙である。『延喜式』でみるように、斐の樹皮は斐皮であり、斐紙麻であり、漉かれて製品の紙となったものは斐紙とよばれていたことはたしかである。

上原敬二は『樹木大図説　三』（有明書房、一九六一年）の中で、ガンピ属ガンピの別名としてカミノキ、ヤマカゴ、カブ、カニヒの四種をあげている。牧野富太郎は『牧野新日本植物図鑑』（北隆館、一九六一年）の中で、ガンピの日本名の説明として「古い名であるカニヒの転化したものである」と記している。新村出編『広辞苑第四版』（岩波書店、一九九一年）は、「かにひ」の項で「雁皮の古語というが不詳」と疑問符をつけている。

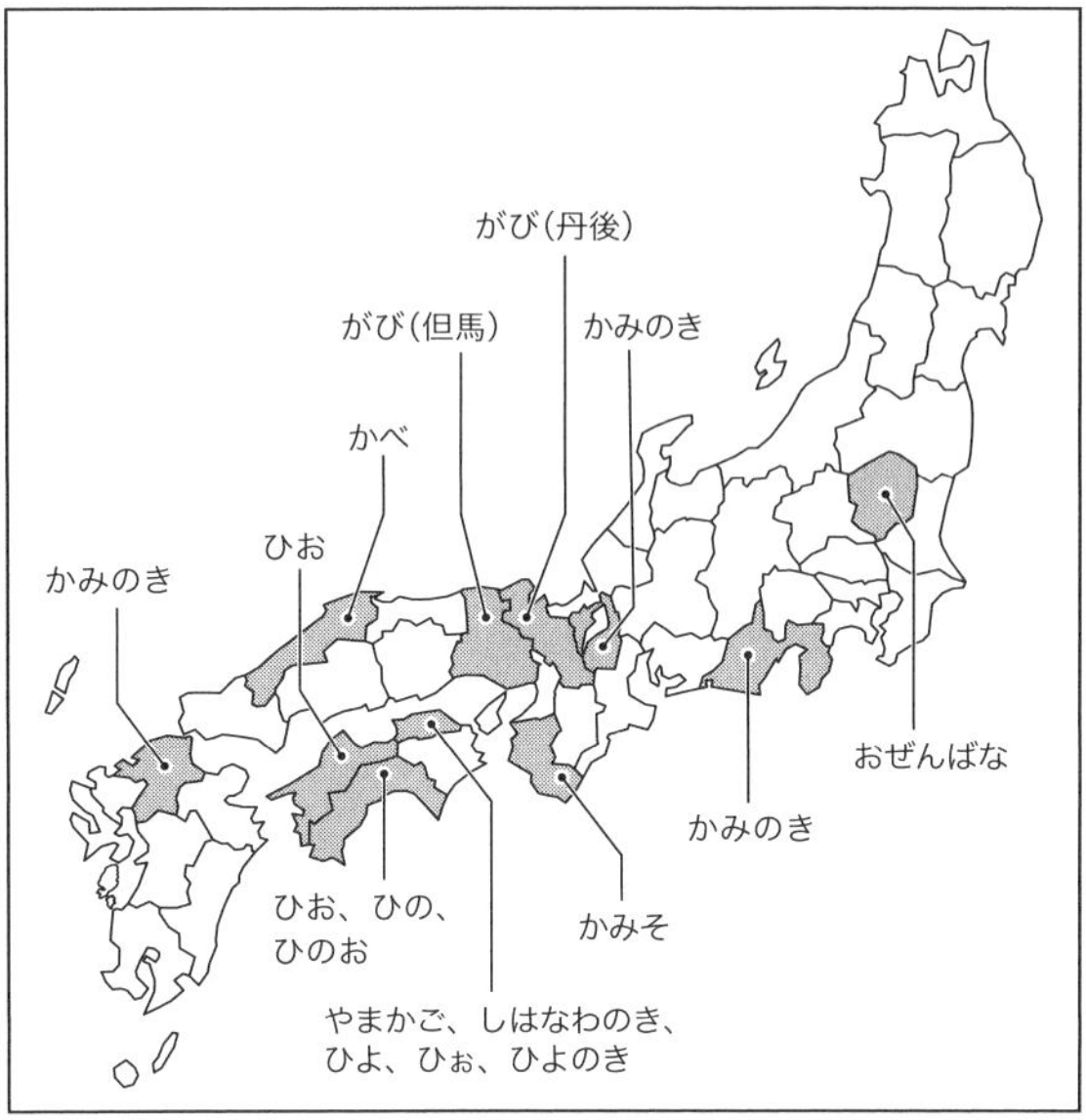

図 1-6　雁皮の方言の分布（八坂書房『日本植物方言』より有岡図化）

大槻文彦・上原敬二・牧野富太郎の三者は、ガンピの古名を「カニヒ」としているので、これを元に考えてみる。カニヒのヒは、『延喜式』で雁皮をいう「斐」でまちがいない。

頭の「カニ」のことである。「カニ」と記されているが、発音は「カン」であろう。つまり神のことをしめす「カン」である。

神の字を「カン」とよむ事例に、神無月、神嘗祭、神主、神奈備山などがある。

古い時代には「紙は神なり、神は紙なり」と考えられていた。紙も神も同じカミの訓みであった。つまり白い紙は神聖・清浄なものとされ、玉串は、榊の枝に神垂をつけることによって、神は神垂を依代とされ、神と紙が一体化する。榊だけでは神の依代とならない。注連縄は縄に神聖で清浄である紙垂をたらし、周囲をかこむことによって神の領域や聖域であることを象徴したのである。

神と紙をしめす「カン」の「ン」の音が「ニ」と記された事例に、中国原産の「蘭」をいう「らに」がある。中国の蘭は、わが国でいうキク科ヒヨドリバナ属のフジバカマのことである。フジバカマの茎や葉は生では香りがないが、生乾きになるとよい香りがする。

『源氏物語』(山岸徳平校注、岩波文庫、一九六五年)藤袴の巻に、夕霧が源氏の使いで玉鬘を訪問し蘭草で求愛する場面に「蘭の花のいとおもしろきを」と、蘭を「らに」と訓ませるところがある。一条天皇(在位・九八六～一〇一一年)の御代に成った『拾遺和歌集』(武田祐吉校訂、岩波文庫、一九三八年)巻第七・歌番三六六の詞書に「らに」がみえる。『広辞苑　第四版』も「蘭」を「フジバカマの古称」とし、「らに」とも書くとしている。つまり古い時代には「蘭」は「らに」と記されており、「ン」の音は「ニ」と記されることもあったのである。

以上をまとめると、「カニヒ」のまん中の「ニ」は「ン」であるから、ニをンにかえると、「カニヒ」は「カンヒ」となり、漢字で表記すると紙斐・神斐となる。カンヒがいつのころからか濁り、ガンピとなった。これがガンピの語源に関する有岡説である。

ガンピの漢字表記は、はじめ「鴈皮」とされていた。鴈皮の出現時期などは次の項で述べるが、なぜ鴈皮になったのか考えてみる。鴈の字は古い字で、現在の当用漢字では雁になるので、雁を使う。ガンピの「ガン」の音は渡り鳥の「ガン（雁）」を連想させるので、ガンピの漢字表記のとき「雁」を用いたのである。

雁は一〇月ごろ北方から飛来し、冬を日本ですごし翌年三月ごろ北へ帰るカモ科の渡り鳥の「雁（かり）」である。雁が北からくるときは秋の彼岸の時期であり、北へと去るときは春の彼岸の時期にあたるため、あの世から霊魂を運んでくる霊鳥ともいわれていた。

その去来に隊列をくんで飛行するすがたを、雁の棹、雁の列、雁行、雁陣などと形容し、秋にくる雁を初雁とか雁渡しといい、越冬して春に北へと帰る雁を帰雁、帰る雁、雁行く、雁の別れといい、死んだ雁を供養する雁供養という俳句の季語さえある。

雁はわが国の人々にそれほど親しまれていたので、雁といえばすぐにその姿が想像できた。ガンピという言葉から、ガンを鳥の雁（がん）にあてた人は、だれであったのか、奥ゆかしいかぎりである。

ガンピの「ピ」は、『延喜式』では植物名のガンピをあらわすのに「斐」を使っているので、漢字表記は「雁斐」でなくてはならない。しかし斐の字は音訓ではヒ、訓よみではアヤである。樹皮を紙漉きに用いるのであるから、ヒはやはり樹皮であることを理解できるように皮（ぴ）を用い、雁皮としたのであろう。

雁皮のことば出現時期

ガンピ（雁皮）ということばの、文書上の出現期はいつであろうか。元亀・天正時代（一五七〇～九二年）の有名な連歌師の宗匠である宗長の日記『宗長手記　下』（塙保己一著『群書類従　第十八輯』群書類従完成会、一九三二年）の大永二年（一五二二）八月一九日、宗長の弟子の中でも長者の「豊雅楽頭統秋一回忌」のときの記事に、宗長がみた豊雅楽頭の手紙の文言に「鳫皮之紙」としてあらわれている。

　御約束之鳫皮之紙上給候、雖不始于今儀候、御芳志之段、難盡紙面候

意訳して読みくだすと、「お約束の雁皮之紙上げ給わり候、今に始まらず候といえども、ご芳志の段、紙面に尽くし難く候」である。

　豊雅楽頭は、宗長門下で長者の地位にあるばかりでなく、天皇の師範（笙一統の師）で、その調べは雲井にひびかせ、大和歌も一〇〇〇首を連ねて天皇へ献上していた。それだから上質紙が手に入った嬉しさを手紙の紙面につくすことができないという表現になっている。

　このころは戦国時代の初期で、永正一三年（一五一六）七月には北条早雲が相模攻めをしている。皇室の衰微がはなはだしい時期であった。国中が戦場という時代に、雁皮之紙という名称が使われていたのである。『宗長手記』は「鳫皮之紙」と記しており、雁皮で漉かれた紙ということはわかるが、いまだ「雁皮紙」という固有名詞ではなかった。

　連歌師宗長は室町時代の文安五年（一四四八）、駿河国島田（現静岡県島田市）で生まれた。一七歳で出家し、のちに今川義忠に仕え、義忠が戦死すると駿河を去り上洛した。宗祇に連歌を学んだ。文亀二年（一五〇二）、宗祇が箱根湯本で倒れたとき、最後を看取った。宗祇没後は連歌界の指導者となる。有力武将や公家との交際も広く、三条西実隆や細川高國、大内義興、上杉房能とも交流をもち、今川氏の外交顧問ともいわれている。

安土桃山時代の末期ごろ、徳川家康より伊豆国（現静岡県伊豆地方）の田方郡修善寺村（現伊豆市）の村人あてに、慶長三年（一五九八）三月四日づけで、壺形の黒印をおした命令文書（静岡県編発行『静岡県史　資料編一一　近世三』）に「がんひ」の名がみえる。

於豆州、鳥子草、がんひ、みつまた、何方に候共、修善寺文左衛門より外にハ、不可伐、殊に火を附け、紙草焼捨候者、其郷中可為曲事、公方紙すき候ときハ、立野、修善寺の紙すき候者共、手伝可仕者也。

慶長三年三月四日　印

修善寺　文左衛門とのへ

この命令書は、伊豆国つまり現在の静岡県伊豆地方一円では、鳥子草、雁皮、三椏の三種類の木は、どこに生えていても、修善寺村の文左衛門以外の切り取りは禁止する。ことに火をつけて紙材料の原木類を焼いたものは、その郷中全体を違法処分とする。幕府での紙漉きの際は、立野と修善寺で紙漉きをしている者は、手伝いをすること、とされた。

この命令書は伊豆地方に生育する野生種で製紙原料となる鳥子草、雁皮、三椏の三種類は、修善寺村文左衛門が独占して採取することを、村々に命令したものである。修善寺紙は室町時代から知られていた。修善寺温泉場の中央の川を今日は修善寺川というが、昔は桂川といった。この川は元下狩野村小立野で狩野川と合流する。命令書にみられる立野は狩野川流域の紙漉き村（立野紙を漉く）で、修善寺は桂川流域にある紙漉き村（修善寺紙を漉く）で、二つの村は同じ川の上流と下流という関係にあった。

内田旭の「修善寺紙に関する資料」（静岡県郷土研究協会編『静岡県郷土研究　第七巻』国書刊行会、一

九八二年）には、安土桃山時代の天正七年（一五七九）一二月二〇日に殿様によびだされた紙漉きの孫左衛門ほか二名の紙漉きの依頼状が収められている。

家康の命令書にみられる修善寺文左衛門は徳川家の、のちには徳川幕府の御用紙を漉いていた。文左衛門は付近の村々の紙漉き人に手伝わせ、原料の鳥子草、三椏、雁皮を伊豆国の村々から手にいれ、小田原藩御厨村から楮を買い集めて紙を漉いていた。

三種の紙原料のうちの鳥子草について、前に触れた『和紙文化研究事典』は、雁皮や三椏と同じ仲間であるのジンチョウゲ科ジンチョウゲ属の常緑の小低木、オニシバリのことだとしている。オニシバリは有毒植物で、高さ一〜一・五メートルになる。日本では福島県以西の本州、四国、九州に分布し、落葉樹林内に生育する。樹皮が強靭で、枝を折ってもちぎれないことから、この木の樹皮で鬼を縛っても切れないだろうという意味でオニシバリ（鬼縛り）といい、また夏に一時落葉するところからナツボウズ（夏坊主）という。

また「みつまた」とあるので、伊豆地方には天然生のジンチョウゲ科のミツマタが生育しており、これも紙漉き原料として文左衛門が独占して切り取ることができたのである。「みつまた」については、別の章で述べる予定である。

雁皮の採取時期と方法

ガンピの生育場所は、地質は大部分花崗岩、花崗斑岩、石英斑岩、石英粗面岩などの分解した土壌や、第三紀層などが基岩のところである。土質は前記岩石が風化し分解した礫（れき）、もしくは角礫に富む土壌を好んで生育する。これら土壌は保水力が弱く、雨水がすみやかに流出するか、蒸発する。雁皮の根は、保水力のある土壌を好まないようである。

和紙を漉く原料の雁皮の樹皮採取は、樹木の生育がはじまる春、しかも芽立ち直前の三月下旬から四月上旬の間が、もっとも皮が厚く、皮を容易に剝ぎ取ることができ、収量も比較的多い。これはこの時期がもっとも皮の付近に、水分や養分が貯蔵されているからである。またこの時期は開葉していないので、葉っぱを取りのぞく手間がはぶけるのである。

雁皮の収穫方法は地方により異なっていた。昭和八年（一九三三）ごろの採取方法について、昭和八年一〇月二一日から一五日間、静岡県、和歌山県、高知県、岐阜県に出張して雁皮の生産と消費状況を調査した内閣印刷局の今井久男・石川福次郎の「雁皮調査報告書」（関彪著・編『雁皮聚録』一九四〇年）によれば、ガンピ（雁皮）の木の根際より一寸（約三センチ）くらいのあたりを鎌で切り取る方法と、単に根もろとも引き抜く方法とがあった。

根際より切り取る方法の採用地方は四国全域、和歌山県、大阪府、兵庫県、愛知県、静岡県であり、その他の地方はみな根もろとも引き抜く方法を採用していると記している。

前記の今井と石川は、実地で雁皮を採取している当事者に、この二つの方法のどちらがよいかをたずねた。根際より切り取る場合には、地中に残っている根は腐敗する可能性が多く、新芽が再生することが少ないと、切株よりの萌芽がほとんどないことを示唆している。根もろとも引きぬく方法は、なお多少の小根が地中に残り、これらは全部腐敗することがなく、そのため新芽の再生する可能性が、前の方法よりも高いと、答えたと記している。

図 1-7　谷間にできた小さな中洲に生育する雁皮　中央の石の左側にぽやぽやと生えている低木のほとんどは雁皮である。右端の松から少し流れると落差３ｍの滝となる。

雁皮は根元から幹を切り取ると、すぐに生木のときに皮を剥ぐのである。この点、冬季に桶で蒸して皮を剥ぐ三椏や楮とは異なる。これは生育期間のほうが皮を剥ぎやすいこと、品質面でも冬に剥いだものとなんら差異が認められないためである。

雁皮の採取時期は大体五年生あたりといわれ、このころに剥ぎ取った皮幅は三センチから一・五センチ程度ある。二、三年生の若木は歩留まりが悪く、逆に一〇年生程度の老木は歩留まりがよいが、繊維が堅くなりすぎ、紙の光沢も少なくなるという。しかし販売するとき、最上のランクの雁皮は七年生から九年生のもので、五年生あたりは中位のランクとなり、二、三年生のものは最下位の評価で、ランク別に価格に差がつけられる。

どこの雁皮の生産地方でも、採取を専門におこなっている者はいなくて、農民が農閑期に山に入った際、片手間に採取したものを集めておき、これをその地方の山の産物商に売り、山の産物商はこれを大量に集め、紙料原料問屋に送る。もともと雁皮の収量が非常に少量であり、かつ売り払い価格は比較的低価格のため、これを専門に採取して生活することは不可能であり、農民のいわゆる小遣い稼ぎに採取されるというのが実態である。

筆者は岡山県東北部にあたる美作（みまさか）台地の、低い山が波打っている谷間に開かれた山田ばかりの水田稲作農家で生まれ、高校卒業までこの地で過ごした。多分小学生のころだったと思うが、曽祖父がどこからか雁皮を採ってきたことをおぼろげながら覚えている。量的には一〇本くらいだったようだ。この木の皮で紙をつくるのだと教えてもらい、雁皮の木の実物を示して、山でみつけたら採ってくれれば小遣い稼ぎになると教えてくれた。

熊野地方の雁皮産地とその生育

紀伊半島南部の熊野地方一帯には、雁皮が広く分布生育している。この地方の雁皮の生育状況や産地を日下部兼道と北西敏二が「雁皮と其の人工栽培資料」と題して雑誌『山林』（大日本山林会）の昭和一四年（一九三九）二月号（第六七五号）に記述しているので紹介する。

熊野地方とは、紀伊半島の太平洋に面した和歌山県西牟婁（にしむろ）郡から三重県北牟婁郡にかけての地域の総称であり、和歌山県域は東および西牟婁郡の地域で、南および北牟婁郡は三重県域となる。雁皮は海岸地帯に特に多い。この地方のジンチョウゲ科の植物は、コショウノキ、コガンピ、キガンピ、トサガンピなどがある。中でもコガンピはガンピと同じ地域に分布し、その数ももっとも多い。この地方で雁皮が多く生育している土地は、一般に南向きの土壌の浅いやせ地である。

海岸近くの低い山の尾根筋などに多く、矮生（わいせい）のクロマツ、ウバメガシ、ツツジや、コシダなどと混生している。谷筋の陰湿地や、山腹の雑木密生地にはきわめて少ない。この地方の雁皮は、従来から長年の間採取を繰り返してきたため、相当の大きさの木でも実生樹はきわめて少なく、多くは株立の萌芽が生長したものである。海岸より離れるにしたがい、生育数は減少するが、個々の木の生育は良好で、皮の品質はよいとされている。

雁皮の生長状況について和歌山県林業試験場では、東牟婁郡田原村（現串本町の東端）の試験林内にあった一七年生の萌芽の生長した生木を伐採し、樹幹解析（じゅかんかいせき）で成長を測定した。試験木は海岸にせまる山の尾根筋に近い矮生の雑木林内に生育していたものである。

樹幹解析から得られた雁皮の生長は、地方の人たちがいうところと大体一致している。すなわち五年から六年目に長さは五尺（一五〇センチ）から六尺となり、採取に適するようになる。地元の人たちが雁皮の採取時期を五年から一〇年目としているのも、この結果から正しいことがわかる。

熊野地方の雁皮の産地は、三重県北牟婁郡、同県南牟婁郡、和歌山県東牟婁郡、同県西牟婁郡という全地域である。中でも和歌山県東牟婁郡が九割以上を産出する。東牟婁郡では郡内の各町村で多少なりとも雁皮は生産されるが、海岸地域の町村は特に多く色川村、那智町、下里村（以上は現那智勝浦町）、田原村（現古座町）などが主産地となっていた。

しかし品質は、海岸で風あたりが強いところのものは伸び（樹高生長）がなく、皮の品質はいわゆる砕けやすい。それに対し奥地産は上等なものが多い。とくに那智山地産のもの（主として色川村産）はもっとも上等とされ、太田川および古座川流域産のものがこれに次ぐ。

西牟婁郡内には雁皮はきわめて多いが、最近（昭和初期ころ）はあまり生産されていない。現在（昭和一二年ごろ）雁皮を採取しているところは三舞村（現白浜町）、富里村（現田辺市）など二、三の村に過ぎない。

三重県南牟婁郡では最近（昭和一二年ごろ）では一か年わずかに二〇貫から三〇貫（七五キロから一一二・五キロ）に過ぎないが、増産の気運にある。主な産地は神志山村、市木村、尾呂志村（以上は現御浜町）、入鹿村（現熊野市）などである。

熊野地方の雁皮が世にでて利用されるようになったのは、明治三〇年（一八九七）代からのことである。当時和歌山県新宮市に楠本某という古物商がいた。彼はこの地方には雁皮が多く生育していることを知っていた。雁皮は紙の原料としての用途があることを思いだし、見本を少しばかり大阪市の服部紙料店に送った。同店では送られてきた雁皮が品質良好なサクラガンピであると鑑定し、早速同店の店主自らが出張してきて、この雁皮の購入を図った。これによって、熊野地方の雁皮が世にでることになったといわれている。

その後、新宮市の楠本某は、大阪は中間問屋であることを知った。直接消費地に送付すると利益が多いことを思い、いろいろと調査した結果、岐阜県武儀郡美濃町（現美濃市）で原料の収集ならびに製紙がおこなわれていることをつきとめた。しだいに美濃町と取引を開始するようになり、やがて美濃町は熊野地方産の雁皮の主取引先となったのである。

大正の時代に入ってからは、さらに高知市において土佐紙製

図 1-8　昭和初期雁皮の生産が盛んであった熊野地方　西・東・南・北牟婁郡の地域を熊野地方という。

造原料として楮や三椏が不足してきたので、熊野地方の雁皮はここにも販路を開いたのである。

熊野地方雁皮山の鎌留慣習

熊野地方の雁皮は、山地に自生している野生のものを採取するのであり、雁皮の生育もまったく自然まかせで、少しの手入れもしていない。ひとたび根元から切り取った株は、少なくとも四年から五年を経過しなければ利用できない。これを放任すると、自然若い木を早切りし、乱伐の結果を生ずることになる。

しかも当地方では雁皮は旧来から公物（おおやけのもの）という観念があり、山林の所有が誰であろうとも、村人は自由に採取できるところなので、その弊害は大きいものが考えられた。それで雁皮の生産量の多い村では、いわゆる鎌留、口明けと称して、ふだんは村人の採取を禁止し、一定の時期に限って採取を解禁することにしている。その禁止期間は、雁皮の生長状況や時の相場によって長短はあるが、五年から一〇年目を普通としており、口明けの期間は一〇日ないしは一か月である。

東牟婁郡の田原村（現古座町）では昭和一三年（一九三八）、ちょうど一〇年目に口明けをした。また村によってはあらかじめ生長状況を調査し、一定の直径以上の木にかぎり切り取ることができるとしている。このような慣行は自然の必要にせまられて生れたもので、共同販売などにも都合がよく、雁皮の生産状況に適した良策と考えられる。奥地の山村では村人一般の採取はおこなわれていなくて、主として一定の山稼ぎ人の副業となっているから、このような規約や慣行がない。

雁皮の皮を剝ぐのに適した木の大きさは、直径一センチ以上、長さ二メートル（約五年生以上）のも

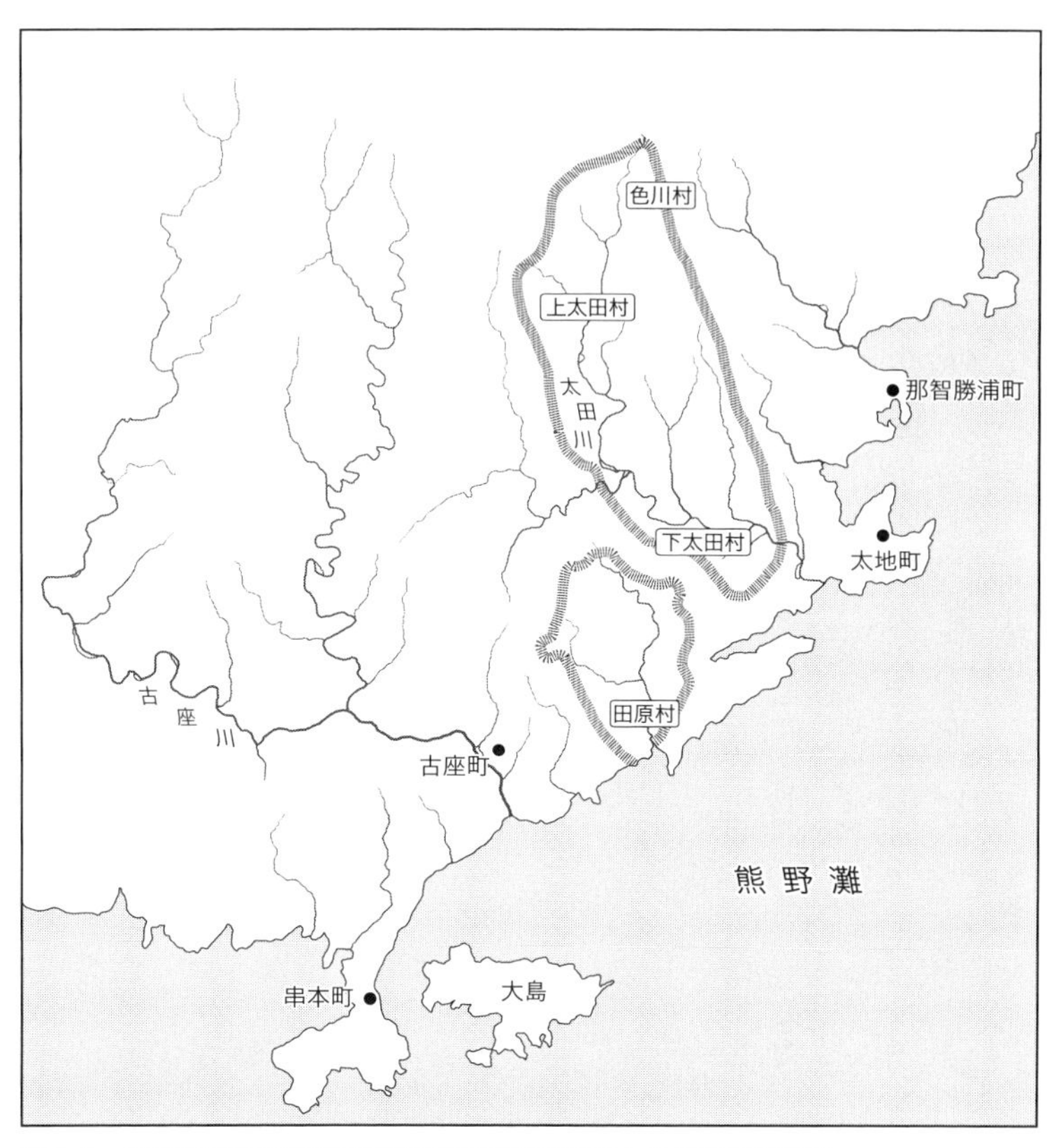

図 1-9　和歌山県東牟婁郡で昭和初期に雁皮留山をした村々の推定図

のを理想としているが、実際にはさらに小さなものも採取している。

雁皮の採取は農閑期におこなわれることが多いので、採取の時期は一定しない。ところが、和歌山県では昭和初期ごろから留山（とめやま）という制度を設けて、一応採取適期とされる三月下旬から四月上旬に採取していた。前に触れた今井久男・石川福次郎の「雁皮調査報告書」に、昭和八年ごろにおける雁皮留山の事が記されているので、紹介する。

和歌山県東牟婁郡は全

国的にみてももっとも優良な雁皮を生産するところで、とくに同郡色川村、上太田村、下太田村（三か村とも現那智勝浦町）のものが有名である。地質は酸性岩あるいは中性岩で、地味が比較的痩せたいわゆる炭山（木炭生産を目的とした山林のこと）に多数自生している。優良なガンピ（雁皮）が生産される理由は、東牟婁郡一帯においておこなわれている雁皮の留山制度の存在である。

留山とは、各集落が話しあい協議のうえで一つの村全部にわたり、数年間は絶対に雁皮を採取しない。普通は雁皮の採取から五年から八年を経過したのち、三月下旬から四月上旬を期して、適当な大きさの雁皮だけを採取するのである。ただし、村内で予定外の土木建築費を必要とするような場合は、以上の年数を待たずに採取することもある。

要するにこの制度の留山の特徴は、雁皮がもっとも雁皮紙として適切な樹齢に達したとき採取するので、品質は良好となり、かつ皮の幅も大体一定となる。そのため他県産のもののように、大小の皮幅が混在していることによる精選の不便をきたすことはない。しかも採取後、数年間はまったく採取せずに放置するため、雁皮は少なくとも前と同様に、またはそれ以上に発芽、生長するので、その産量は年とともに減少するおそれがない。

普通一か所の留山より、約五〇〇〇貫（一八・七五トン）の黒雁皮が得られ、勝浦港から出荷されるので、東牟婁郡産のものは留山物または勝浦雁皮と称されている。毎年東牟婁郡においては、大体一か所あての留山物を産出する。

市場で取引される雁皮には黒皮と白皮の二種類がある。熊野地方では山で雁皮を採取すると小枝を取り去り、ただちに皮を剝ぎ、剝いだ生皮は竿にかけて日干する。十分に乾燥したものを黒雁皮（表皮が付着したもの）一名黒皮といい、そのまま販売することが多い。

生茎一〇〇貫目（三七五キロ）より約二〇貫目から一五貫五〇〇匁目の黒皮が得られる。

黒皮をさらに刃物で表面の粗皮をけずり取ったものを白皮（または山晒（やまさらし））と称し、白皮は生茎一〇〇貫目より約一六貫目（六〇キロ／一六パーセント）が得られる。普通もっとも多く市場に出るものは黒皮で、白皮は黒皮の約三五パーセントに過ぎない。比較的白色に近い雁皮紙を漉く場合には、黒皮を一昼夜清流に浸し、引き上げると水切りし、表皮や緑皮をこき落とし、淡い白色の繊維だけを竿にかけて日干する。これが晒雁皮（さらしがんぴ）である。晒雁皮は市場にはなく、紙漉きの工場が各自で黒皮よりつくるのである。

黒雁皮は生皮から重量で一五パーセント、晒雁皮は重量で八パーセントくらい採れるという人もある。

黒皮が紙漉きにもっとも多く使用される理由は、黒皮から漉かれる雁皮紙が白皮から漉かれるものよりも雁皮独特の光沢を有することにある。とはいえ白皮も精選当初のうちであれば、黒皮に対してなんら光沢に劣ることはないが、これを貯蔵するときは次第に雁皮紙としての光沢が失われてくる。晒雁皮から漉いた紙は、もっとも光沢が少ない。

昭和初期雁皮の生産量と消費量

昭和初期の雁皮の生産量と消費量を、前にふれた今井久男・石川福次郎の「雁皮調査報告書」から紹介する。調査時点は、昭和八年（一九三三）一二月である。

昭和八年現在では、各府県とも雁皮の生産高および消費高に関する統計はまったくない。雁皮の生産高は、農村の景気に左右されるため、正確な一定数量を各県別にあげることは不可能である。しかも雁

表 1-2　昭和初期における雁皮の府県別生産量
（単位はトン）

府県	黒皮	白皮	計
兵庫県	75.00	37.50	112.50
広島県	75.00	—	75.00
和歌山県	18.75	11.25	30.00
鳥取県	22.50	—	22.50
三重県	22.50	—	22.50
岡山県	—	18.75	18.75
島根県	18.75	—	18.75
山口県	18.75	—	18.75
福井県	18.75	—	18.75
岐阜県	18.75	—	18.75
京都府	18.75	—	18.75
愛知県	—	15.00	15.00
大阪府	15.00	—	15.00
滋賀県	15.00	—	15.00
石川県	7.50	—	7.50
高知県	—	7.50	7.50
静岡県	—	3.75	3.75
奈良県	3.75	—	3.75
愛媛県	—	3.75	3.75
徳島県	—	3.75	3.75
香川県	—	3.00	3.00
合計	348.75	104.25	453.00

皮はいったん採取すると、次の採取まで約三年から五年程度を必要とする関係上、みだりに採取する結果は、ついには絶滅に瀕するおそれがある。乱採におちいらず、連年一定数量を産出することができる大体の数量を、各府県別に示したものを表1－2に掲げる。この数値は生産量とはいいながら、実数ではなく内閣印刷局の職員がみた推定数値というか期待数値である。

なお、「雁皮調査報告書」は数量を貫目で表示しているが、本書ではトンに換算して表示する。また表の府県順は、生産量の多い順にされているので、そのまま掲げる。

この表のように雁皮の生産量は黒皮が大部分で、白皮は全体の二三パーセントである。生産量では兵庫県が第一位であるが、質においては和歌山県産のものがもっとも優れている。とくに東牟婁郡の留山から生産されるものは、樹齢も五年以上と高いので皮幅も広く、品質優良なことで有名である。

雁皮の消費量はというと、昭和八年（一九三三）時の調査では、雁皮を製紙原料として消費する県は、岐阜県と高知県の二県のみで、それ以外は雁皮紙を漉く紙屋も少なく、したがって消費量も少ないので、ほとんど無視してよい状態である。

岐阜県の雁皮消費量が断然多く、白皮および黒皮を合わせ一年に約八万貫（三〇〇トン）に達する。一方の高知県は一年に約一万貫（三七・五トン）に過ぎない。この二つの県で、一年に生産される雁皮の約七五パーセントを消費していたのである。

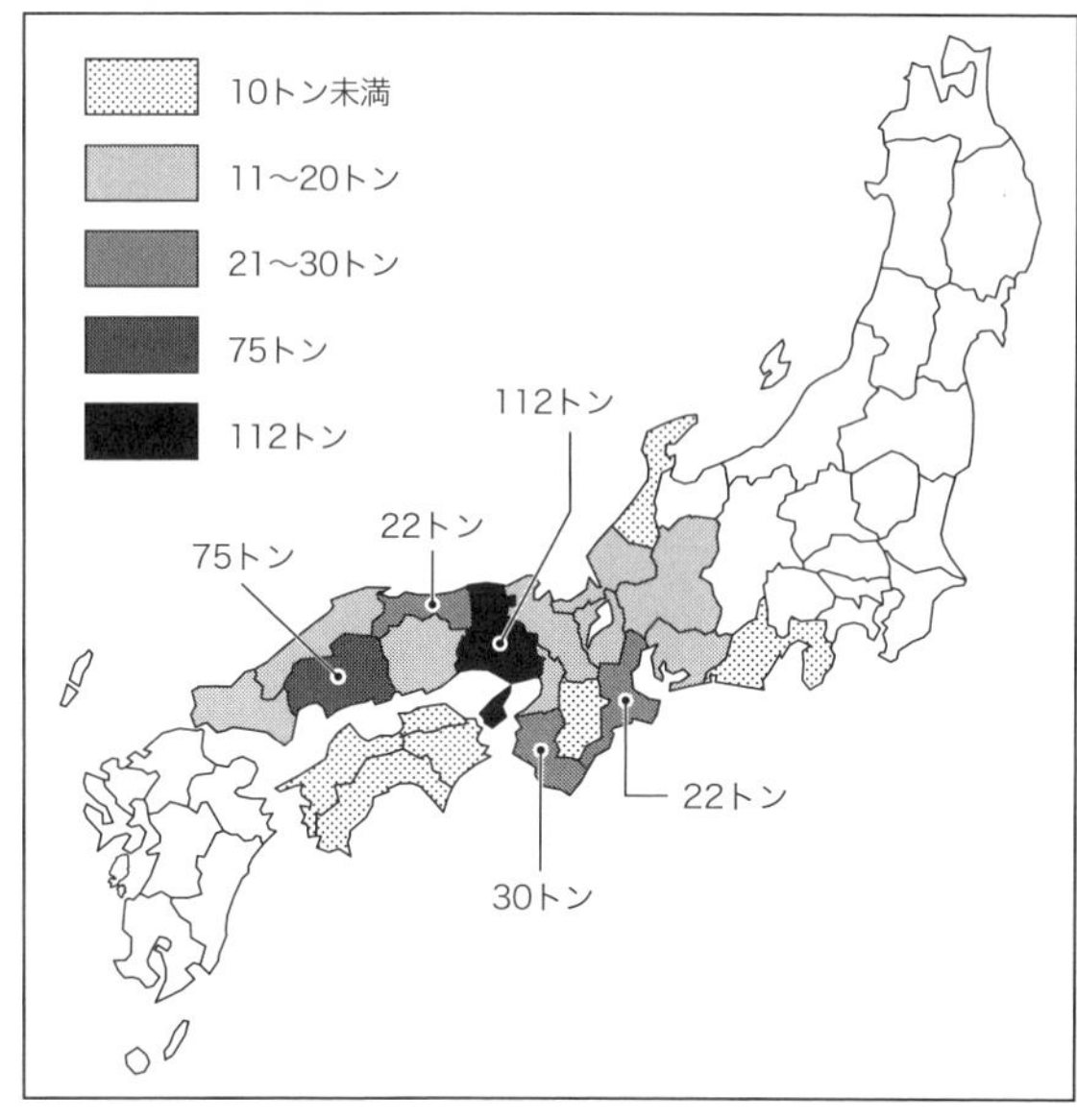

図 1-10　昭和初期における雁皮の生産府県

昭和八年ごろの岐阜県の雁皮紙製造高は一年に約五万貫（一八七・五トン）に達し、種類は謄写版原紙、コピー用紙、紙型用紙などであるが、謄写版原紙が大部分を占めている。

岐阜県における主な雁皮紙製造工場は、美濃町（現美濃市）またはその付近に存在し、その主要工場は太田製紙所、庄司製紙所、家田製紙所などで、そのほかに小規模な多数の抄造場がある。高知県においては、吾川郡伊野町（現いの町）の中田製紙工場および刈谷製紙所の二か所のみに過ぎない。

雁皮の取引価格と取引状況

前に触れた日下部兼道・北西敏三の「雁皮

表 1-3　雁皮 1 貫目（3.75 キロ）あたり価格の推移

年	上物	中物	下物
大正 12 年	3 円	2 円 20 銭～ 30 銭	0 円 50 銭～ 60 銭
大正　末期	1 円 50 銭	—	0 円 70 銭
昭和　9 年	2 円 50 銭	—	1 円 50 銭
昭和 13 年	4 円 50 銭～ 5 円 00 銭	4 円 00 銭内外	3 円 00 銭

注）上物とは 10 年生内外のもの。中物とは 5 年生のもの。下物とは 2 年生のもの。白皮（精製皮）は原則として 2 割位高値であるが、取引上ほとんど同一価格。

と其の人工栽培資料」から、大正期から昭和一〇年代前期あたりの熊野地方の雁皮の取引価格を表1－3として紹介する。

熊野地方の雁皮の生産高は、大正一二年（一九二三）には約二万五〇〇〇貫（九三・七五トン）であった。

大正の終わりごろの熊野地方では、乱伐乱採のためと、価格の低下のため、生産高は急減し五〇〇〇貫（一八・七五トン）に達しない量となった。昭和に入ってからはさらに不況となって、雁皮の生産は一時中絶の状態となった。

昭和九年（一九三四）ごろになり、経済界に回復のきざしが現れてくると、和紙原料の需要も増加し、原料の不足とあいまって、前の表のように価格が上昇し、ふたたび雁皮採取がはじまったのである。最近二、三か年は、雁皮の生産量は六〇〇〇貫から七〇〇〇貫となっている。今次の事変（昭和一二年にはじまった日中戦争）以来は、業界が必要とする需要に応じて採取供給することができないため、価格はさらに五割強の高値を示している。

熊野地方における雁皮の取引は、生産量の少ない奥地の地方では魚売や屑買などが買い集めて、新宮市または田辺市などの仲買問屋に渡し、主として岐阜県美濃地方に向けられる。生産量の多い地方では、一定時期に採取する慣行であるため、多くは共同販売、競争入札の方法でおこなわれる。

また雁皮の口明け前、あらかじめ価格を定めて、買取人を指定した後、採取することもある。最近（昭和一〇年ごろ）では、奥地においても山稼ぎ人が申し合わせて共同販売するようになってきた。

仲買者は大正の好況時には海岸地方の各地にあったが、近年紙業の不振によってこれらの商人は続々廃業し、現在では新宮、田辺の山産物商の二、三で取りあつかっているに過ぎない。中でも、新宮市速玉神社前の京豊商店はもっとも手広く取引をなし、熊野産の雁皮は主として同店の手を経ている。

熊野地方の雁皮の主な取引先は、わが国の主要な雁皮紙製造地である岐阜県の業界である。岐阜県下の雁皮需給を和歌山県林業試験場から岐阜県に紹介したもらったところ、岐阜県当局からつぎのような回答があった。

岐阜県の主たる消費地は、武儀（むぎ）郡を第一とし、昭和一二年（一九三七）中の雁皮の消費量（全部製紙用）は次頁の表1－4のようで、内七割は武儀郡上牧村（現美濃市）において消費され、三割は下牧村（現美濃市）とその他町村において消費される。

昭和一三年は前年の一二年に比べ、三割から四割方消費が増加しており、価格も非常に高騰し、七〇万円から八〇万円以上と予想される。現在、黒皮一貫目あたりの価格は三円五〇銭ないし四円である。

図1-11　林床はウラジロシダのみの植生から陽光を十分に受けて生育する雁皮　根元径4 cm、高さ3 mと、雁皮としてはおどろくほどの大きさになっている。右の太いものが主幹で、左の細いものが枝幹である。滋賀県大津市一丈野国有林で撮影。

表1-4　昭和12年（1937）中の雁皮の消費量

黒皮・白皮別	数量	価格
シロクサ（剥皮、表皮を剥ぎ取りたるもの）	12万5539貫（470.77トン）	12万6990円
クロクサ（黒皮、表皮を付着せるもの）	6万7712貫（254.14トン）	8万4640円
計	19万3251貫（724.91トン）	21万1600円

岐阜県内の自然生の雁皮の分布については、武儀郡内の各山地の中腹以下の雑木林の中に生育しているが、一般に地元の人たちは雁皮に対する知識を欠き、ほとんど採取されずにいる。主要消費地である上牧村方面においては、相当に採取され消費されている。近頃の雁皮高騰とともに、採取者も増加し、上牧村方面においては一日二円くらいの採取高があるといわれ、婦女子の好適副業として注目されるに至っている。岐阜県下で紙漉き原料として雁皮を購入する先は、和歌山県、三重県、奈良県、岡山県、広島県の各県である。

なお岐阜県内の雁皮の主要消費先を、前に触れた「雁皮と其の人工栽培資料」は武儀郡上牧村・下牧村としており、「雁皮調査報告書」は武儀郡美濃町としており、不突合となっている。上牧村・下牧村・美濃町の三町村は、現在では美濃市域である。

平成の現在、雁皮で漉かれる紙（雁皮紙）の代表的なものを掲げると次のようになる。

鳥の子紙・斐紙……………福井県越前市・同県小浜市和多田
加賀雁皮紙……………石川県能美郡川北町
近江鳥の子紙……………滋賀県大津市上田上桐生
箔下間似合紙・金下地紙……………兵庫県西宮市名塩
出雲雁皮紙……………島根県松江市八雲町（出雲民芸紙）

薄様雁皮紙……………高知県吾川郡いの町
雁皮紙……………………埼玉県比企郡小川町（小川和紙）
島根県雲南市三刀屋町（斐伊川和紙）
福岡県八女市（八女和紙）

現在雁皮紙が漉かれている府県は、石川県、福井県、滋賀県、兵庫県、島根県、高知県、埼玉県、福岡県という八つの県で、しかも雁皮紙だけを漉いているところはごくかぎられており、ほとんどは楮や三椏の紙もいっしょに漉いている現状である。

第二章　雁皮紙を漉く村とその姿

伊豆の雁皮と鬼縛り

伊豆と雁皮の関わりは前の章でみたように、徳川家康が伊豆国の農民たちに伊豆の山々に生える鳥子草、雁皮、三椏は修善寺の文左衛門の独占的な切り取りを承知するよう命令書をだしている。この家康の文書は、三椏の植物名がはじめてみえるところから、植物研究者の間では「三椏黒印状」とよばれているという。

家康の黒印文書の鳥子草は、修善寺や中伊豆地方でジンチョウゲ科のオニシバリのことをいう方言であると野口英昭著『静岡県樹木名方言』（静岡新聞社、一九九五年）で確認できたと、宍倉佐敏は著書『和紙の歴史――製法と原材料の変遷』（印刷朝陽会、二〇〇六年）で記している。宍倉はオニシバリが方言名であることを確認した経緯や、実際にオニシバリを紙に漉き雁皮と紙質を比べてみたことを同書に記しているので、要約しながら紹介する。

「伊豆地方では鳥子草とサクラガンピは異なった和紙原料として扱われているので、鳥子草の和紙原料としての性質や植物特性を考察した。伊豆半島中央部では、現在でもお年寄りはオニシバリを鳥子草とよんでいると聞き、そうした人を訪ねてみた。親や祖父の代まで紙漉きをしていた人々に鳥子草の話をきき、山も案内していただいて、鳥子草を伐って靭皮繊維を得たり、庭に栽培して植物図鑑との照合などを三年ほどおこなった。靭皮は紙にできるだけの量は採取できなかったが、栽培と自然生育の観察結果、鳥子草はオニシバリであろうと確信した頃、野口英昭著『静岡県樹木名方言』（静岡新聞社発行）によって、鳥子草はオニシバリの修善寺・中伊豆地方の方言名であることが確認できた。」

図 2-1　生育不良の松と生育する雁皮のこずえ部分　林床はウラジロシダである。滋賀県大津市一丈野国有林。

そして宍倉はオニシバリが富士山山麓にも自生していることがわかり、雁皮より伐採時期が一か月遅い四、五月にオニシバリを伐採し、その直後に皮をむいたところ、容易に剝離できた。そしてジンチョウゲ科の和紙原料の三椏、桜雁皮、鬼縛りの靭皮繊維をそろえ、蒸煮（じょうしゃ）実験をおこなっている。

「蒸煮には自家製木灰液・苛性ソーダ液・ソーダ灰液を使用して三種の植物の紙を作成し、各種の紙質を比較した。オニシバリの紙質は三椏と雁皮の中間で、紙の色はサクラガンピと大きな差はなく、木灰液蒸煮で僅かにオニシバリは赤味を感じる。（略）顕微鏡観察の結果、オニシバリの繊維の外観は細く円筒型で三椏に近似し、C染色液の呈色反応は雁皮に似た淡い黄緑色になる。」

宍倉は三椏、雁皮、鬼縛りという和紙原料三種を、実地に漉いて比較した結果、白皮が雁皮の白皮と似ていて、蒸煮処理などの紙の製法も、できあがった紙も類似しているので、二品は同じ製紙用繊維としてあつかわれていたと思われるという。鬼縛りが「幻の紙原料」とよばれ、紙原料から名を消したのは雁皮ほどの粘質性のなさと、生育地が半日影の湿地という条件で成長が遅く収量が少ないことなどが原因であろうと思われるという。

熱海で雁皮紙が漉かれた

伊豆半島のつけ根の東海岸側に位置する熱海（あたみ）（現熱海市）は、いまでは温泉場としてよく知られているが、かつては温泉とともに雁皮による紙漉きがおこなわれていた土地である。

柘植（つげ）清「駿河半紙と雁皮紙」（静岡県郷土研究協会編『静岡県郷土研究　第六巻』国書刊行会、一九八二年）によれば雁皮紙は、室町時代に早くも熱海において生産されたと伝えられているとするが、柘植はいまだその文献を見ていないという。

「熱海今井半大夫文書書写届」は寛政四年（一七九二）六月上旬、相州（現神奈川県）室木の武田廣信が熱海温泉で宿泊したさい、宿主から聞きとった熱海での紙漉きのことを記した文書で、そこでは天明七年（一七八七）に今井半兵衛がつくりだしたのが最初だとしている。

江戸時代おわりごろである天明期の熱海は、冬場の湯治客が少なく、商人や他の者が生計に困難することを憂い、半兵衛は大いに雁皮紙製造をすすめた。そのため、熱海絲川畔の木の宮付近で、雁皮草をもって製紙するものが続出した。

雁皮紙製造之事（注・カタカナ書きをひらかなとした）

（略）今井氏は実業上に手を下し、雁皮紙を製造するの工風（工夫）を得て、以て此一大事業を開起したるは天明七未年なり。此之時雁皮紙製造の原草を修善寺辺より買入れ、此を以て漉初め、同年初めて所々に紙草を仕立てたる。則ち起業の資本と労力を費したるは今井氏なり。随って温泉宿其他のもの今井方へ入込み、此業を以て家族の生活を営む者少なからずという。（以下略）

これ以降雁皮紙はしだいに世間で用いられ、文化文政（一八〇四～三〇年）のころには、江戸日本橋金光堂でさかんに売りだされ江戸名物誌にものせられている。雁皮紙の原料は、はじめは雁皮の皮を用いたが、後には三椏を用いるようになった。

雁皮紙は旧幕時代より明治初年（一八九八年）にかけて、全国各地で生産され、明治初期からヨーロッパ諸国へコピー用紙として輸出された。後には原料が品切れとなり、かつコピー専用の紙が機械漉きで多量に生産されるようになり、全国各地とも手漉き雁皮紙はしだいに衰運にむかう。熱海雁皮紙もついに好事家の趣味的なものとなり、商品としての販路がせばまった。それでも明治四〇年（一九〇七）ころまでは熱海にも、製紙家は四軒あったが、しだいに廃業し昭和五年（一九三〇）以後はまったく製造されなくなった。

前に触れた宍倉佐敏は同書で、伊豆地方で調査した雁皮の生育環境を報告している。伊豆の山地で土地の古老から話を聞いているが、場所は明らかにしてくれない。雁皮のことをたずねると、この地方での紙漉きは知っているが、雁皮は知らない人が多い。雁皮を紙漉きのために採りに行くことはなく、下駄や草履（ぞうり）の鼻緒（はなお）の芯にするためには採りに行った。町では下駄や草履の鼻緒は麻であったが、麻は水にぬれるとすぐに切れたが、雁皮は切れないので町の人が採りにくることもあったと、雁皮を知っている老人が話してくれた。

雁皮の生える場所をきくと、「朝日があたる東斜面の土地がよい。熱海は東斜面のところが多いから雁皮が多く採れた」という。宍倉は東斜面の山林を探したが雁皮をみつけられなかったので、かつて雁皮を採ったことのある老人に、山へ連れていってもらった。

岩登りのような急傾斜地で、斜面下から萩に似た葉で先端に淡い黄色の花をつけた桜雁皮をみつけられた。茅と雑草の急傾斜地をのぼり日あたりのよい場所の、櫟（くぬぎ）や楢（なら）の下に高さ三〇～五〇センチに生長した雁皮があった。周囲に大人の指ほどの太さのものがあった。老人は宍倉に「昔はこの太さの雁皮は切らないで、二、三年は残したが、今は山を荒らしているので親指ほどの太さにならない。雑草に負けてしまっている」と話した。

明治期の雁皮栽培法

関彪（たけし）著・編『雁皮聚録』は、伊豆国田方郡神島村（大仁（おおひと）町を経て現伊豆の国市）で農業のかたわら紙漉きをしていた楳原（うめはら）寛重が明治一五年（一八八二）に有隣堂から出版した『雁皮栽培録』を収録している。『雁皮栽培録』の内容は、植地の事、種子収期並貯方の事、種子を蒔付期限の事、植付方の事、耕耘培養の事、刈採年期の事、収穫期節の事、精白製方の事、天然生雁皮根分の事、収穫予算の事、雁皮紙製造方という一一項目について述べている。

楳原は明治二六年（一八九四）にも有隣堂から『続雁皮栽培録』を出版したので、二つを要約し紹介する。なお楳原は、伊豆国では毎年雁皮を産出するが、天然生のかん木だという。山林は七年目ごとに伐採して薪とし、または椎茸の栽培では一〇年以上を経るという。

つまり、天然生の雁皮の生産は、伊豆国では雁皮だけを採取することはなく、燃料用の薪づくりや、椎茸原木生産のついでに、一緒に生育している雁皮を抜き出して皮の生産をしていた。それだから楳原は「畢竟雁皮は山林物となさざれば、其の盛大を観る能はざるべし」というのである。

雁皮を栽培するところは、埴土（いわゆる粘土）、赤土あるいは白赤色の堅い土で、楮に適さない土がよい。小石混じり、あるいは岩地、あるいは砂土山で、常に日光をうける所に植えるのがよい。すべて山畑のやせ地あるいは南向きの傾斜地に適応し、常に日光をうける山野などの新開墾地に植えるのもよい。北陰または谷間などでは繁殖しない。

種子の採取は、立冬（一一月七日）より一〇日間がよい。実は手に握って木より直に離れるときは、熟している。種子の貯えかたは、採取した種子を薦や莚でつつみ、軒庇の下など日受けのよい所に埋め、春の彼岸のころ掘り出し蒔きつける。

種子の蒔き時期は、春分（三月二〇日）より清明（四月五日）の間である。前もって冬のうちに、堆肥・人糞尿などで元肥をしておく。種子は水撰して底に沈んだものを使う。種子の量はおよそ一反歩（一〇アール）に種子五合（〇・九リットル）とする。種子の六〇パーセントはシイナである。発芽後は成長にしたがい肥料で培養すると、秋までには生長し三〇センチ位となる。これを翌春別の床に移して養成し、三年目の秋かその翌年の春に本植えする。

雁皮の植えつけは春の芽だしの前と、秋は落葉後とする。苗数はおよそ一・八メートル四方（一坪）に七二本とし、一〇アールあたり二万一六〇〇本とする。株の間隔をせばめると、幹に枝がつかない。

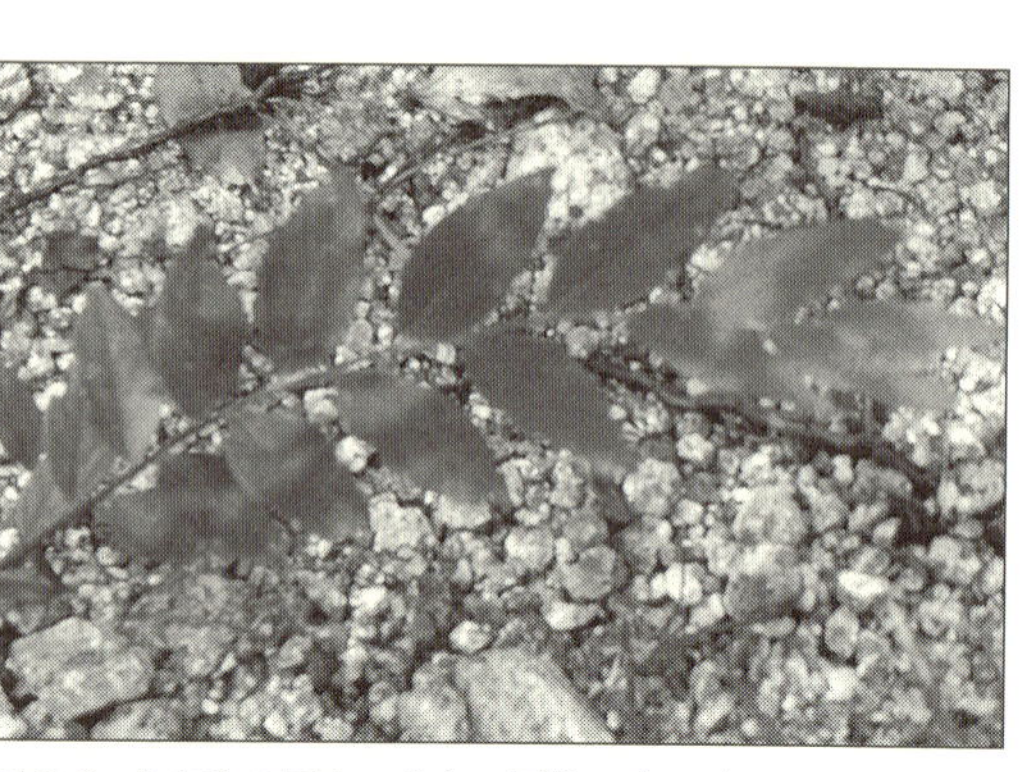

図2-2　1年生の雁皮の苗木　画像は少しボケている。

雁皮の苗ははなはだ軟弱なため、掘り取りはていねいにおこない、決して引き抜かない。引き抜くと、根の皮が破れたり、根先がちぎれ、植えても一旦は生長するが後には枯死するものである。植えつけた雁皮の手入れでは、一番はじめの草取りは五月、二番草は七月、三番草は九月中に取りのぞき、除草した草は雁皮の根もとによせ、肥料とする。

雁皮の収穫年期、すなわち植えてから切り取るまでの年数は場所によるが、早くても植えつけから三年、遅くても七年とする。製紙する樹皮は肉厚のものがよいが、一〇年以上は漉いた紙に光沢がないといわれる。楳原は近年、薬品を用いるとはなはだ美麗にしあげられるという。

収穫の季節は、春の芽立ち前と、秋の落葉後とする。切り取るとすぐに皮を剥ぎ、剥いだ皮はただちに竿にかけて干しあげる。

雁皮樹皮は、黒皮一駄三〇貫（一一二・五キロ）から精白皮一二貫（四五キロ）が得られる。婦女子にけずらせると、一日一貫目が定量である。その方法は、黒皮を二、三時間水に浸け、包丁で黒皮や青皮、節などをていねいにけずり去る。

天然生雁皮の根分けは、唐鍬で丁寧に掘り取り、牛蒡（ごぼう）根の傷んだものはのぞき、よい苗を植えれば一〇本のうち七本か八本は生育する。天然生雁皮は、一旦仮植して培養し、翌年ほかの地に移すときは枯死する憂いはない。これを俗にヤドリ苗という。

収穫量の見込みは、上の地の一反歩（一〇アール）ではおよそ雁皮の木皮二七〇貫（一〇一二・五キロ）で、これから黒皮四五貫（一六八・七五キロ）が収穫される。下の地の一反歩（一〇アール）では雁皮の木皮一八〇貫（六七五キロ）で、これから黒皮三〇貫（一一二・五キロ）が収穫される。

雁皮はおおむね本植えしてから早いもので五年、遅いもので七年を経て、五尺（一五〇センチ）以上となるので、これを切り取る。切り取った株から発生する新芽は、以後五、六年を経て切り取ることができる。以後はその繰り返しとなる。切り取りは大きなものからおこない、痩せた細いものは次の年まで待つ。

雑穀や野菜栽培ができないような痩せた山畑などでは、種子を薄く蒔き、もっぱら肥料を与えて、三年目にこれを引き抜くときは収量が非常に多い。これを収穫するには、切り取るよりも、引き抜く方がよい。

挿木育苗と戦後の雁皮栽培法

昭和五八年（一九八三）二月、日本林業技術協会発行の『林業技術者のための特用樹の知識』に収められている今井三千穂の「ガンピ」から、戦後期の雁皮栽培法を紹介する。雁皮は乾燥した瘠悪地（地味がやせて樹木が育ちにくい土地）に自生しているので生長は悪い。したがって山地に雁皮を栽培する場合は、自生地よりもやや良好な土地条件のところを選んで栽培する。自生の木を利用する場合は、披陰樹を伐りすかすとともに、肥料で培養管理することが必要である。

苗木の育成は実生、茎挿し、根挿しの方法で仕立てられる。多量の苗木を容易に育成するには、実生がもっともよい。種子採取の適期は一〇月下旬から一一月上旬のころで、生育旺盛な母木から採取する。採取した種子は、湿った砂と混ぜて水はけのよい土に埋めておき、翌春三月中旬から四月上旬にこれを掘り出し、水選し浮いた種子はすて、沈んだ充実した種子を蒔く。通常の蒔き方では一年目の発芽はきわめて少ない。発芽の大部分は二年目の春となるので、発芽処理してから蒔くことが大切である。発芽処理は摂氏五五度の暖かな湯に六〇秒間浸す方法がもっとも効果的である。この場合、播種年の発芽率は七五パーセント前後である。発芽は四月下旬から五月上旬で、出そろいには二〇日程度を要する。

苗床は肥沃で排水のよい砂質壌土または壌土質の畑を選び、春早めに耕耘し、石灰窒素を一〇アールあたり五〇キロの割合で全面散布し、畦幅一メートルに整地する。次いで一〇日くらい経ってから種子を蒔く。雁皮の苗木は少量の施肥で顕著な生長を示すから、肥料を多く施す必要はない。

播種量は一平方メートルあたり精選した種子を五ミリリットル、または二・二グラム程度播種する。種子を覆う土は〇・五ミリくらいとする。播種床はクレモナ寒冷紗などを用いて陽光をさえぎり、相対照度二五パーセントから六五パーセントの光環境にしたほうが、苗木の生長はよい。

このような条件のもとで、秋までに平均苗高四〇センチぐらいに生長する。なお、相対照度とは太陽光の直射する照度を一〇〇とする播種床の照度の比のことをいう。雁皮苗は床替えの必要はなく、翌春開葉前に掘り取って、山出しする。山出しとは、苗として山地に植える準備のととのったことをいう。

挿し木法は、実生法に比べると一時的に多量の苗木をつくることは困難であるが、母木の性質をそのまま伝えるので、よい母木を選べば良質の苗木が得られる。挿し木法には、茎挿しと根挿しの二つの方法がある。

　茎挿し法の挿し穂は、生育良好な太めの当年枝を選び、管挿しとする。挿し穂の長さは一五センチ程度とし、上部の葉を二枚から三枚残し、半切りとする。挿し穂の基の部分は鋭利な刃物で皮の部分がむけないように斜め切りする。挿しつけの適期は六月である。挿し穂はＩＢＡ〇・五パーセント粉剤で処理し、ミスト灌水（噴霧灌水）を併用する。用土は鹿沼土がよい。挿しつけ終了後は、挿し床に日おおいをする。この場合の活着率は四〇パーセント程度である。挿しつけ当年は十分伸長しないので、翌春床替えをおこない生長させる。

図 2-3　谷川沿いの岸辺に草とともに生育する雁皮

　根挿し法の挿し穂にする根は、健全な母木の根系（植物の地下部全体）を落葉後から冬期間に掘り取って翌春まで仮植えしておくか、または春先の開葉前に掘り取って、太さ四ミリから六ミリ程度のものを選び、九センチから一二センチぐらいの長さに切断して苗床に挿しつける。挿しつけは条間一五センチ、株間一〇センチぐらいの間隔に垂直に差しこみ、頭部が一センチほど床面から出る程度にする。挿しつけする時期は、三月中旬から四月上旬のころがよい。

　活着率は七〇～八〇パーセントである。挿しつけ後は、もみがらまたは切り藁などを撒いて乾燥と遅霜害を防ぐ。三〇日くらいで一株から芽を数本から数十本出すので、五センチくらいに伸びたころ、生長のよいものを一本残しほかの芽はすべて切り取る。春挿しはその年の秋には二五センチから三〇センチに生長するので、山出し可能な苗となる。

山地植栽の場合は、ていねいな植え付けの準備をしたところへ縦横五〇センチ間隔で、一アールあたり四〇〇〇本くらいが適当である。植栽時期は、春先の開葉前である。植栽苗は長さ一五センチ程度に根切りして、浅植えしたほうが活着も成長もよい。下刈りは年三回ぐらいおこなう。

石川と島根県の現雁皮紙漉き

石川県で漉かれる雁皮紙は加賀雁皮紙といわれ、金沢の金箔（きんぱく）打ちに使われている。加賀雁皮紙は、江戸時代から能美（のみ）郡那谷（なた）寺（現小松市那谷町）付近の丘陵地に自生する雁皮を原料として、能美郡川北町中島の農村の紙屋でつくられてきた。雁皮はこのあたりが北限地である。川北町は東西に細長い町で、岐阜県境の白山を源流として金沢平野を東から西に流れる手取川の北岸に位置しているところから町名となっている。平坦な地形が多く、宅地以外は大部分が水田に利用されている。古くから手取川の氾濫が続いているので、集落は氾濫（はんらん）の影響の少ない河岸段丘上に形成されてきた。

川北町の加賀雁皮紙は、天明四年（一七八四）に越前国（現福井県）敦賀から製法を学び、漉きはじめられた。当初は西陣織の金糸・銀糸の芯紙として使われていたが、現在は箔打ち紙などに使われている。以前は紙漉きをする紙屋がたくさんあったが、現在では川北町中島の「加藤和紙」が一軒となっている。

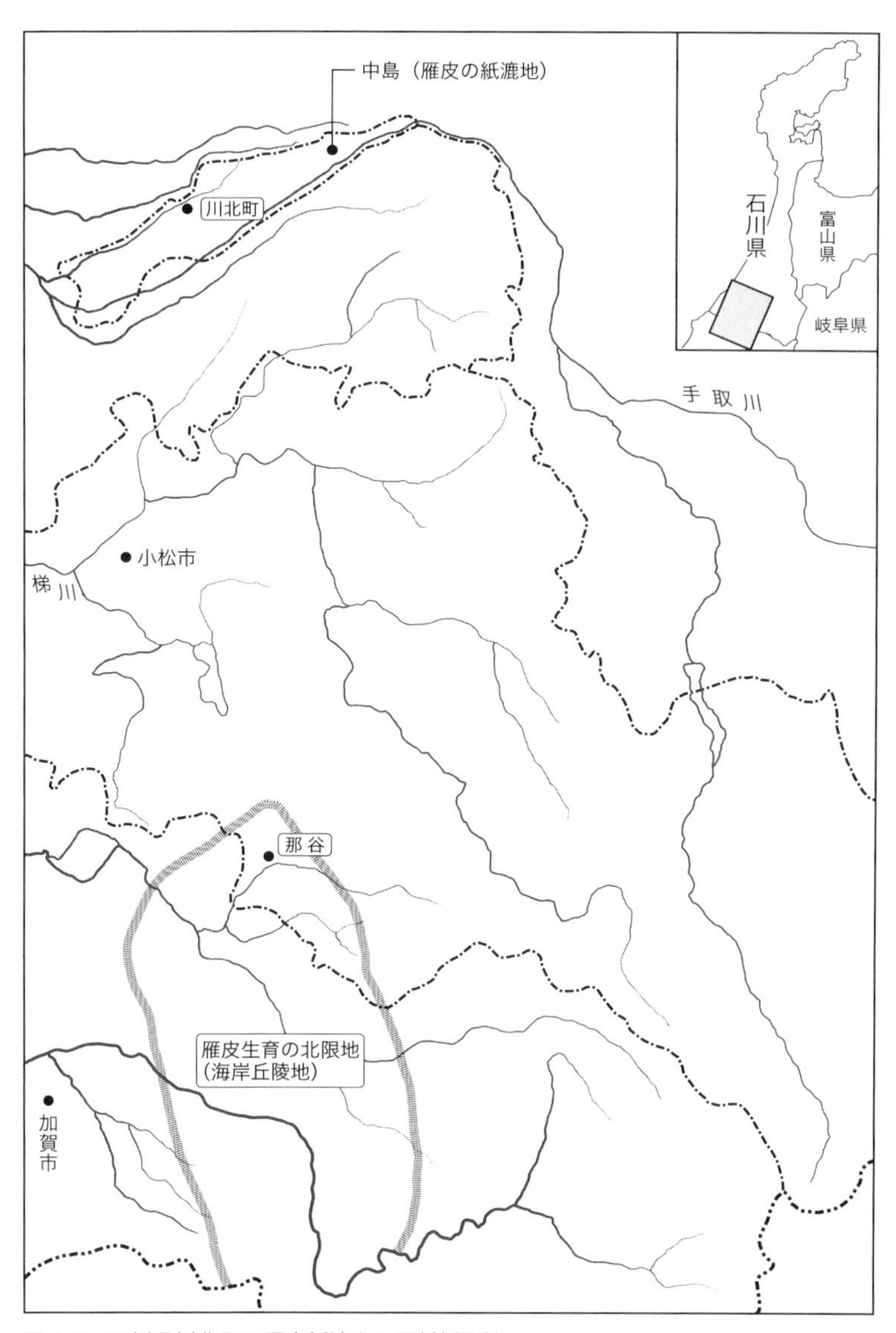

図 2-4　石川県川北町の雁皮紙漉きと原料採取地

島根県で雁皮紙を漉く一つに雲南市三刀屋町があり、斐伊川和紙とよばれている。雲南市役所の資料によると、斐伊川沿いの奥出雲地方は、古くから紙漉きの里として知られていた。斐伊川の豊富な清流と、付近で生産される良質の楮、三椏、雁皮を原料として、障子紙、中折半紙などを生産していた。江戸時代には松江藩財政立てなおしの一環として、藩主による保護奨励もあり、出雲地方最大の紙の生産地であった。三刀屋町上熊谷では寛政四年（一七九二）には、この地区の総戸数一一七軒のうち七五軒が紙を漉いていた。奥出雲地方の紙漉きは江戸時代中期がもっとも盛んにおこなわれ、木次町槻之屋から三刀屋町上熊谷にかけての斐伊川流域沿いに約四〇〇戸の紙屋が並んでいたといわれる。

城主が松平不昧公のころは、木次に紙問屋があったため木次紙とよばれていた。木次紙はいわゆる出雲紙のことで、それを現在残っている紙屋の井谷家の先代が昭和四〇年（一九六五）ごろ、出雲斐伊川和紙と命名したのである。この原料は雁皮の生産量が極めて少ないので楮が主体であるが、雁皮紙も少量であるが漉かれている。

明治以後は和紙生産伝習所を設置し、高等小学校二年生を対象に紙漉き技術の指導をおこない、後継者育成に力をいれてきた。しかし、安価で大量にできる機械製品に押され次第に紙漉きの戸数は減少し、平成の現在では「井谷伸次家」のみが紙漉きをしているに過ぎない。

島根県でもう一か所雁皮紙を漉く地域に、松江市八雲町（旧八束郡八雲村）東岩坂地区がある。旧八雲村は周囲を山々にかこまれた農山村だが水田が少なく、原料となる楮、三椏、雁皮が手に入るため、村を流れる意宇川の清流を利用して紙漉きをおこなってきた。この地の紙漉きは江戸時代に隆盛をみており、江戸末期には三〇戸の紙漉き場があったという。

明治・大正時代まで旧八雲村の和紙づくりはほとんど世間に知られていなかった。昭和初期、民芸運動がさかんになったおり、昭和六年（一九三一）に民芸運動の創始者柳宗悦が松江を訪れ、八雲村の安部栄次郎が雁皮の皮で漉いた力強い和紙をみて、「これこそ日本の紙だ」と褒めたたえた。それがきっかけとなって、江戸時代中期から漉かれていた雁皮紙を再現した。これが出雲民芸紙のはじまりである。現在は八雲町の紙漉きはすたれて、安部栄次郎の孫が家業を継いでいるのみとなっている。

紙祖神を祀る越前五箇と雁皮紙

平成大合併で福井県越前市となる以前の旧今立郡今立町は、わが国和紙のほぼ四分の一を生産する和紙（越前和紙という）の一大生産地である。紙漉きの地区は、今立町の中でも昭和大合併以前の旧岡本村で、五箇（ごか）地区とよばれる不老（おいず）、大滝、岩本、新在家（しんざいけ）、定友（さだとも）という五つの集落の総称である。五箇地区は福井県嶺北地方の中ほどで、福井県の大河川九頭竜川の支流日野川流域で南北に広がる平野部の南端近くに位置している。五箇の中心は大滝で越前和紙の中心であり、わが国のもっとも古い紙の紙祖（しそ）伝説がある。大滝は五箇地区の東の端の谷の奥に位置し、紙祖神（しそじん）と信仰される川上御前を祀る岡太（おかもと）神社・大滝神社が鎮座している。

地元の伝説では、継体天皇がまだ男大迹王（おほどのおおきみ）として越の国（約一五〇〇年前）にいたころ、大滝の岡本川の上流に美しい姫が現れ、「この辺りは山間の僻地で、田畑が少ないが、よい水に恵まれているので、紙を漉くがよい」と、この地区の人たちに紙漉きを教えた。村人が名をたずねると、川上に住む者だとつげただけで姿を消した。村人はこの女神を「川上御前」とよんで崇（あが）め、その地に岡太神社を建立し、以後は代々紙漉きを伝えたのである。

今立町発行の『今立町誌　第一巻　本編』（今立町誌編さん委員会編、一九八二年）によると、大正一二年（一九二三）岡太神社に鎮座の川上御前は、日本全国で一番筋の通った紙祖の神だとして、大蔵省紙幣寮抄紙局に御分霊がうつされ、当時抄紙部のあった王子工場には岡太神社が建立され、紙祖神「川上御前」が分祀された。

わが国の製紙法は『日本書紀』に推古天皇一八年（六一〇）高句麗の曇徴によって伝えられたと記されているが、最近の研究では曇徴以前にすでにわが国では紙が漉かれていた。大化元年（六四五）の大化の改新により、全国的に戸籍・計帳（租税台帳）・班田収授法が実施されることとなり、そのため大量の用紙が必要となった。

人口調査や戸籍簿に必要な紙・筆・墨などは、それぞれの郷の負担になっていた。戸籍は一回に三通（一通は国に、二通は太政官に送付）作成されたから、各地の国府では、国府の近くに官営の製紙所を設け、必要な紙を製造したと考えられている。越前国の国府は武生（現越前市武生町）であり、和紙の里五箇はそこからわずか一〇キロのところにある。

越あるいは古志とよばれていたころの越の国の中心は福井県の南越盆地で、その中で今立町一帯は非常に早くから開拓されていた。岐阜県境に源流をもち日本海にそそぐ九頭竜川の一大支流で武生盆地の中ほどを北流する日野川は、新羅川とも信露貴川ともよばれるところから、三、四世紀ころの帰化人による大陸文化の影響が考えられている。日野川上流の岡太川のほとりでは、製紙技術にたけた帰化人が背後の山々に生育する楮や雁皮の豊富な紙の原料と、清流を利用し村人に製紙の技術を教えたと考えられている。

越の国のはじめのころの政治・文化・経済の中心地は、現在では辺境の地と考えられている今立町の中津山一帯や粟田部一帯であった。越の国の国府が置かれるころには、文化の中心は国府の置かれた武生一帯へと移っていった。五箇地区は、このように文化的環境も自然的環境も紙漉き業に適していたのである。

前に触れた『今立町誌』は、正倉院現存の戸籍等を調べた安部栄四郎の「国印を押された地方からの文書は、だいたいその国の産紙と思われる。いずれの国も主として原料は楮である。原料に雁皮を用いた国もかなり多い。この良質の紙を使っている国は、奈良朝廷を中心とした付近の諸国が多い。大和・摂津・山背（やましろ）・越前・下総・越中・美濃である」との調査結果と、斎藤岩雄による正倉院現存の越前関係紙の考証内容を次のように記している。

一　越前国大税帳断簡　天平二年（七三〇）　あきらかに雁皮を主とした溜漉きで、実に見事な紙で技術の著しい進歩がみられる。

二　越前国郡稲帳　天平四年（七三二）　天平二年の大税帳と全く同質の斐紙で見事な溜漉き。

三　越前正税帳　天平一三年（七四一）　叩解（こうかい）が行き届いた雁皮の溜漉きで、天平二年の大税帳と同質等依然として越前の漉紙技術は崩れていない。

四　越前国桑原庄所雑物並治開田事　天平宝字元年（七五七）　楮の溜漉きであるが、楮特有の繊維のあとを留めぬほど緻密に叩解されている。標準的な写経用紙と同質のできばえである。

五　（書名不詳）　天平宝字二年（七五八）　楮の溜漉きであるが、未叩解の繊維多く皮も混じってい

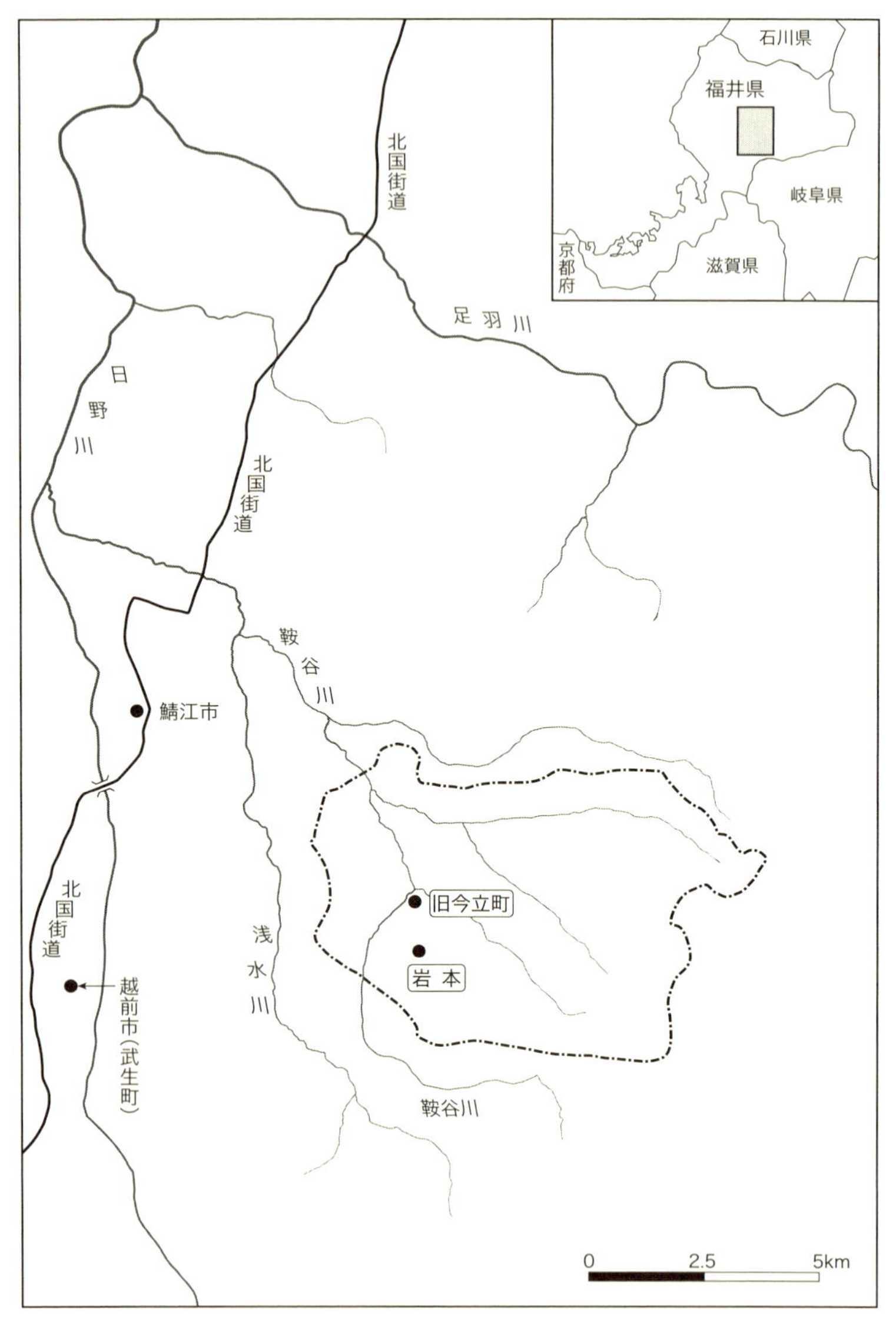

図 2-5　越前紙を漉く五箇（図でいう岩本）　武生には越前国国府が置かれていた。

る。簀(す)目あらく乾板も古びていたと見えて、板目もはっきりわかる。流漉きへの過渡期の相がうかがわれる。

六　越前国坂井郡施入帳　天平神護二年（七六六）楮の溜漉きであるが、天平宝字元年のものとは全く異質のものである。糸目間隔は一・五から一・八内外。

七　越前国足羽郡鷹山施入帳　天平神護二年（七六六）楮の溜漉き、叩解は粗雑。

八　越前国司牒　天平神護三年（七六七）楮の溜漉きで叩解も緻密で良質である。

九　越前国庄庄券足羽郡庁牒一帳　天暦五年（九五一）奉書風の上質のかみである。

以上の紙がすべて五箇地方の紙とは考えられないが、越前和紙は雁皮を漉いた紙からはじまり、楮製の紙へと移っていたことがわかる。原料の雁皮が減少したためであろうか。

留紙とされた越前鳥の子紙

平安時代初期、雁皮で漉かれた紙は斐紙(ひし)とよばれ、『延喜式』では中男作物(ちゅうなんさくもつ)の紙として貢納していた。いつのまにか「斐紙」が「鳥の子」とよばれるようになった。はじめのうちは「鳥の子」とよばれ「鳥の子紙」という名称ではなかった。その時期やいわれは不詳のままである。『今立町誌』は、「鳥の子」の文献は鎌倉時代末期の嘉暦三年（一三二八）にはじめてあらわれ、ついで南北朝時代末期の延元元年（一三三六）の記録にも出てくるが、その後一五〇年間「鳥の子」は文献上からはすがたを消しているという。

そして室町時代の応仁の乱初期の文明年間（一四四六〜八六年）に突如「越前鳥の子」が出現し、名声を博するのである。紙の王者とよばれる雁皮を原料として漉いた鳥の子は、紙質がよいだけに値段も高く、永久保存の必要のある高級の記録用紙として、勅撰集、写経、あるいは禁裏へ奉る歌集等の用紙として用いられた。

当時の贈答品は紙が一番喜ばれた。中でもすぐれた紙質の越前和紙は有名で、文明ごろの『お湯殿上の日記』や他の日記などにも越前鳥の子、薄様、内曇(うちくもり)などが、貴族や僧侶たちへの土産品として贈られ、喜ばれている記録がある。なお内曇とは、上下に雲形(くもがた)を漉きだした鳥の子紙のことで、色紙や短冊に用いられた。

越前国は鳥子紙（雁皮で漉かれた紙）や、奉書(ほうしょ)紙の名産地となっていた。近世ではさらに楮(こうぞ)を原料として漉く檀紙(だんし)や奉書紙の産地として名声を博し、最高品質を誇る紙の産地として『雍州府志(ようしゅうふし)』に、「越前鳥子紙是を以て紙の最となす」と称えられた。

近世は福井藩領となりその支配を受けた。福井藩は、延宝六年（一六七八）藩の御用紙の漉きたてと、他国へ輸出の紙を改める御紙屋を五箇地方の紙漉き親方の三田村和泉、近江、山城、河内の四人に命じた。享保（一七一六〜三六年）のころ、もう一人因幡が御紙屋とされた。この五人に福井藩の御用紙屋の特権があたえられ、明治三年（一八七〇）、御紙屋の受領名が廃止されるまで、五箇地方の紙漉き業者は彼らの支配のもとで製紙業を営んだのである。

福井藩との交易の実権をにぎった三田村掃部は、ついで江戸幕府の御用紙職としての地位を得るため努力し、これも成功する。幕府へ納めた御用の紙は、大・中・小の奉書紙、鳥の子、水玉紙などで、もっとも重要な御用紙は大中小の楮で漉いた奉書紙であった。例年、秋に注文をうけて翌年六月までに納めた。

五箇地方の紙漉き仲間は、安永四年（一七七五）の記録では二四五軒という多数が紙を漉いていた。地区ごとでは、大滝八四軒、不老四〇軒、岩本四八軒、新在家二六軒、定友四八軒である。この紙漉き屋は、寛政元年（一七八九）には一六二軒となり、わずか一四、五年の間に一〇〇軒近くが潰れている。鳥の子や色奉書などは留紙（とめかみ）として、御紙屋以外には禁じられていた。福井藩の御用紙は四五種という多種にのぼり、その中で雁皮を用いたとみられる紙は、白鳥子（しろとりのこ）、五色鳥子、墨流鳥子、金泥入鳥子などである。

天保一五年（一八四四）二月に江戸城本丸が炎上したとき、福井藩より見舞いとして白鳥子三〇万枚を献上することになり、五箇地方の御紙屋五人および府中（越前国）鳥子屋に漉き立てが申しつけられた。その割りあては、河内と山城には七万枚ずつ、三田村には六万枚、播磨と丹波には四万枚ずつ、府中久右衛門と次右衛門には一万枚ずつであった。この大量の紙の漉き立ては、六月一一日より翌年弘化二年（一八四五）二月二八日までの二二〇日を要した。この大量の鳥子紙を漉く材料の雁皮は、どこからどう調達したのか、そのあたりは不詳である。

江戸時代中期から後期にかけて、五箇では奉書紙のほか奉書系美術紙、鳥の子系美術紙など目をみはるような絢爛豪華な紙が数多く漉かれた。また竪（たて）七尺五寸（約二二七センチ）、横九尺五寸（約二八八センチ）という高度な技術を要する大鳥子内曇が漉かれていた。

福井藩では、第四代藩主松平光通の時代の寛文元年（一六六一）、銀札発行を第四代将軍家綱治世の徳川幕府に願いでて許可を得、八月より通用させた。一般にこの寛文元年の福井藩札をもって、江戸時代の藩札のはじめとされている。福井藩札は、約三割の雁皮と約七割の楮を原料とし、五年に一度漉替えがされ、藩札が更新された。享保一五年（一七三〇）の資料では、藩札紙は合計六五束、目方は一束を二貫八〇〇匁の定とされていた。

越前和紙は、徳川五代将軍綱吉治世の元禄期（一六八八〜一七〇四年）に最高の発展をみせた。

越前鳥の子紙とレンブラントの版画

越前和紙は平成二六年（二〇一四）三月一〇日、福井県初の国の重要有形民俗文化財に指定されている。文化庁の国指定文化財等データベースの「越前和紙の製作用具及び製品」の詳細解説は、越前和紙の製作を次のように解説している。

明治維新後は藩や幕府の御用紙の注文はなくなったが、太政官金札用紙を漉くことを引き受け、和紙製作は活況を呈した。さらに明治八年には大蔵省紙幣寮抄紙局へ紙幣用紙開発のため八人の紙漉工が招かれ、二年後には紙幣用の「局紙」を漉きはじめた。それ以来「局紙」の生産が本格的に始められている。越前和紙には奉書、小間紙、檀紙、局紙など様々な種類があるが、五箇地区の紙漉きの人は紙の種類ごとに専門化して、他の種類の紙は漉かないのである。また五箇地区の紙漉きは他の和紙の産地とは異なり、冬場における農閑期余業ではなく、一年中紙漉きをしているという特色がある。

現在の雁皮紙を漉く事業所は、福井県和紙工業協同組合の資料によると、五箇の一つ大滝に所在する山喜製紙所、山路製紙所、ヤマキ製紙所、梅田和紙（株）などである。山喜製紙所は材料の雁皮は兵庫県から取りよせている。山路製紙所は、雁皮、三椏の上質の和紙原料を用い、仇光（あだひかり）がなく、絹の肌合いと風合いをもった襖紙（ふすま）（ヤマカ特漉き鳥の子紙）、印刷用鳥の子紙等を抄造している。ヤマキ製紙所は、雁皮紙を楮紙とともに漉いている。梅田和紙は、近年一〇〇パーセントの雁皮紙を漉くことは少ないが、古来の製法で作成している。

越前で漉かれた雁皮紙を光の画家とよばれるオランダの画家レンブラント（一六〇六～六九年）が、版画用紙として使っていたことがわかった。平成二七年（二〇一五）五月二七日づけの産経ニュースは、「一七世紀のオランダを代表する画家レンブラントの版画作品に越前和紙が使われたかどうかの福井県調査団による調査結果が、六月二七、二八日に京都工芸繊維大（京都市）で開かれる第三七回文化財保存修復学会で発表されることになった。西川一誠知事が二六日の定例会見で明らかにした」と報道した。

図 2-6　1本の根元から枝が次々と分岐し、素直に上長成長している雁皮の樹形

そして西川福井県知事の「昨年、現地調査をおこない、採取した一三作品すべての和紙の原料が雁皮という材料だったが、雁皮紙の越前鳥の子紙は名品として知られていた。雁皮紙を展示し、越前和紙の文化遺産登録に向けた流れも作っていきたい」との発言も、併せて伝えている。

西川知事は前年にオランダのレンブラントハウス美術館を訪れ、福井県が進めるレンブラント版画用紙の調査事業を説明し、レンブラント版画用紙の一部に越前和紙が使われている可能性をハウサー館長に伝えると、館長は興味をもってくれた。調査内容は、外務省が日本各地で国際的活動をおこなう人々を支援するメールマガジン『グローカル通信　第七八号』（二〇一五年八月号）に掲載された福井県地域産業・技術振興課の「『レンブラント版画と越前和紙展』が始まる」という記事に記されているので、その部分を抜き出して紹介する。

越前和紙、とりわけ雁皮を原料とする越前鳥の子紙は、中世・近世の文献に、その品質の高さから、数多くの記録が残っている。また、レンブラントが愛用した和紙は「雁皮を原料としたやや厚めの紙」という報告もあったことから、それが越前和紙ではないかと考える専門家もいた。福井県では、この取組みを進めるため、専門家をアドバイザーとする越前和紙研究会を設立し、江戸時代の越前和紙やアムステルダム国立美術館所蔵のレンブラント版画用紙一三点中一二点に雁皮が主原料として使われており、うち二点に残る紙漉き道具の痕跡が越前和紙の製造に使われる道具の規格と一致した。

越前鳥の子紙が使われたレンブラント版画のタイトルについて、産経やグローカル通信は明確にしていないが、東京の国立西洋美術館が所蔵するレンブラントの版画「病人たちを癒すキリスト」を福井県が研究者や専門家らと調べたところ、版画紙の原料に雁皮が使われていることを確認した。

大津市桐生への和紙漉き伝来

近江国（現滋賀県）の紙漉きは、正倉院文書によると奈良時代の天平年間（七二九～七四九年）にまでさかのぼる。現在も雁皮を使った大津市桐生（きりゅう）での紙漉きは、江戸時代後期の文政年間（一八一八～三〇年）に越前（現福井県）からその技術がつたわったとされている。明治時代以降、滋賀県内では桐生以外でも紙漉きがおこなわれ、最盛期には県内で四二戸、桐生では一七戸の製紙家があったが、戦争や洋紙の普及により、昭和一五年（一九四〇）にはついに成子（なるこ）紙工房一軒のみとなった。そのため近江雁皮紙は「なるこ和紙」ともよばれている。

近江雁皮紙は滋賀県指定無形文化財に指定され、その調査記録として昭和四三年度に『滋賀県指定無形文化財調査報告書第一冊　雁皮紙・金箔』が作成・公刊された。その一部「雁皮紙」を昭和四四年（一九六九）一〇月に成子佐一郎が、発行者である滋賀県無形文化財保存会の許可を得て増刷した『雁皮紙』から要約しながら紹介する。

成子紙工房所在地の大津市上田上（かみたながみ）桐生は、現在は大津市桐生二丁目となっている。桐生の里は、ＪＲ東海道線草津駅から南南東へ約六キロ、草津川の上流にあたり、東に鶏冠山（とさかやま）（四九一メートル）、竜王山（五九八メートル）など金勝（こんぜ）の山なみ、南から西、北へと二〇〇から三〇〇メートルの丘陵に囲まれた小盆地である。行政的には大津市となっているが、地縁的なむすびつきは草津市とのほうが密接である。

生業的には、稲作農業を主体とし、ほかに山仕事や紙漉きがあった。しかし、この紙漉きも大正時代（一九一二～二六年）の十数軒を最盛期とし、洋紙におされて衰退したが、代って金箔・銀箔という箔紙の産業が入ってきた。明治一一年（一八七八）ごろには紙漉き屋が四軒あって、製造高は九九〇〇枚、総価格四五円五〇銭、売り先は京都であった。

桐生の里に紙漉きの技が伝えられた時期は不詳だが、大正一五年（一九二六）六月発行の『栗太郡志　巻の三』の雁皮紙の項は、次のように記している。

図 2-7　滋賀県大津市上田上の桐生地区の集落　かつては雁皮の製紙でにぎわっていた。

　雁皮紙は上田上村大字桐生にて製造す。初め元文、寛保の頃（一七三六～四三年）出庭村（現栗東市）法香寺の僧某、越前の製紙法を伝え、桐生の人佐治兵衛の女某、この方を伝習し、自村に於いて製造を創め、漸く同業も増加せり。越前の製紙法は土も混入せざるにより、虫害に罹り安しとて避難（ママ）ありしかば、以来その法によりて製造す。

　現在、製紙家十数軒あり、始は骨牌用箔地等の需要向なりしが、明治七、八年の頃、地券改正に伴う地券用紙、大蔵省の公債用紙等を多数に製造したり。現在にては金糸用、扇子地、色紙、短冊、経文用紙、首飾用紙等を漉出し、製造戸数五戸、一年の製産額八百六十締、代金六千七百六拾円余なり。

そして大正期には大津市桐生では一六、七戸が紙漉きをおこなう産業となったが、洋紙の進出などによりしだいに衰退したのである。

　このほか滋賀県内で雁皮紙が漉かれたところに、滋賀郡松本村（現大津市松本町）がある。『滋賀県市町村沿革史』には、明治一一年（一八七八）ごろには鳥の子紙を四軒で漉き、年間四〇万枚、総価格三二〇〇円、売り先は西京と記されている。ほかに単に紙として一〇万枚一四〇〇円が記され、この方の売り先は大津である。西京へ出した紙は、京都の金糸用の上質の雁皮紙であった。大正時代には栗太郡大石村東（現大津市大石東町）に二軒の紙漉きがあり雁皮紙を漉いていたが、松本村の紙漉き屋の下仕事であった。

大津市桐生の紙漉きは大正中期を最盛期とし、機械製紙に押されて衰微し、さらに昭和一五年（一九四〇）の企業整備令により紙漉き屋が廃業し、成子家一戸のみとなったが、昭和二〇年八月の終戦をもって、新たに雁皮紙が復興したのである。

大津市桐生において紙漉きがおこなわれた理由として成子佐一郎は、①原料である雁皮やノリウツギが近くの山野に多く自生しており、入手しやすかった、②水質がよく、豊富であった、③山間の村として田畑が少なく、他に産業がなかった、④大消費地としての京都に近かった、このような四つの条件をあげている。

大津市桐生の雁皮採取と保存

大津市桐生で使われる原料雁皮は、栗太（くりた）、甲賀、神崎、愛知（えち）郡など、滋賀県南部に多く生育している。雁皮の採取時期は、四月から五月にかけて、樹の発育期におこなう。もっともよい時期は芽立ち前で、このころに採取すると樹液が多く、皮を剝ぎやすい。

成子佐一郎の『雁皮紙』収録の明治五年（一八七二）五月、栗太郡桐生村から滋賀県へ提出された「製紙方法始終取調記真図」に、当時の雁皮の採取状況がしるされている。それによれば、「この雁皮の

木は楮など
の如く田園に培養する植物ではなく、自ら（自然に）山林や荒野に生ずるものなれば、いずれの土地にも生ずるものなり。これを引き取るは時（時節）を選ばざるも、春分芽出しの時ならでは、他の樹に混じって弁じ難し。故に村人は春耕の余暇に山林へ立入り、荊棘を穿ち探り求め、ついに一茎や二茎を根引きして取集め、紙屋へ売るもの」であると。

雁皮は滋賀県南部の山林に多く生育しているが、全ての山ではなく、生育地に濃淡があったようだ。山林植生に不案内なものは、いばらの多い植生をかきわけて雁皮をさがし求め、ようやく一本か二本の茎を見つけたようである。農民たちの農閑期の現金稼ぎとしてよい副業であろうが、雁皮取りを専業とするには、労あって益の少ないものであった。

雁皮の木は直径三センチ以上のものがよく、五年生ぐらいの木である。あまり老木だと紙に光沢があらわれず、煮熟剤も多く必要になる。若木は手間がかかるうえに、歩留まりもわるい。雁皮は他の雑木と混生しているので、慣れないと見つけにくい。山に入り適当な雁皮を見つけると、そのまま根元の近くをもって引き抜くか、鋭利な鎌などで根元から切り取る。こうして採取するほうが、根が残り、後で再生してくるのである。採取した雁皮は、茎から小枝を除き、太いものは刃物で根部の靭皮と木質部を分離し、そこを手にもち引っ張って剝ぎ取り、細いものは枝の部分を両方に引っ張って剝ぐのである。

剝ぎとった靭皮部をそのまま日陰で乾燥させたものを黒皮という。直射日光で乾燥させると、皮は乾くにしたがって自然に巻きこみ、内側に水気が残り、後に黒い斑点ができ、紙の質がわるくなるので注意する必要がある。

黒皮までの作業は農民が、農閑期の副業としておこなう。近年（昭和四〇年ごろ）は山の開発などのために上質の雁皮が少なくなり、一日に平均一貫目（三・七五キロ）か一貫五〇〇匁ぐらいしか採取できず、戦前の半分だという。雁皮の生皮一〇〇貫（三七五キロ）を乾燥黒皮にすると、だいたい五〇貫前後になる。現在（昭和四〇年代初期）、黒皮一貫目の仕入れ価格は、大きいもので約一五〇〇円、小さいもので七〇〇円である。

桐生の紙漉きは、すべて乾燥した黒皮を使っている。和歌山などでは、剝ぎとった韌皮をただちに一昼夜清流に浸してから取りだし、木の台にのせ一枚ずつ包丁（ほうちょう）で表皮をけずり取り、竿にかけて乾燥して白皮とするところもある。丹波地方では、剝ぎとった韌皮をただちに青竹を割ったものにはさみこみ、これを引き抜いて表皮の黒い部分を取りさり、乾燥して売っている。これを「ジゲ」または「半たぐり」という。

集荷した黒皮は、年間を通じて保管される。大正時代の桐生の紙漉き最盛期のころは、この地域産の雁皮のみでは自給できなかった。当時村に関西の各地を回って紙漉きに必要な雁皮を集めてくる業者、というよりは仲買人がいて、紙漉き業者から頼まれると、どこからか集荷してきたという。

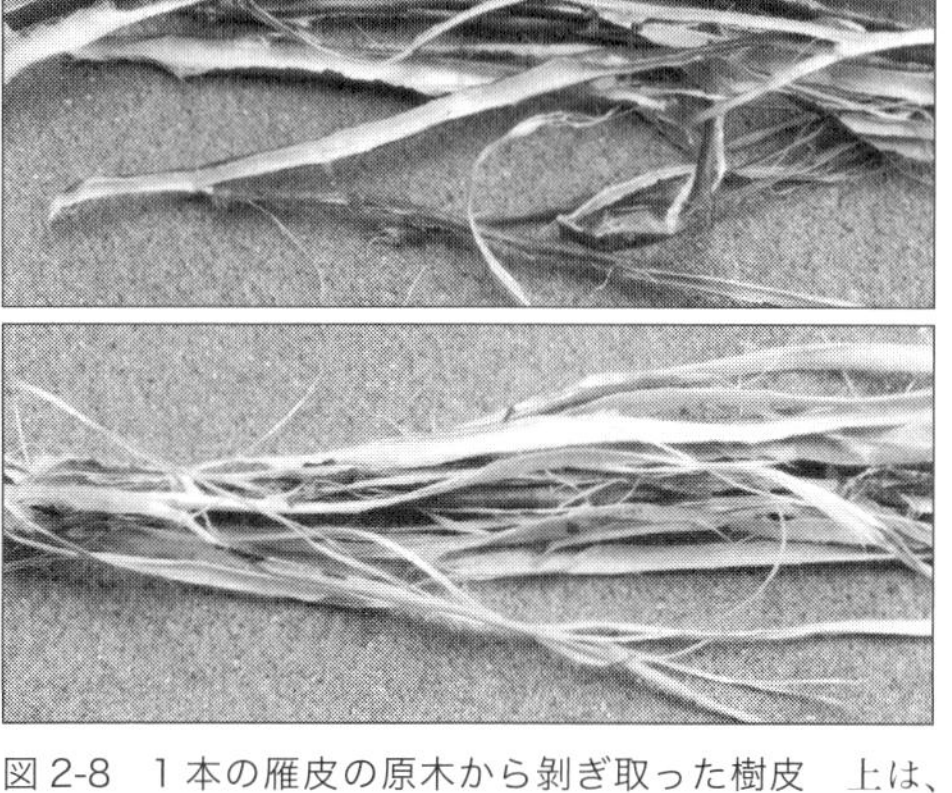

図 2-8　1 本の雁皮の原木から剝ぎ取った樹皮　上は、剝ぎとったままの黒皮で、下は、表皮を少し整理した白皮の多い状態のもの。

春山で採取した黒皮は、そのままでは紙に漉けないので、梅雨期を過ぎてから白皮にして使う。近くの小川に黒皮を前日から約一三時間浸けて、表皮を軟らかくするとともに、不純物をあらい流す。黒皮は水の上に浮きあがるので、石などをのせて重しとする。これを「川ざらし」とよんだ。翌朝黒皮を川からあげ、木の台の上にのせ、包丁とよばれる刃の長さ九センチ、手で握る部分が木の柄の刃物で、表面の黒く荒い皮をこそげて取りのぞき白皮とする。これを「こうずむき（剝皮）」とよぶ。乾燥黒皮一〇貫目を白皮にすると約四貫目（一五キロ）となる。雁皮の生木一〇貫目は、黒皮の段階で半分の五貫目となり、白皮にするとさらにその四割の二貫目になる。紙を漉く前の段階の白皮は、生木の二〇パーセントにまで減少しているのである。

「こうずむき」の作業は、一人が一日に黒皮を約三貫目処理する。昭和四〇年代では、老婆の請けとり仕事であったが、かつては朝の七時ごろから夕方の六時ごろまで働き、さらに一一時ころまで夜なべをしたものだという。

西宮市名塩の雁皮紙のはじまり

現在も雁皮紙を継続して漉くところに、兵庫県西宮市塩瀬町名塩（なじお）がある。丹波高原の南端部に武庫川渓谷を形成した武庫川は、大阪平野にでると瀬戸内海にそそぐ。名塩は武庫川が大阪平野へぬけ出す直前の武庫川渓谷の右岸側で、六甲山の北東斜面にはりつくように集落を形成している。ここに中国自動車道の名塩サービスエリアが設けられているので、この自動車道を走るとき、名塩の地形を観察することができる。

山の斜面にできた名塩集落の周囲には、水田ができる平地はなく、山林も焼畑が営める広さもない。ここに集落がつくられ、現在まで継続した生業は、六甲山などの山林に生育する雁皮が材料の雁皮紙の紙漉きであった。三大和紙の越前和紙、美濃和紙、土佐和紙が漉く雁皮紙は、雁皮の繊維だけであるが、名塩の雁皮紙は泥土入りで美しく堅牢なので知られている。

名塩集落の成立について魚澄惣五郎編『西宮市史　第二巻』（西宮市役所、一九六〇年）は、「名塩の集落はいつごろ成立したのか、かならずしも明らかでない。蓮如上人が天文七年（一五三八）この地に留錫（りゅうしゃく）したとき、すでに二四戸の家があったというから、そこには戦国乱世の難をさけて、すでにそこはかの人々が住みついていたものであろう。その後、この名塩の村を発展させ、その名を高めたのは米や麦でなく和紙の製造にあった。江戸時代三〇〇年は文字通り紙漉きに明け、紙漉きに暮れたといっても過言ではない。しかし、この村の生命ともいうべきこの紙漉き業がいつごろからはじまったものなのか、諸説があってさだかでない」と記している。

名塩の製紙業がはじまった諸説を、『西宮市史　第二巻』は次のようにいう。

① 戦国時代末期、蓮如上人来錫のとき、上人の供として越前よりきたって住み着いた人々の手によって、はじめて紙漉き技術が伝えられた。
② その後、引きつづく越前の一向一揆の避難者により伝えられた。
③ 名塩の住民が木曽（長野県木曽地方）へ杣木挽職（そまこびきしょく）の出稼ぎのとちゅう、越前で紙漉き技術を習得してもちかえった。
④ 名塩の東山弥右衛門がいつのころからか、越前にでかけ苦心の末、その技術を盗み取って村に

かえり、紙祖となった。

⑤ 東山弥右衛門が木曽路で杣稼ぎをしていたとき、越前和紙の名声をきき、越前に入って製紙技術を習得して村にかえり、はじめて名塩で紙漉きをはじめた。

このように名塩で紙漉きがはじまる理由はさまざまであるが、これらの説はみな後世の推定であり、よるべき史料を欠いており、紙漉き開始期の考証は困難である。

名塩の紙漉きの系統は越前系であり、名塩でも江戸時代初期には鳥の子紙が漉きだされており、だいたい厚手である。ただ製紙原料は、越前の楮に対して、名塩は雁皮という違いはある。この違いは、両方とも原料の得やすいもので紙を漉いたと考えればよいであろう。

図 2-9　名塩村のすがた（魚澄惣五郎編『西宮市史　第 2 巻』西宮市、1960 年）

名塩の紙の最初の文献は、寛永一五年（一六三八）の松江重頼撰の『毛吹草』で、「名塩鳥の子」とある。越前五箇村（今立町が合併し現在は越前市）では、室町時代の文明年間（一四六九〜八六年）には、鳥の子紙が漉かれていた。寛文一二年（一六七二）の平子政長の『有馬山名所記』に、名塩の紙は越前についで世の中にしられた存在であることが、記されている。

鳥の子を始て五の色紙、懐紙までもすき出す事、越前につきて八世にかくれなき名塩なるへし。そのかみの記、私か末も彼所にありけるにや

雲のみか五の色の鳥の子も越前につく名塩紙かな　行風
色紙と見るや名塩の村紅葉　政長

越前の紙漉き技術を追っていた名塩であるが、元禄期のはじめに泥入り鳥の子という新技術がうまれた。元禄一四年（一七〇二）の『摂陽群談』に「名塩鳥ノ子土」との見出しで「同所にあり、この土を設け鳥卵紙に漉交へ、美に能す、卵色を以て鳥子紙と称す」とある。泥入り紙の特徴は、よくその色を保って日焼けせず、しみができず、虫に食われない。そのため保存期間が長くなる点にあった。また美しい一種独特の光沢をしめし、乾燥に強かった。一方では裂けやすい欠点もあった。名塩紙に関する文献がはじめてみられる年代を列挙する。

鳥の子……………………寛永一五年（一九三八）
打曇（雲紙）　……………寛文一二年（一六七二）
五色紙……………………寛文一二年（一六七二）
泥入り鳥の子……………元禄一四年（一七〇二）

このように名塩における紙漉き技術は、ほとんど一七世紀になされたと考えられる。

名塩紙と原料の雁皮

名塩の代表的な鳥の子類は、雁皮が原料である。繊維の特徴は細長く強靭な点にあるが、栽培には非常な困難をともなうという欠点のため、山野の自生木の樹皮を採取する必要があった。そこで雁皮で紙を漉く地域は、たとえ原料を買い入れても、紙の生産立地はほぼ一定となる傾向があった。越前での自生はないので、若狭方面（福井県南部）から入れていた。

名塩周辺には、六甲山や丹波高原の山々が連なっており、それらの山々に多くの雁皮の自生地があり、紙漉き原料にはこと欠かなかった。雁皮の品質は、紀州（和歌山県）や四国産のものは繊維が短く、質が粗だが歩留まりはよかった。山陰地方産は繊維が長く、質はち密だが歩留まりがわるかった。それらに対しこの付近産の雁皮は、繊維の長さは中くらいで、質も普通だが、歩留まりは他の地方産のものよりも勝っていた。平均してすぐれた点をもっていたことも、名塩鳥の子紙の発展をうむ一因と考えられている。しかしながら、名塩の紙漉きが繁盛するにつれて、地元産の雁皮だけでは名塩の紙漉き屋の原料をまかなうことができないようになるのは当然で、不足分は他の地域産の雁皮を購入するようになった。

名塩紙は元禄以降、泥を漉き入れる独特の紙質が重視され、各地の藩札の原紙とされることになり、名塩千軒とよばれるほど、名塩紙の繁盛に大きく貢献したのである。名塩からほど近い丹波国柏原（かいばら）藩の織田氏（二万石）と名塩の関係は、元禄初年からはじまっており、同藩が元禄一一年（一九八九）に藩札として一匁の銀札を発行した原紙に名塩紙が使われていると、『西宮市史』は推定している。

名塩地方は山村で土地の割には人口が多かったため、余業の紙漉き業に大きく依存していった。紙漉き業者は古くから仲間規約を設けていたが、宝永年間（一七〇四～一一年）にその規約書が紛失したといい、明和六年（一七六九）四月に、時の領主松平右京大夫輝延に出願して株仲間の規定の承認をもとめている。この規定が以後名塩の紙漉き仲間の根本法規として守られてきたのである。それは、
①　運上銀に関する規約

② 紙の販売に関する規約
③ 紙原料の雁皮の購入に関する規約
④ 賃金その他物価の統制
⑤ 紙舟株に関する規約

という五点に要約することができる。

本書に関わる名塩の紙漉き仲間の規約は、③の雁皮の購入に関する規約である。規約は有坂隆道編『西宮市史 第五巻資料編二』（西宮市役所、一九六三年）収録の明和六年（一七六九）四月の「紙漉職式法書」に記されている。

同式法書は全一四か条あるが、雁皮に関わる部分をぬきだして意訳する。

紙漉職式法書

第七条 諸国から大坂浜方へ回送された雁皮は、問屋を通して買い入れること。荷主と買入れ希望値段がくいちがったときには、仲間で相談のうえ、改めて値をつけることとし、かってに値をつりあげてはならないこと。

同八条 当地（名塩）へ各地より送られた雁皮は、当地の問屋において仲間立会のうえ時価で買入れ、仲間に配分すること。

同十条 漉屋仲間が使っている雁皮や灰汁灰（あく）などを、漉屋として不相応に紛らわしく売買したときは、仲間のうちで吟味し、仲間の定めにより慎むこと。

同十一条 荒雁皮、煮草などのほか、漉屋の使用物をかすめ盗む者は、地頭より処分されること。

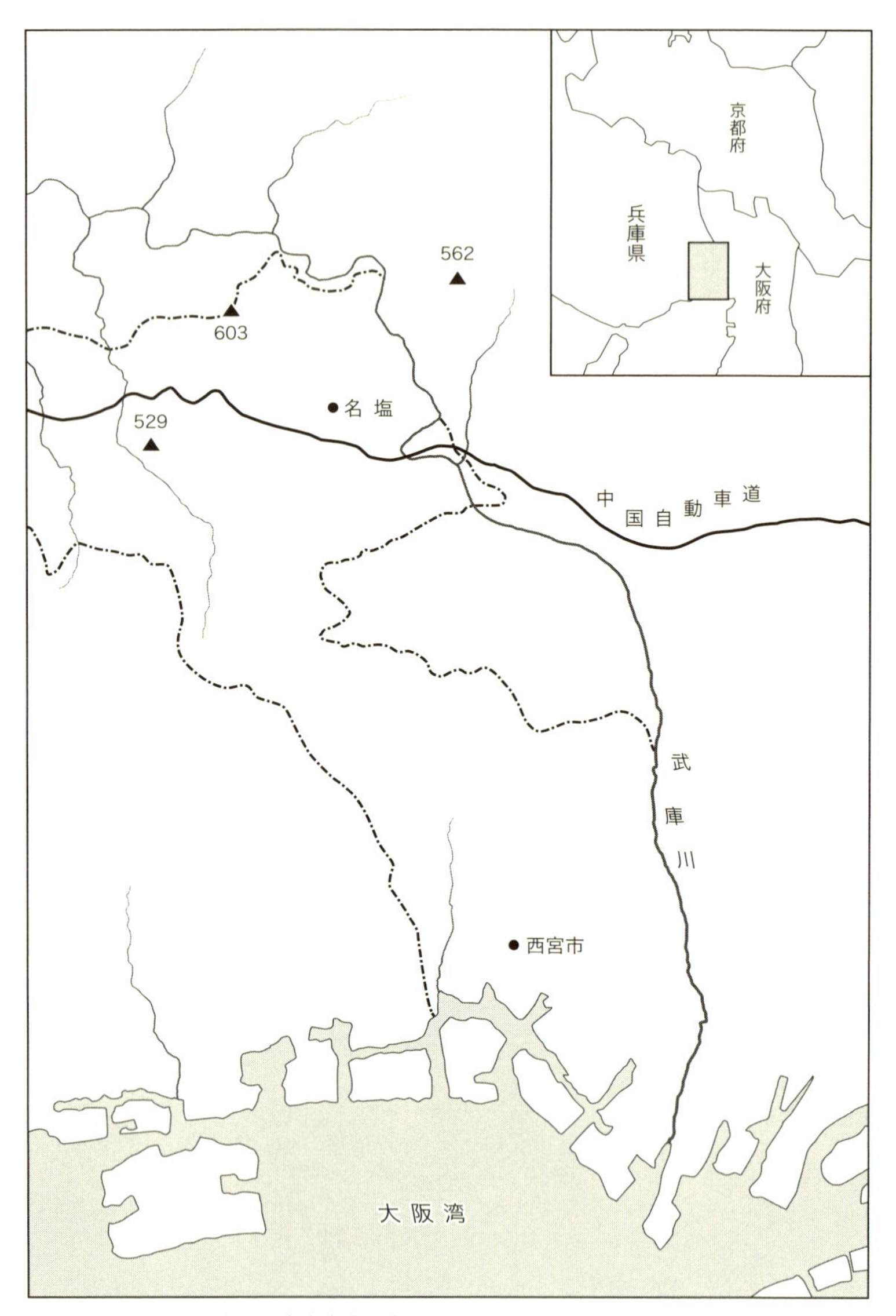

図 2-10　雁皮紙を漉く西宮市名塩の位置

同十二条　仲間相互間における荒雁皮や正味雁皮、灰煮草などの売買を禁止し、もし違反した場合は、売主にはその代銀の三倍、買主には五倍の科料銀を課し、そのうえ営業を停止し、仲間刎(は)ねとすること。

同十三条　京や大坂の紙問屋などを通じてかってに雁皮を手に入れることを禁止し、抜け買いしたものは紙職停止・仲間刎ねとする。

名塩の紙漉き用の雁皮は、当地産のものも問屋を通しての購入となり、この地で紙に漉かれる雁皮のほとんどは大坂に集荷されたものを購入していたようである。

名塩の雁皮窃盗と雁皮収集地

名塩の紙漉き屋が保有する雁皮が盗まれるという事件が、安政三年（一八五六）におこった。『西宮市史　第五巻資料編二』は、その事件を記した「恐れ乍ら書付御届申上げ奉り候」との文書を収録している。文書によれば、名塩の紙漉き屋義三郎がもっていた雁皮、目方にして五貫七〇〇匁（約二一・四キロ）が先月の一五日の夜紛失したので、翌日の一六日漉屋年行司へ届け出た。よくよく探し調べるようにと、年行司から申し聞かされた。内々に漉屋仲間に聞きあわせていたところ、同村の金兵衛方でよく似た雁皮がみつかった。なお年行司とは、一年交替に務める漉屋仲間の役員のことである。

盗まれた義三郎は、下職の源助を金兵衛方に派遣してその雁皮を確認させた。源助が見たところ、紛失した雁皮に間違いなかった。同月二〇日、そのことを年行司に申し出た。年行司が金兵衛方に出向いて立ち会ったところ、本当に紛失した義三郎の雁皮に間違いないと、見受けられた。年行司がさっそく金兵衛をよび出したところ、五人組から宿（自宅）にはいないが二、三日すれば帰ってくるとの申し出があった。

村方へ金兵衛が出頭してきたので問いただすと、金兵衛は親類である播州（播磨国＝現兵庫県）加東郡堀村（現在の町村名不詳）の古手屋惣兵衛から買い求めたという。そこでさっそく古手屋惣兵衛に問い合わせると、一切知らないとの返答であった。証拠調べをすると言うと、このことは金兵衛より使いの手紙で他所から尋ねてきたなら五貫七〇〇匁の雁皮を売渡した旨答えてくれるように頼まれた、とのことであった。

これにより、名塩村の年行司二名、年寄三名、庄屋三名が連署のうえ、事件の次第をしたため、郷方役人にお咎めの願い書をさしだしたのである。名塩村の紙漉き仲間の罰として、宮脇金兵衛は子孫にいたるまで紙屋仲間から除き、息子の清蔵にも同じ処分をしたのであった。郷方役人の窃盗罪の処分については『西宮市史』はふれていない。

名塩で漉く雁皮紙の材料としては、前にもふれたように地元の六甲山や丹波山地の村々から当然のように入ってきていたであろう。ところがどのくらいの量の雁皮が、地元から供給されていたのかの史料は不詳のままである。

明和六年（一七六九）四月の「紙漉職式法書」には、「当地へ諸方より出かんひ前々之通、当地問屋にて望之者共立合」とあるように、名塩に近隣の村々から雁皮が集荷されていたことは理解されるが、どのあたりから運ばれたものであるかは不詳である。

天保一二年（一八四一）二月の「上山与三兵衛・東久保利右衛門雁皮一条」との題がつけられた文書

には、紙漉きの者ふたりが直接現地にでかけ買い集めている事例を記している。

此度上山与三兵衛幷東久保利右衛門改名忠三郎と相唱、播州和子原玉屋源右衛門方に止宿、其近辺雁皮買集候趣、同近隣中買中より差支之趣、飛脚を以申遣し候

名塩の紙漉きである上山与三兵衛と東久保忠三郎の二人が、播州の和子原（現地未詳）というところの玉屋に泊まりこみ、近隣の雁皮を買い集めていた。そのため和子原近辺の雁皮の仲買人たちの仕事に支障があると、飛脚便で名塩に報告してきたのである。播州和子原が現在どの地方であるのか不明なのが残念であるが、そこでは仲買人が商売として成立しているくらいなので、年間相当量の雁皮の採取がおこなわれていたと推定できる。

「天保一四年（一八四三）正月晦日酒屋八良兵衛会席にて、寄合披露幷申定」との文書には、甚吉という者が、本来は問屋経由だが、丹後国の雁皮を直接に買い入れたと記されている。文化二年（一八〇五）四月の「紙屋申定」という文書には、讃岐国（現香川県）の高松藩の大坂蔵屋敷に到着した讃岐産の雁皮を有井治郎左衛門が勝手に取引をしたので、名塩の紙屋一統は大混乱をした旨が記されている。

万延元年（一八六〇）八月の「雁皮抜買人差入れ証文」三通の最初の「一札」には、大坂備後町にある大坂雁皮問屋大和屋庄兵衛方で、備中足守藩（旧岡山県吉備郡足守町）産の雁皮を束ねなおし、紀州湯浅物に仕立てなおして抜買（ぬけが）いをしている。抜買いとは、規則を犯して雁皮を買い入れることである。この文書により、岡山県南部の吉備郡や上房郡、和歌山県有田郡湯浅町の近辺にも雁皮の生育地があって、紙漉きのための皮が集められ、名塩へと送られていたことがわかる。

「漉屋仲間一統申定」には二通の文書があり、その二通目の文書・嘉永二年（一八四九）二月二日の

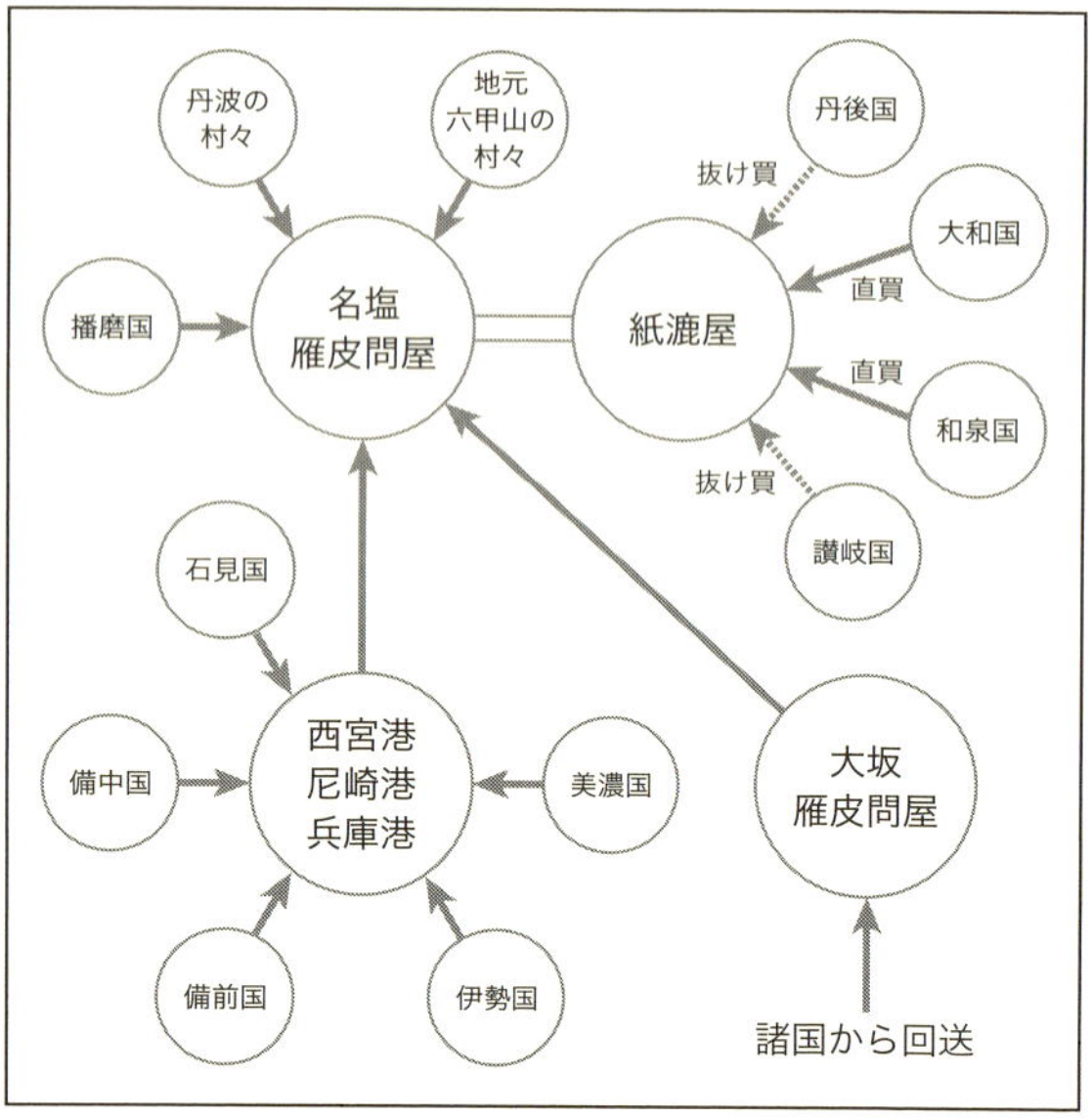

図 2-11　資料からみえる名塩紙漉きの雁皮仕入れ地方

「定・六条の附り（つけた）」には、「播州・備前・石州・備中・伊勢・尾張・美濃しめて七カ国より出候雁皮の外、西ノ宮・尼ケ崎・兵庫等へ着仕分、直買不相成、大和・和泉辺へ仕込みに罷り候者有之候共」とある。つまり播州（現兵庫県南西部）、備前（現岡山県南部）、石州（現島根県西部）、備中（現岡山県西部）、伊勢（現三重県）、尾張（現愛知県西部）、美濃（現岐阜県南部）という七か国のほか、現兵庫県の西宮港・尼崎港・兵庫港に到着する雁皮については漉屋による直接の買いつけは駄目だというのである。そして大和（現奈良県）や和泉（現大阪府南部）に仕込みに出かけるものもあるが、これも駄目である。さらに定めを忘れて、広島などへ出かけているものもいる、というのである。江戸時代末期には、近畿・中国・四国という広大な地域から雁皮を仕入れていたのである。

名塩の雁皮紙は、江戸時代には藩札の需要も大きかった。現在の名塩で漉かれる雁皮紙（名塩鳥の子紙）は書画、美術用、箔打紙は金箔圧延用、間似合紙は襖用に需要がある。かつては紙漉き屋が多くあった名塩であるが、現在は谷徳製紙所ともう一軒だけとなっている。

石垣島の青雁皮紙

沖縄県八重山列島の石垣島で雁皮紙を漉く人を、市川莉子が「八重山の紙――青雁皮紙」（吉田竹也・戸田結子・近藤安里編『二〇一一年度南山大学人文学科人類文化学科フィールドワーク（文化人類学）』報告書I1・II2、南山大学人類文化学科、二〇一二年）として調べているので、要約しながら紹介する。

石垣島は日本のほぼ最南端で、沖縄県の県庁所在地である那覇市とは東西に四一〇キロ離れており、台湾とはおよそ二七〇キロという距離で、日本の本土の地域よりも台湾に近い位置にある。石垣島は沖縄県では、沖縄本島と西表島についで三番目に広い島で、全域が石垣市である。島の形はほぼ正方形に近く、北東部で平久保半島がつきだしている。島の中央部に於茂登岳（標高二二二メートル）があり、この山より北側は山がちで、南部は隆起さんご礁の平地が多く、人口はこちらに集中している。

市川莉子は石垣島でただ一人青雁皮紙を漉いている石垣実佳から、話をきいてレポートにまとめている。青雁皮紙の原料はジンチョウゲ科の青雁皮（別名オキナワガンピ）で、一九世紀中ごろから使用されているという。青雁皮紙は、繊細なうえに強靭で、耐久性にすぐれた上質の紙で、沖縄の博物館資料の補修などに用いられている。また日本画、版画、書などの繊細な作品づくりに向く紙である。

青雁皮は石垣島や西表島に自生し、海岸によくみられ、八重山から沖縄本島まで分布している。青雁皮の樹皮で紙を漉き、葉は紙漉きに必要なネリ（粘り材）とされる。本州の雁皮が肥料分の少ないやせた山に生育する野生の木から樹皮を採取するように、青雁皮も自然に生えているものを使用する。そのため安定した材料の調達がむつかしく、青雁皮紙を商品化できないという弱みがある。

沖縄の紙づくりは一七世紀にはじまっているが、主な材料はカジノキや楮(こうぞ)で、青雁皮は補助材料とされていた、青雁皮による製紙業はかつて西表島でさかんにおこなわれ、製紙工場のような紙屋もあり、大正から昭和の一時期、石垣島でもおこなわれていた。

終戦直後には、青雁皮の木の皮を剝いで、沖縄本島の業者に買いとってもらうことで、食い扶持(ぶち)をつないでいたという話が残っている。本土の商人も青雁皮の皮を、宮古島、八重山、沖縄本島にかけて地元の人に採らせ買い上げていた。このように沖縄の人たちは、金になる青雁皮を根こそぎとって売ったのである。

太平洋戦争の影響で、青雁皮紙を含む琉球紙や製紙家は消滅した。のちに勝公彦が芭蕉紙の復活活動をし、同時に西表島の青雁皮紙をとりあげたことで、西表島の青年たちのもとで青雁皮紙が復活した。現在は西表島や石垣島の学校の体験学習として青雁皮紙は漉かれ、石垣島では石垣実佳がひとり趣味の水墨画の用紙として、この紙を漉いている。

石垣実佳は元教育委員会の職員で、青雁皮を漉くきっかけは、親交のあった東京女子医科大学の平山章教授との出会いである。平山教授は石垣島の米原に八重山青雁皮紙研究所をひらき、東京から石垣島へ一五年間通い、青雁皮紙の研究をしていた。平山教授が八四、五歳になり、東京から研究所へ通えなくなったと聞き、石垣実佳は退職し一年間平山教授のもとで紙漉きを勉強した。そして紙漉きの道具を少しわけてもらい、現在は自分が必要とする分を漉いているという。

石垣実佳は青雁皮紙の原料の青雁皮は、いまはもう西表島と石垣島にしかないという。唯一石垣島で以前のように青雁皮がたくさん生えているところは、牧場の中だという。石垣実佳は石垣牛を四〇頭ほど、牧場で飼育している。石垣は、青雁皮は育てなくても牧場にはいっぱい生えるが、畑ではいくら育てようとしても立ち枯れするのでそだてることはむつかしい、という。そして青雁皮紙について、「墨の濃淡と滲みがとても魅力的」で、「なんともいえない味わい」が生まれるところが、他の紙とはちがうと話している。

青雁皮紙に関わる活動は、八重山博物館の「こども博物館教室」で毎年二月に青雁皮紙の紙漉き体験が子どもたちを対象としておこなわれる。そして三月には、自分で漉いた青雁皮紙の修了証書を博物館の館長から授与され、一人ひとり紙漉き体験の感想を話す。

青雁皮紙を調査した市川莉子は最後に今回の調査で、青雁皮紙が石垣島において八重山の紙として予想以上に受け入れられており、青雁皮紙は少しずつ八重山の人々にとって身近な存在になりつつあることがわかった、と記している。

第三章　耐久性抜群の和紙を生む三椏

三椏とはこんな植物

和紙の材料には、雁皮（がんぴ）、三椏（みつまた）、楮（こうぞ）という三種類の樹皮が使われている。雁皮も楮もわが国に自生する低木である。三椏はわが国における自生地はなく、中国やヒマラヤ地方原産の樹木で、いつの時代に何を目的として渡来したのかは現在まで不詳とされているが、わが国では室町時代には野生化したものがみつかっている。

ミツマタは、ジンチョウゲ科ミツマタ属の落葉低木である。ミツマタ属は、落葉またはほぼ常緑の低木で、枝がたくさん出る。佐竹義輔・原寛・亘理俊次・冨成忠夫編『日本の野生植物　木本Ⅱ』（平凡社、一九八九年）によると、ミツマタ属の「四種が中国、ビルマ、ネパール、インドに分布し、日本に一種が野生化している」という。栽培もされているが、野生化したミツマタもともに、わが国では和紙の原料として、紙に漉（す）かれている。

三椏樹皮は優良な紙原料と評価される。良質の和紙が漉かれるため、紙や紙幣の話が多い。俗に「洋紙一〇〇年、和紙一〇〇〇年」といわれ、三椏和紙の耐久性はけた外れで、世界的にもきわめて優良な紙である。和紙三大原料では楮がもっとも早い時代に用いられ、ついで雁皮が奈良時代に登場した。三椏の原料利用は遅く、室町時代の終わりごろである。

三椏は中国南部からヒマラヤに分布する落葉低木で、半球形の樹形をしている。高さは二メートル内外で、枝は黄褐色、若いうちは伏毛（ふくもう）がある。夏ごろ、昨年枝の先端が急に三つに分岐し、それぞれが枝となり生長する。ミツマタが三又、三股、三椏と書かれるのは、このことによる。枝の股は、かならず前年の枝の先端から三つの枝を分岐させる特性があるから、枝の数をかぞえることで幹の年数を知ることができる。

図 3-1　三椏は枝分かれのたびに三つに分かれていく（熊田重雄『工芸作物　上巻』明文堂、1938 年）

黄褐色の枝は三本ずつに分かれ、若い枝は緑色で毛を帯びる。葉は薄く、葉柄があり互生する。秋の終わりの落葉時には、ほとんどの枝先に一〜二群のつぼみが、白銀色のビロードのような短い毛でおおわれた蜂巣（はちす）状でたれさがっている。冬の間ずっと、落葉した枝の先でうつむき加減で、じっと春をまつ姿は、しおらしく感じられる。その耐え忍ぶ姿は、趣を大切にする昔の茶人には喜ばれた。

春に新しい葉に先だち、黄色で芳香のある頭状花をうつむき加減にひらく。花は全体をみると、小さな蜂の巣のような、面白い形をしている。芳香をもつので、中国名は黄瑞香あるいは結香という。三椏の花は、ところによって春を告げる一番早い花ともなっている。花が終わりかけるころ、黄花のリレーを山吹の花に引き継いでいくように感じる人もいる。
三椏の花は、沈丁花（じんちょうげ）と同じように、花には花弁がなく、花弁のようにみえるのは萼片（がくへん）である。赤い花の園芸品種があり、赤花三椏（あかばなみつまた）あるいは紅花三椏とよばれている。和紙の原料とされている黄色い花の三椏も、世界的には花をたのしむために栽培されているという。

俯けど頰は血潮のたぎりたる三椏の花隠せぬ思い　作者不詳
手の中に朱色に染まるぼんぼりの君を思わん三椏の花　作者不詳
黄の色をかすかに兆す三椏の露地に入りくる日差し明るむ　上田国博
ミツマタの花の蕾の固さ眺むれば春待つ里はまた楽しけれ　風花萌野
夕の陽の三椏の花咲きけぶる甦りくるいのちの明かり　成瀬　有

三椏の花は俳句では、春の季語になっている。

曇天に三椏の花ふさぎ虫　高桑弘夫
窯出しの壺三椏の花曇り　中井之夫
三椏の花頷けり黄を溜めて　藤田章子
三椏に金銀のあり海鼠塀　戸松玉子
三椏の花三三が九三三が九　稲畑汀子
三椏のはなやぎ咲けるうららかな　芝不器男
三椏が皆首垂れて花盛り　前田普羅
三椏の花や日当る水の中　北吉裕子

果実は痩果（そうか）である。種子は七〜八年生の生育旺盛なものから、六月末果実が黒味を帯びた時に採取する。この時期をすぎると発芽力がおとる。熟れすぎた種子の発芽歩合は不良である。また乾燥させても発芽力をうしなう。

三椏の方言と渡来時期

三椏は、今日では一般的な名称であるが、昔は、三椏野生種がみつかった静岡県駿河地方や伊豆地方でのよび方であったようだ。静岡県と山梨県では江戸時代から栽培され、それ以外の地方ではおおよそ明治期以降に栽培されはじめた。それぞれの地方ごとのよび方が方言として残っている。八坂書房編・発行の『日本植物方言集成』（二〇〇一年）から、各県でのよび方を引用する。

山梨県　みつ、みつのき
静岡県　かぞ、かみかつら（駿河）、かんぞー、みつ、みつでかんそー（伊豆）
長野県　ねれ
愛知県　じゅずぶさ（三州）
岐阜県　かみくさ、かみのき、むすびき（海津）
三重県　みつえだ（勢州）
島根県　かご、みつまたこーぞ
山口県　みつ、みつまたやなぎ（防州）
和歌山県　ちょーせんこぞ（紀州）、みつまたわみそ

愛媛県　また、やなぎ
高知県　やなぎ（高岡）、りんちょー
徳島県　じんちょー（美馬）
福岡県　かご、みつまたかご（八女）

上原敬二は『樹木大図説Ⅰ』（有明書房、一九六一年）で三椏の地方のよび名を掲げているが、残念ながらどの地方のものなのか明記されていない。『日本植物方言集成』とかさなるものもあるが、とりあえず全部を掲げることにする。

さきくさ（万葉集）、みつまたのき、みつまたわみそ、みつまたやなぎ、みつまたかんざぅ、みつまたかうぞ、じゅずぶさ、むすびき、かみのき、かみくさ、えんさつのき、りんちょう、また、みつのき、ねれ、かんざう、かご、やなぎ

民俗学では、ある事物が民間での語彙が多いほど、古くから広い範囲内で身近に用いられたものだとされる。それからすれば、静岡県の方言がもっとも多くなり、三椏がこの地方にもっとも早く紙の原料用に導入されたと推定できる。文献に最初にみられる伊豆地方の文書に「みつまた」とあるが、静岡県の方言に「みつまた」がなく残念である。方言収集にあたって、「みつまた」といっても、標準和名のことをいうのだと、採取者が誤解したのかもしれない。

上原は採録した方言のうち冒頭に『万葉集』の「さきくさ」を掲げているが、これは巻一〇歌番一八九五の「春相聞（はるのそうもに）」の柿本人麻呂の次の歌のことである。

春さればまづ三枝（さきくさ）の幸（さき）のあらば後にもあはむ恋ひそ吾妹（わぎも）

この歌の「三枝」が三椏だと上原は解釈したがそうではなく、ほかに佐小百合や沈丁花、福寿草、檜などの諸説がある。上原の収集方言の、「かみのき」は紙を漉く木だとずばりだし、「えんさつのき」は三椏紙を紙幣用紙に国立印刷局で用いて以降のものであろう。

三椏のわが国への渡来は、一般的には江戸時代初期の慶長年間（一五九六～一九一五年）とされている。慶長三年（一五九八）三月四日づけで伊豆国修善寺村人あての、徳川家康の壺形黒印つき命令書に「於豆州、鳥子草、がんひ、みつまた、何方に候共、修善寺村文左衛門より外にハ、不可伐」とある。この命令書は、伊豆地方では鳥子草、雁皮、三椏という紙漉き原料三種類は、修善寺村の文左衛門以外の採取は禁止するというのだ。三椏がはじめてみえる文書である。鳥子草とはオニシバリ(別名ナツボウズ)のことだと、雁皮の章で触れた。

三椏に品種あり各地に分散

三椏には赤木と青木の二種類があり、どちらも各地で栽培されてきた。青木種は茎が淡い緑色で丈が高く、茎の下部より三又までの間、つまり節間が長く、枝が少ない。花も少なく、収量も少ないが晒皮として歩留まりがよく、繊維は細かで、品質は優良である。赤木種は幹が飴色で、太くて花は多く、節間は短い。収量は多いが外皮が厚い。すなわち黒皮は多いが、晒皮の歩留まりがよくない。品質は青木に劣る。

ほかに大葉という種類もある。高知県の在来種から吉井源太郎が選抜したものである。性質は強健で、葉の幅は広く、茎の節間ははなはだ長く、品質は優良である。開花するが結実はきわめて少なく、繁殖

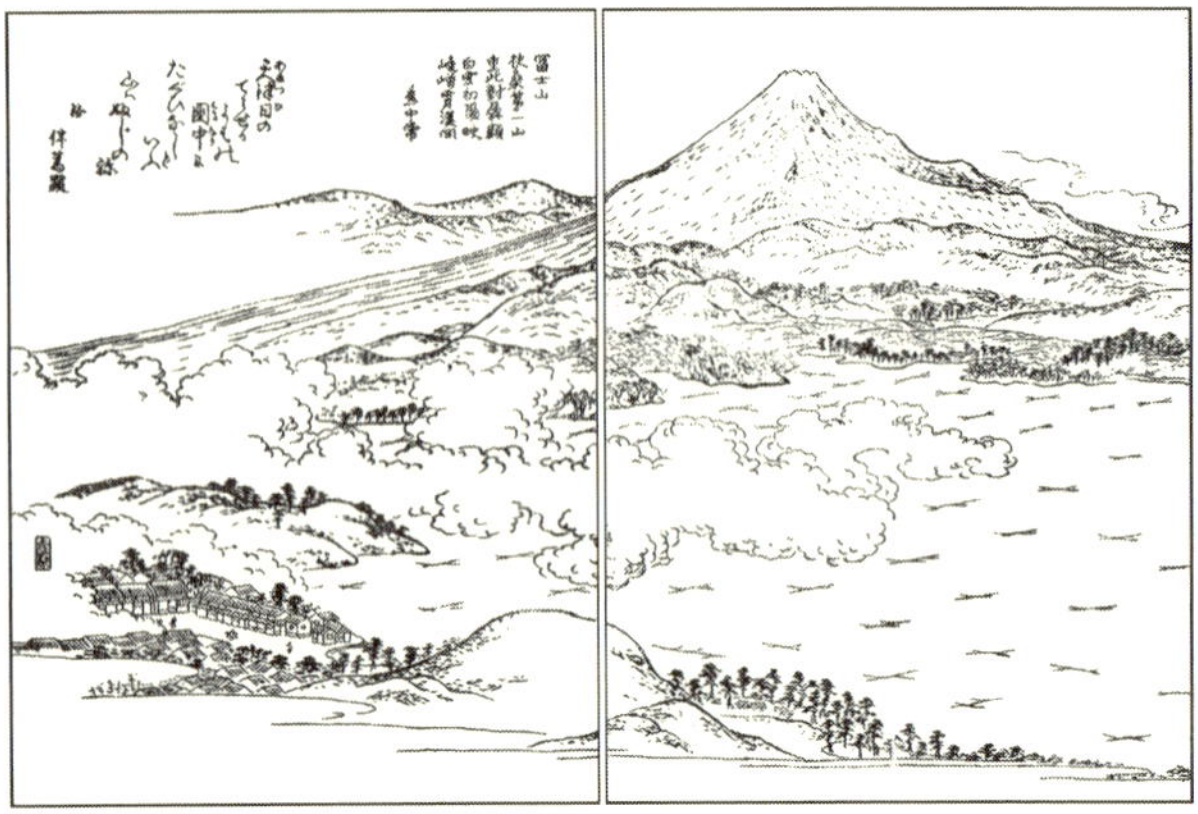

図3-2　富士山の南山麓地帯は三椏の古い野生地とみられている（秋里籬嶌編『東海道名所図会　巻之五』より「富士山」。

は株分けでおこなわなければならない不便さがある。

また片山佐又著『技術・経営　特殊林産』（林業大系第二冊、朝倉書店、一九五二年）は品種系統を次のように整理している。

静岡種　赤木、雌木、小葉、小葉やなぎ、下りやなぎ、駿河みつまた

中間種　青木、雄木、大葉、大葉やなぎ、地子、鳥取在来種

高知種　搔股、大葉、地子、地やなぎ、搔苗、高知在来種

片山は、従来の赤木を静岡種で駿河みつまたともいい、青木は中間種で鳥取在来種といい、大葉は高知種で高知在来種というとした。そして、それぞれの品種の特徴を解説している。

静岡種の原産地は富士山麓地帯で、そこから四国地方および中部以東の各地に伝播し、それらの地方の昭和二〇年（一九四五）代栽培の主要な品種となった。この品種の特徴は、樹皮が厚くて、色は黄褐色、葉はやや細く、三股間の節間が短い。木の全長も短いが、樹冠は横に広がり、雑草の発生を抑える。枝の萌芽力はさかんだが、株の寿命は比較的短い。皮が

厚いので収量は多いが、白皮に精製すると歩留まりはよくない。繊維はやや粗で、中間種にくらべて品質は劣るが、単位面積あたりの収量ならびに製紙歩留まりは中間種より一般によい。この品種は、花つき、結実ともによく、耐寒や耐病性が強い。

中間種も原産地は静岡種と同じだが、そこから鳥取・岡山両県に下り、その後しだいに中国、近畿、九州の各地方につたわり、各地方で栽培されるおもな品種となった。この品種の特徴は、樹皮が薄く淡い緑色で、葉は静岡種より大きい。生長はよく三股間の節間が長く、木の全長も長い。枝の萌芽は少なく、花の数も少ない。黒皮の収量は比較的少ないが、白皮精製の歩留まりはよく、繊維が緻密で品質は良好である。

高知種は高知県の在来種で、約一五〇年前（およそ享和年間＝一八〇一〜〇三年）ごろより、野生化した皮から和紙を漉いていた。現在は愛媛県東宇和郡や喜多郡に相当栽培されているが、高知県下では戦後の昭和二〇年代末ごろに、わずかに残っていた程度である。この品種は葉がもっとも大きく、幹の青みが強い。木の伸びが早く、股下の高さは長くて一・二メートル以上のものもある。枝分かれ回数は平均二年に一回くらいである。木の伸びがよく、品質もよく、皮剝ぎは容易だが、病害に対し抵抗力が弱く、かつ結実がわずかで発芽率も不良だから、株分けによる繁殖以外は困難なため分布数も少ない。

三椏栽培のはじまりは江戸初期

三椏繊維で漉いた紙を三椏紙（みつまたし）という。三椏繊維の長さは、四〜五ミリなので、非常に滑らかで、吸水性にすぐれ、豊かな光沢のある仕上がりとなる。同じく雁皮の繊維も、三椏とほぼ同じで四〜五ミリである。楮繊維は一五〜二〇ミリで、強度にすぐれ、美しくしなやかに仕上がる。三椏樹皮の靭皮(じんぴ)繊維は、丈夫で光沢に富んでいる。三椏紙は、しわになりにくい、紙魚(しみ)がつきにくい、透かしを入れやすいという特徴をもっている。このため、一万円札や証券類、地図、箔合紙、エッチング用紙、はがき、製本材料、図引紙など、上質和紙原料として利用されている。

以上の三椏紙の説明は、平成現在の技術的にすぐれた紙のものである。江戸時代初期に漉かれた三椏紙の紙質は不詳のままである。文献上の三椏紙のはじまりは、慶長三年徳川家康の修善寺村人あての命令書に、和紙原料に「鳥子草、がんひ、みつまた」とあり、鳥子草と当時修善寺でよぶオニシバリと雁皮、三椏が紙に漉かれていたことは当然考えられる。

修善寺村の文左衛門は、江戸幕府用の紙も漉いていた。静岡県編・発行の『静岡県史　資料編一一近世編三』(一九九四年)収録の、元禄一六年(一七〇三年)六月豆州修善寺村文左衛門提出の「修善寺紙漉上ケ申候由緒書之事」という文書は、権現様(徳川家康)が、文左衛門を駿河に召し紙を漉かせると、御意にかなう紙が漉けた。文左衛門は遠方なので、駿州城下(現在の静岡市)の紙屋村に屋敷を賜り、紙を漉くようになり、末々にいたるまで、御用紙を漉くよう仰せつけられたと記されている。これが駿河紙の発祥となったという人もいる。

後藤清吉郎は「和紙の旅」(望月董弘・後藤清吉郎・神村清・四方一瀰編『ふるさと百話　第八巻』静岡新聞社、一九七三年)で、庵原(いはら)郡富士川町(現富士市)松野もその一つであり、かつては一八〇余軒もの紙漉きがあって盛大に駿河半紙を漉いていた。昭和二〇年(一九四五)ころには、八軒の漉き屋が残っていたと後藤はいう。

静岡県編・発行の『静岡県史　通史編四　近世二』（一九九七年）は、延享三年（一七四六年）一〇月に駿東郡竈新田村（現御殿場市）の藤左衛門など一九名が連名で、同村と杉名沢村の者が駿東郡中の三椏を木元から買い集め、これを「剝ぎ皮」にして、修善寺村や立野村へ送っていたと述べている。木元とは、和紙の原料の三椏を産出する村々のことを、前記二か村の人たちはこうよんでいた。

この二つの村は静岡県の北東部の富士山の東部で、相模湾に河口をもつ酒匂川の上流部である。御殿場市史編さん委員会編『御殿場市史　八　通史編上』（御殿場市役所、一九八一年）によれば元禄一四年（一七〇一）、竈新田・川嶋田・杉名沢・佐野村の四か村の三椏釜主が、近隣の村から楮や三椏を買い集め、釜で茹でて、皮を剝ぎ、伊豆の修善寺と立野村の紙屋へ売っていたとあり、すでに三椏を栽培していたことがわかる。

図 3-3　三椏の新梢　前年の枝先から三つの枝と分岐させる。

元禄一四年暮れ、伊豆嶋田村の小田原藩の十分一役所は、当地方に三椏を木のまま売るよう指示をだした。十分一役所とは、米年貢以外の荷物に価格の一〇分の一を税として徴収する役所である。おどろいた竈新田村などの釜主たちが調べると、石脇村（現裾野市）の久右衛門が、小田原藩に三椏の買留（独占のこと）を願いでて許されたことがわかった。これに便乗するように、八か郷七か村でも村内で剝ぎ皮にして、修善寺・立野村へ直接出荷する動きがでてきた。

川嶋田村と杉名沢村は雑穀と楮栽培が生活の糧であったた

め翌一五年一月、久右衛門の買占めに対して、小田原藩に従来どおりにされたい旨を出願した。竈新田村でも「木数も多く、紙屋から前借りで年貢のたしにしていたものを買留にされた。十分一も久右衛門並にする」との願いがだされた。竈新田村の願いは、「買留で木のまま売っては値段も安く迷惑だ。十分一を納めて、皮を剝ぎ、売買すれば年貢のたしにもなるから、ぜひ訴訟して欲しい。その費用も負担する」と村人六八人に突き上げられたものであった。

のちの記録では、このとき竈新田村などの十分一は一駄八四文であったのを、石脇村久右衛門は四倍近い三二四文と申しでたという。結局は、十分一税のひき上げはなく、従来どおりに決着した。竈新田村・川嶋田村・杉名沢村などは、楮皮の剝ぎ取りで、かなりの現金収入があったものと推定できる。

三椏売買をめぐる村々の争い

竈新田村と杉名沢村と川嶋田村は、郡内の三椏を買い集め、皮を剝ぎ「剝ぎ皮」と称して、修善寺へ紙原料として送り渡世していた。ところが前年から山中筋の村々（八か郷七か村）で、三椏栽培者たちが自分で三椏皮を「剝ぎ皮」にし修善寺紙の原料として売り出すようになり、竈新田村や杉名沢村などは商売ができなくなり、「剝ぎ皮の売り出しはやめてくれ」るように、山中筋の村々に頼んだ。

山中筋の村々は、せっかく開拓した銭かせぎ仕事なので、既得権益を主張しての頼みをきけるはずはなかった。延享三年の竈新田村の文書によると「殊に古来より度々出入りニもおよび」と、村同士の楮や三椏の「剝ぎ皮」をめぐってけんか騒ぎも度々あったのだ。いろいろと交渉しても埒（らち）があかないので、竈新田村と杉名沢村の紙草・三椏の売買人たちは、山中筋の村々の「剝ぎ皮」売りの中止を小田原藩の山方代官に訴えでたのである。

これによれば下郷村の三椏は佐野村が集め、上郷村の三椏は他の三か村が集めていた。訴えは三か村だが、釜主は竈新田村一六名、川嶋田村と杉名沢村はわずか一名ずつで、訴え主はまったく竈新田村であった。紛争の中で八か郷七か村は、竈新田村の仲買の買い方が思い思いで、仲間の規定破りのものがあると指摘した。これにより竈新田村では、利兵衛が仲間に背いたとしてわび状を差し出すという内輪もめがおこった。八か郷の紙屋への直売りの原因は、竈新田村が買う値段が安いことにある。その差は、代金一〇〇文で竈新田村は五把半、佐野村は四把で、一把半も数量がちがったのである。

紙漉原料の買占めはその後も絶えず、宝暦一一年（一七一六）には他領の一色村直右衛門が、当地方の村むらで三椏を買いこんでいることがわかった。竈新田村で同人に直接問い合わせたところ、「殿様（小田原藩主）御用の紙を昨年から差し出しているため、手広く買いこんでいる」との返事であった。さっそく伊豆嶋田村の十分一役所へ、その中止を願いでた。しかし、藩主御用紙という大義名分での買い占めには、対抗できなかったであろう。

『御殿場市史』に、楮・三椏の史料はこの年以後はみられないが、わずかに天保三年（一八三二）二月に印野村から御宿村伴次郎へ、三椏五駄分（金二六両二分一朱）が運ばれ、ほかに五〇駄以上の三椏が送りこまれていた。一駄とは、馬一頭が運ぶ重さで、普通三〇貫（一一二・五キロ）の重さである。また、坂妻村の入会畑で、印野村・須山村・駒門村の三か村が計一二か所の楮畑を所持しており、楮栽培が長く続いていたとする記述がある。

このころ、当地方産の楮・三椏の送り先の現富士市内の村むらに、製紙業があらわれたことも、他の史料からうかがわれる。当地方では楮・三椏栽培も、製紙業も発展はなかつた。

三椏を原料とした山梨県西嶋紙

山梨県には和紙を漉く村が二か所ある。どちらも富士川流域で、上流の西八代郡市川三郷町の市川大門地区は楮を原料として漉き、市川和紙または市川大門手漉和紙ともいわれている。下流の紙漉きは、南巨摩（こま）郡身延町西嶋地区である。身延町は町の東部を富士川が南へと流れる。山が急崖となって富士川や早川におちこむ身延町は、山林が六〇パーセント以上を占め、およそ八割が急傾斜地である。西嶋地区の紙漉きの源流は修善寺村（現伊豆市）の三椏を原料とした修善寺紙であり、西嶋和紙とも西嶋手漉和紙ともいわれる。

山梨県では、甲府盆地から南の県南西部一帯は河内地方とよばれ、身延町西嶋地区はその北部にあたり、富士川の右岸側に立地している。この地区の製紙は、室町時代末期のいわゆる戦国期の元亀二年（一五七一）にさかのぼると記録されている。

武田信玄時代の西嶋村は、農業は地理的に恵まれていなかった。西嶋村の望月清兵衛は上流の市川大門村での紙漉きを自村でもしたいと考えていた。望月清兵衛は永禄一三年（一五七〇）に伊豆の修善寺にでかけ、立野村で製紙技術を学んだ。立野村の修善寺紙の原料は三椏であった。修善寺紙は鎌倉時代、すでに幕府の御料紙に使われていたという。

前に家康壺印の命令書の「鳥子草、がんひ、みつまた」から、三椏が慶長三年には伊豆で栽培されていたとしていた。しかし西嶋村の記録では、望月清兵衛が三椏紙の製法をならったのだから、伊豆での三椏栽培年が永禄一三年まで二八年もさかのぼる。望月清兵衛は翌元亀二年（一五七一）に西嶋にもどり、村人に製紙の技術を伝えた。望月清兵衛の持ちかえった紙は、三椏を主原料とした平滑で、光沢のある、毛筆に適した紙であった。

西嶋で漉いた紙を領主武田信玄に献上したところ、信玄はたいへん賞賛し、御料紙の漉きたてを命じた。さらに信玄はこの紙を西未（にしひつじ）と命名し、武田菱と西未の文字を刻んだ朱印を与え、望月清兵衛を西嶋を含む西河内領内全域の紙改役人に抜擢した。

信玄からの朱印で、西嶋の紙漉きが公認され、紙漉き仲間の独占的営業権を維持できる特権の裏づけとなった。武田氏滅亡後の天正一八年（一五九〇）以降、富士川流域河内領は徳川氏の直轄領となり、西嶋もその支配下になった。徳川支配でも、西嶋の紙漉きは「信玄仕置きのとおり」とされ武田時代と同様、紙改役人の特権的地位を踏襲し、西河内領内の紙漉き仲間の統括を続けることができた。

図3-4　山口県岩国市錦町で三椏を蒸しているところ　蒸し上がり状態を確かめている人の前面に束ねられた三椏がみえる（山口県編・発行『山口県史　民俗編』2010年）。

身延町誌編集委員会編『身延町誌　第六編第一章第二節』（身延町、一九七〇年）から、江戸幕府の殖産振興策と身延町域に関わる産業について、要約しながら紹介する。

幕府は三椏栽培を保護育成したので、ますます盛んになった。やせ地をかかえ、水害や獣害、冷害、干害などになやまされ、さらに貢租や課役に苦しんだ東西河内領民（身延町を含む）の唯一の副収入源で換金資源は三椏や楮の栽培であった。文化一一年（一八一四）五月一四日、三椏の売買について東西河内領八七か村がこぞって、禁止されている駕籠訴（かごそ）を挙行した。駕籠訴代表七名のうち身延町関係の名主や村長が四名入っている。このことから、身延町でも村民の生活に重要な三椏作りが、相当多かったと推測されるのである。

近世の訴訟では、農民や町人・下級武士が原告の訴訟は、原則的に所轄の奉行所などの取り扱いになっていた。この原則を回避し直接、将軍や幕閣に訴える行為を直訴（じきそ）とよび、その方法は外出中の駕籠にかけよる方法が多く、それを駕籠訴といったのである。

西嶋の人たちにとって、わずかな耕地での農業より紙漉きは重要な産業であった。五月から九月までは農業に従事し、一〇月から紙漉きをはじめ四月までおこなった。一〇月から年内いっぱいまで漉いた紙は冬紙といい、一月から四月まで漉いた紙は春紙とよんだ。家内工業で紙は漉かれ、午後八時ころから一一時ころまで、どの家でも三椏を叩く音がしたという。近世の西嶋村は、現在の身延町では最大規模の旧村で、かつては「西嶋じゃ、打っちゃ、漉いちゃ、売っちゃ、買っちゃ、食っちゃ」と歌ったという。和紙の生産・流通と紙職人の消費をあらわしたこの仕事歌は、いかにも製紙の西嶋にふさわしいといわれている。

河内領の紙漉き仲間は、独占的営業の特権の代償として檀紙なら生産高の二〇分の一、その他の紙なら四〇分の一を運上紙として上納するしきたりになっていた。西嶋村の場合は、一九八枚一束の糊入紙を一束につき五枚（四〇分の一に相当）ずつ納めていた。

西嶋紙の原料生産の村々

当時の西嶋村の百姓たちにとって紙漉きの仕事はきわめて重要な産業で、村全体で田一町歩、畑七九町五反歩というわずかな耕地での農業とは比べようもなかった。

江戸時代には、西嶋村は紙漉き原料として、東西河内領内の三二か村から産出される三椏を使っていた。江戸時代中期には、年間だいたい三〇〇〇駄（一八〇トン）から四五〇〇駄（二七〇トン）ぐらいの黒皮が使われていた。一駄は、一把五貫目（一八・八キロ）の束を一頭の馬の背中に六つ載せた量である。西嶋村の多くの百姓たちは紙漉き職人で、同時にこの膨大な和紙をたずさえて、諸国へと売りさばきにでかけていた。そのため当時「西嶋千軒」と称されるほどの大集落ができ上がっていて、山中でありながら町場的・都市的な性格をもつようになっていた。

紙原料の三椏は、紙漉き人の寄合いで予定原料の総量を計算し、紙漉き人総代と三椏仲買人は売り方と相談し、相場をたてて三椏生産地にでかけ、必要数量だけ買いもとめた。そして富士川下流の村から毎年荷造りされたものが、曳き舟に載せられて富士川をさかのぼり、西嶋まで運ばれてきた。近世中期から幕末期にかけての、西嶋での紙の生産量は年間約三万貫（約一一一・五トン）前後といわれている。

笠井東太著『西嶋紙の歴史』（西嶋手すき紙工業協同組合、一九五七年）には、「西嶋の村明細帳には「こうぞハ畑之端に少々御座候」と記されており、実際、和紙の原料の楮や三椏の自給率はごく低かったようです。多くは山資源の豊かな河内領の村々からの購入に依存していました」とあるように、近世の西嶋の紙漉きはほとんど漉くばかりで、原料栽培とは一致していなかったようである。

『身延町誌』は、本町においては三椏、楮の栽培が金にかえることができる重要な財源として、昭和初期まで続けられた。昭和二〇年（一九四五）ごろまで一部の山地に、わずかながら名残をとどめていた。なお大正五年（一九一六）合併した「大河内村取調書」によると、「文化九年（一八一二）に家内工業として、紙漉は帯金三一軒、九滝六軒、角打二軒、大島一六軒あり、明治年間一軒もなし」とある。本町内での紙漉きは、製紙原料の三椏、楮が自家で生産され、また仲買の手を経ないで容易に入手できるからではないかと思われるという。

旧清水市域の三椏と駿河紙

清水市史編さん委員会編『清水市史　第一巻』（吉川弘文館、一九七六年）によれば、江戸時代天明期の大飢饉は、清水市（現静岡市清水区）域の興津（おきつ）川上流の和田島村や但沼（ただぬま）・茂野島（しげの）・蔦澤・高山村、それに庵原（いはら）川上流の杉山村の凶作がすさまじかったと記す。興津川は山梨県境の山地から発し、旧清水市興津東町で駿河湾に注ぐ川である。庵原川は、旧清水市域の庵原山地に源を発し、清水湊に注いでいる川で、興津川よりも西側を流れている。

天明期のころ極貧状態にあったこうした村々で、和紙が漉かれるようになった。その起源は、幕府の御用紙を漉いていた甲州の市川大門村の職人が、明和年間（一七六四～七二年）に和田島村にやってきて三椏で紙を漉きはじめたとか、野生三椏を発見した者が三椏が紙漉きに適していることを知って漉きはじめたとか、伝えられている。旧清水市域の山地に三椏が野生化していたという原因として、伊豆の修善寺周辺に生育している三椏の種子を野鳥が食べ、その糞から発芽したものと考えられる。

『清水市史』は『駿河記』を引用して、文化期にはこの地方で生産される和紙は、江戸をはじめ各地に送られ、和田島紙の銘柄で通るようになっていたという。明和年間に和田島村にはじまった和紙生産は、天明から寛政期（一七八一〜一八〇一年）には庵原川上流の村々や梅ヶ谷村（旧庵原郡）にも普及していた。なお『駿河記』は文政三年（一八二〇）に、島田の桑原藤泰（とうたい）（黙斎）によって完成された駿河国の地誌である。

和田島で漉きはじめられた和紙は、はじめられた土地の名をとって和田島紙といっていたが、後にこれは駿河紙と称せられるようになり、さらに駿河半紙と称せられるようになったと、関彪（たけし）は大正七年（一九一八）二月の『紙業雑誌』で述べている。天明八年（一七八八）、庵原村西方の山梨家と柴田家をおとずれた司馬江漢は、「上は北滝とて三、四丈落ルたきなり。此の山中紙をすき、木をこりて産とす」と、庵原川上流での紙漉きをつたえている。

梅ヶ谷村の吉右衛門は村人七人に指導できるほど、紙漉き技術にすぐれていた。寛政七年（一七九五）ころには、吉右衛門を見習う百姓たちも「紙漉職、農業間々之渡世ニ仕、見事ニ経営仕候」ほどの技量になり、農間余業として安倍川流域の梅ヶ島村（旧安倍郡）にも普及定着した。

紙漉きが農間余業となるには、何よりも原料入手の容易さが必要であった。その点、野生三椏が発見されたとの伝承や、紙漉き経験の山間部の古老が、いまでも三椏を「かぞ」とか「かんぞ」とよぶことは示唆的である。旧清水市域の紙漉きは、三椏を主な原料としていた。三椏は繊維が細く半紙に適し、楮は繊維が強いので障子紙に加工されたが、旧清水市域の村々の和紙は半紙が主であった。

表 3-1　清水市域の河川流域ごとの林産物の記載箇所数

	竹木	薪炭	毒荏	紙	柿	栗	三椏	梅	松	杉
興津川流域	3	4	2	8	1	1	2	0	0	0
庵原川流域	2	2	0	2	2	1	1	1	0	0
巴川流域	3	0	4	0	0	1	0	1	4	4

紙漉きがはじまると、山地の採草地は三椏の栽培地や毒荏桐（アブラギリのこと）の栽培地と競合するようになった。山原村が、採草地を「毒荏桐畑ニ仕」たり、「三ツ又

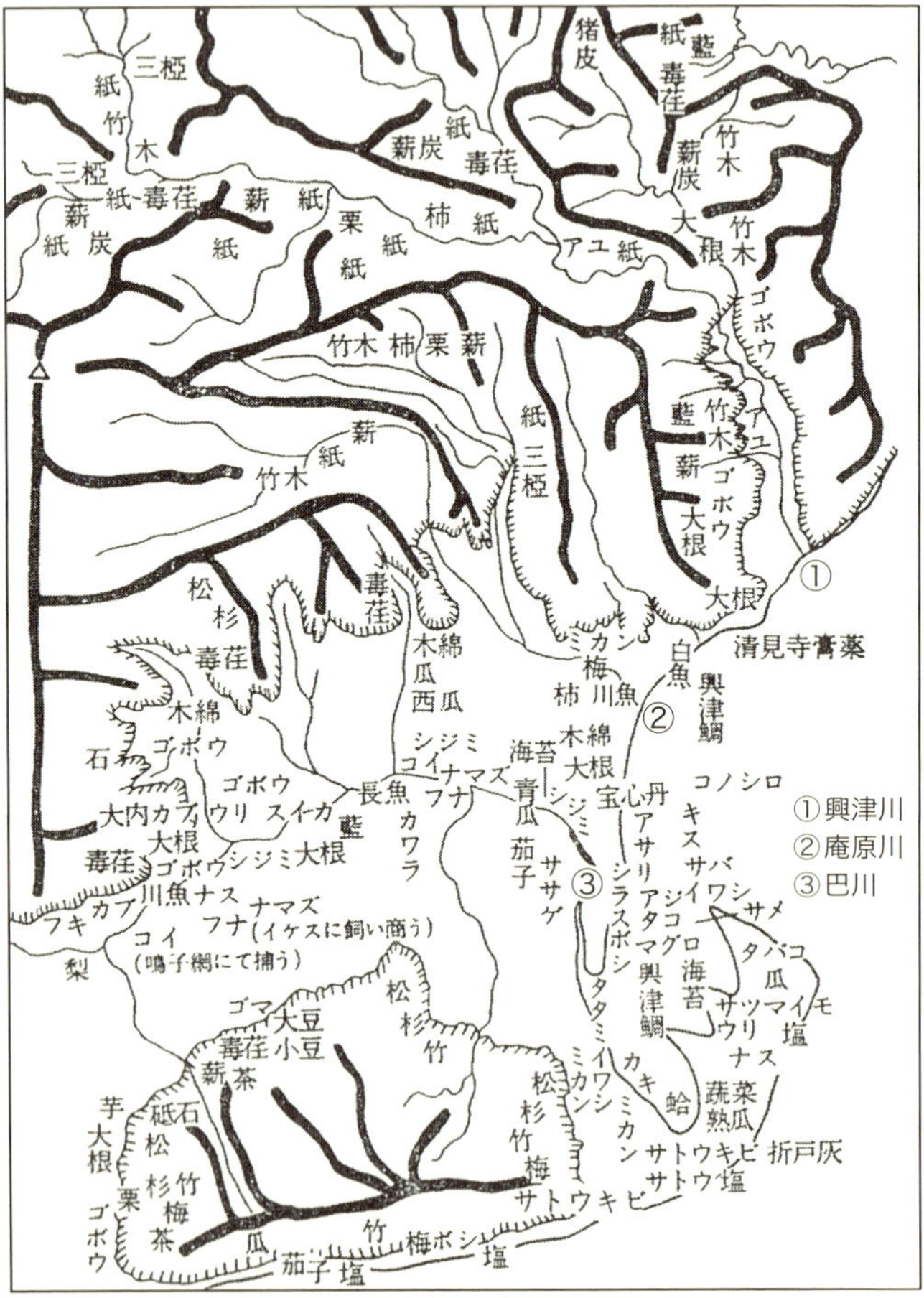

図 3-5　近世の旧清水市域の村々の産物（清水市史編さん委員会編『清水市史　第 1 巻』清水市、1976 年）。

等植え出し」たりした百姓を、「甚夕不埒」としたように、刈敷（かりしき）肥料の採草地はますます狭くなっていったのである。

清水市域の三椏の栽培地の場所について、『清水市史』は「図四－一五（本書図3－5）市域村々産物」という地図を掲載している。白地図だが河川と山の尾根、山地の区域がわかるようになっており、川の流域にそって産物名が記されている。その地図から、河川ごとの産物を表3－1に掲げるが、稲・麦などの農産物は省略し、林産物のみの記載箇所数を掲げる。

清水市域での紙漉き村は、興津川の中流以上に八か所記されており、三椏の栽培地は最上流部に二か所記されている。最上流部は耕地が少なく、山がちであるため、刈敷用の草刈り場も広くとれるので、農業と三椏栽培が競合しなかったものであろう。庵原川流域の紙漉き村も中流域に二か所あり、そのうちの一か所は三椏の印がある。つまりその村では、三椏を栽培し、それで紙を漉いていたと考えられる。

駿河半紙発祥の諸説

駿河半紙の起源については、諸説がある。

『日本大百科全書（ニッポニカ）』（小学館編・発行、一九九四年）の「駿河半紙」の項は、天明年間（一七八一～八九年）に駿東郡原村（現沼津市原）の渡邊兵左衛門が富士山麓で、三椏をみつけて紙を漉きはじめ、付近の住人にもその抄紙（しょうし）を勧めたことから、駿河半紙の名は江戸時代末期から明治時代を通じて全国的に知られた。原料繊維の処理に石灰を用いるため、やや茶褐色を帯びるが、丈夫であることが特徴であった。しかし、大正以後には機械漉きにとってかわられた（町田誠之）と記している。

図 3-6　静岡市東部の興津川流域　江戸期には三椏を原料とした紙漉きがさかんにおこなわれた（秋里籬嶌編『東海道名所図会　巻之四』より「興津川」）。

平凡社の『世界大百科事典　第二版』（二〇〇九年）の「駿河国」の項によれば、駿河半紙の生産も中期以後、富士、庵原、有渡（うど）、安倍、志太郡の山間の村々で盛んになった。山腹の採草地に三椏、楮を植えるため山論が頻発。駿府、大宮はじめ各地に仲買、問屋が生まれ、原料・資金を前貸しして製品を集荷し、江戸、大坂へ積みだした。

また同事典の「三椏紙」の項によれば、静岡県白糸村（現富士宮市北部）は三椏栽培発祥（一七八三年＝天明三年）の地として伝えられ、石碑が大蔵省印刷局によって建立されている。当時は三椏の特色は認識されておらず、したがって三椏紙という紙名のものは紙市場には登場せず、駿河半紙などの雑用紙に用いられていた程度である。紙漉き原料の三椏の本格的な使用は明治以後で、印刷局抄紙部が三椏を使って、印刷効果の美しい局紙等を開発し、その栽培を奨励したためである。

三椏栽培発祥地とされる白糸村は、富士山西南麓に位置し、富士山の山腹斜面がゆるやかになる高原地帯である。富士山の雪解け水が溶岩流の地下水となって湧きだし、富士宮市白糸地区で滝となったのが白糸滝で、その幅は約二〇〇メートル、落差二〇メートルあり、滝の幅は日本最大といわれる。昭和二五年（一九五〇）、観光百選の滝の部で第一位になる。その滝にちなんで村の名前がつけられた。

白糸地区では平成の現在、紙漉きの形跡もないが、白糸の滝のかたわらに大蔵省印刷局は昭和二七年（一九五二）四月「三椏栽培記念碑」を建てている。この地域で紙漉きがおこなわれたのは、富士山から湧きでる豊富な水と、紙漉き原料となる三椏があったからである。

富士地区二市一町（富士市、富士宮市、柴川町）の広域広報である「広報ふじ平成一〇年」（平成一〇年一二月五日づけ、七二三号）には次のように説明されている。

「（富士山の西南にあたる芝川流域の）この地域は、江戸時代中ごろから富士山に自生している三椏を使用した手漉き和紙の生産が盛んでした。『白糸村誌』によると、天明元年（一七八一）に渡邊兵左衛門が富士山を歩いているとき三椏を発見し、村人たちに和紙をつくることを勧めたと言われています。明治時代になると、三椏は紙幣用紙の原料として使われるようになり、白糸村では官林三〇〇町歩を借りて大規模な三椏栽培をはじめました。このような経緯から、この地に記念碑が建てられたのです。」

白糸村での三椏大規模栽培

白糸村で三椏が三〇〇町歩もの大面積で栽培された経緯を、大正九年（一九二〇）一一月づけの『白糸村誌』の「一七・産業」の項から、時代が少し前後するが紹介する。同書は「猟銃ヲ肩ニシ富士山御山ヲ跋渉シ偶異木ヲ認メ皮ヲ剝ギ」のように漢字カタカナ表記のうえ、文語体になっているので、現代文に意訳し説明も加えながら述べていく。

江戸時代の天明元年（一七八一）、田原村の兵左衛門渡邊氏が、猟銃を肩に獲物をもとめて富士の御山を歩いていた。たまたま枝が三本ずつでた珍しい樹木をみつけた。皮を剝いでみると、皮の繊維が緻密だったので、紙漉きの材料に適するのではないかと思い、数株を取り家に帰って紙に漉いてみた。結果はきわめて良好であった。そこで経緯を記し、でき上がった製品をつけ、地頭に報告した。地頭はたいへんに喜び、領民の利益はここにあると思って、江戸の麴町九丁目の伊勢屋勘兵衛にこの紙の販売を命じて、販路の拡張に苦心した。

兵左衛門は地頭の命令をうけて、この珍しい樹木を村里に移植し、三椏とよんだ。この三椏から漉いた紙を駿河半紙と名づけた。年々紙の生産額は増加し、しだいに隣村ならびに駿州の各郡におよんでいった。慶応年度（一八六五〜六八年）に至ると、芝川沿岸の集落では製紙家は百数十戸をかぞえ、富士山麓集落の一大産物となった。

地頭の岡野氏は、この間各地の紙の値段を調べて領内に示し、紙漉きの人たちの参考とさせたのである。三椏の市価は、寛政・文化（一七八九〜一八一八）のころ黒皮一駄（三〇貫＝一一二・五キロ）が七、八貫文であったが、天保年度（一八三〇〜四四）には一両二分内外となった。明治五、六年（一八七二、七三）、紙幣原料に三椏が使用されることになり、市価はますます高騰して一駄四円内外にすすんだ。明治九年には一駄七円五〇銭にも高騰、農産物の中で利益が最多のものとされた。このため本村はもちろん、富士山麓の村々では互いに競って。三椏の栽培につとめ、稲田や麦畑がこの三椏畑にかえられるものも多かった。

兵左衛門の子孫の渡邉登三郎は父祖の偉業を継ぎ、とくに天子ヶ嶽官林の三〇〇町歩を拝借し、三椏栽培を試みた。自他の生産額は昔に比べようもないが、内地の需要はこれに伴わず、生産過剰となった結果、たちまち市価は暴落し一駄二円内外の低価格を示した。三椏耕作人の志気はとみに衰え、既成の三椏畑のほとんどは荒廃寸前となった。

登三郎はこれを憂いもっぱら挽回しようと努力した。これの救済には、洋式機械を応用して工賃を節約することだと、東奔西走し、遊説につとめた。明治一二年、大迫静岡県令の賛助がえられ、試験費一〇〇〇円と三椏原料二〇〇〇貫目を王子製紙株式会社に送り、試験を依頼した。王子製紙ははじめての事業なので事の成否を懸念してなかなか手をつけなかったが、ようやく二年後の明治一四年に漉き上げた。

でき上がった紙質はきわめて優良で、世上の好評をえたが、用途が起こらず、むなしく倉庫に保管されていた。ときの宮内少輔山岡鉄太郎が洋式の機械で日本紙を製造したのは、斯業の嚆矢だとし保護の意味で製品全部を宮内省で買上げ、青山御所の壁紙に使用した。

登三郎は翌一五年に資本金をつのり、製紙工場を富士山麓の地に創設したが、紙の原料は木材、ボロ布、藁(わら)などがあり、すぐに三椏を原料とすることはできず、むなしく時間を経過した。大正五、六年から、三椏を原料とした製紙工場が富士山麓の各地におこってきた。

大正六年、登三郎は佐野睦婖、渡邊孝忠などに加え、吉原の人山崎大吉らと資本金三〇万円の株式会社を組織し、製紙工場を本村半野字熊窪に創立し、コピー用紙、元結原紙、駿河半紙の機械製造をはじめ、現在にいたっている。しかしながら、原料は富士山麓には乏しく、先年こちらから送った種子で栽培をするようになった高知県産に頼るようになった。

白糸村は三椏の大面積栽培の発祥地であったが、これが衰退した理由は、近年白カビが三椏の根幹へ浸食したことで枯れはじめたことと、三椏市価の低落にあった。現今（大正九年ごろ）では三椏はコピー用紙、元結原紙など、高級な製紙原料として市価は空前の高騰なので、復旧の気運が遠くないといえよう。『白糸村誌』に記されているのは、ここまでである。

白糸村で三椏を原料とした機械漉き工場を設立したときには、周辺の三椏栽培が衰えて、原料は遠く高知県産に頼らなければならなくなっていた。三〇〇町歩という大面積の三椏畑は、植えてみたものの、栽培に失敗して、生産されることなかったようである。

現富士市の製紙業は、明治一二年（一八七九）に手漉き和紙工場の鈎玄社（こうげん）がつくられたことからはじまり、明治二三年に富士製紙会社第一工場が入山瀬にできたことをきっかけに、近代製紙にと移り、富士山麓から湧きだす地下水によって現在まで発達している。現在市内には七一社・九五工場がたちならび、日本一の「紙の都」といわれている。

『広益国産考』の三椏栽培法

三椏栽培法の最初の文書は、江戸時代三大農学者のひとりである大蔵永常の『広益国産考』（土屋喬雄校訂、岩波文庫、一九四六年）である。『広益国産考』は弘化元年（一八四四）の永常七七歳のときに成った。三椏栽培は同書八之巻の「三股を畠地に植えて益ある事」の条（くだり）である。「三ツまたはかみをすく木也」と、三股とはどんな木であるのかを説明している。意訳して紹介する。なお同書は三股と記しているが、ここでは三椏と記す。

三椏の苗つくりには、陰暦二月末に苗床をこしらえ、糞尿を散布しておく。日に晒し、打ちならし、畔をつくり、麦か棉を蒔くようにする。蒔き時は、彼岸の中より一〇日くらい遅れて蒔く。種子は前年の初夏に採り、土をまぶし、俵に入れ、乾燥した土地の日あたりのよい所へ埋めておく。蒔き時に掘りだし土をはらい、二、三粒あて三つの指でひねり、上皮をむくと白い実がでる。これを蒔くが、生えない実はひねると中が黒く、腐っている。

蒔いた実が芽をだしたとき、苗密度が高いときは適当に間引きする。肥料として小便七〇パーセントに水三〇パーセントをまぜ、度々かけて育てれば、その年の冬には一尺二、三寸（三六・四〜三九・四センチ）または二尺（六〇センチ）くらいに伸びる。冬、寒いところは覆いをする。

翌春の三月上旬ごろ、苗を掘り上げ、本植えする。植えつけは、山すそ、または茨などの生育地は切り払ってから植える。山畑などの荒れたところを耕して、植えてもよい。植えつけて三年ほどになれば、およそ六、七尺（一・八〜二・一メートル）にも伸びる。また三尺（一メートル弱）位と、伸びないものもある。その時は、紙漉きに適した大きさに生長した分を、その冬に抜き切りする。

切り取った三椏は家にもちかえり、四尺（一・二メートル）くらいに切りそろえ、末の短いものは中に結び添え、一と抱え半くらいの束にむすび、楮と同じように蒸して皮をむき、干し上げて貯えておく。紙漉き材料として用いるときは、水に浸して皮をけずり、川水に晒し、煮て叩く。紙を漉く方法は楮紙と同じなので、省略する。

三椏は駿河国の興津や由比あたりでつくり、紙を漉き利益を上げているという。甲州でも漉いている。伊豆あたりでもつくるようだ。熱海で漉いている雁皮紙で値段の安いものは、楮皮にこの三椏を混ぜて漉いたものとみられる。この紙を江戸で見比べた。また武蔵国の玉川において、和唐紙（わとうし）といって漉きだすものは、この三椏を用いるとみられる。

このように江戸時代末期には、三椏を栽培しているところは、現在の静岡県の由比あたりや伊豆地方、

表 3-2　明治 11 年の三椏の主要産地

県	三椏の生産量	トン換算
高知県	3 万 5572 斤	21.343 トン
島根県（明治 15 年）	18 万 3613	110.168
鳥取県	11 万 7947	70.768
兵庫県	2 万 9750	17.850
京都府（明治 16 年）	1156	0.694
山梨県	54 万 3837	326.302
静岡県	174 万　518	1044.310
合計	246 万 7624 斤	1480.574 トン

注）　本田孝介『特用作物論』による。

山梨県の南部といったところであると、『広益国産考』は記している。

近世から明治期の三椏生産量

江戸時代から明治期の紙の生産量について農山漁村文化協会の『明治農書全書　第五巻　特用作物』（一九八四年）所載の、古島敏雄の「解題」から要約しながら紹介する。

わが国では古代から紙が漉かれたが、原料の楮や雁皮は自然に生えていたものを用い、栽培しなかったので、原料の量目が限られたため紙の量も少なく、したがって紙の価格も高価で、紙は貴重品であった。紙生産量がいちじるしく増加したのは、江戸時代からである。

江戸初期の寛文六年（一六六六）に、西日本諸国から大坂に輸送された紙は、約一〇万丸（一二〇〇万枚）と推定されている。二四年が経過した元禄三年（一六九〇）には一六万丸（一九二〇万枚）余に増加している。当時の製紙原料は楮が主体であるから、詳しくは楮の部で述べることにする。

三椏が製紙原料とされはじめたのは、楮や雁皮にくらべて遅い。本格的な紙漉き用は、江戸中期の明和（一七六四～七二年）のころで、駿河国庵原（いはら）郡和田島村（現静岡市清水区和田島）に甲斐国（現山梨県）市川の人がきて三椏で紙漉きをはじめてからだとされる。江戸期の三椏紙生産は駿河国庵原郡と富士郡が主体であった。この紙はもともと茶褐色の小判紙であったが、明治一一、一二年（一八七九、八〇）ごろに改良を加え、白色の改良半紙がつくられるようになった。

また大蔵省紙幣寮が、雁皮にかわる紙幣用紙の原料として着目した。研究をかさね、アルカリ類で処理するとはじめて良質の紙となり、目的を達し紙幣用紙として採用し、現在におよんでいる。三椏紙が改良された結果、三椏紙の生産は急激に高まり、明治一一年（一八七八）には全国で二四七万斤（約一四八〇・一トン）にすぎなかったが、同一六年には二倍をこえ五八八万斤余（三五二八トン）となった。この生産高のうち静岡県が圧倒的に多く、明治一一年では七〇パーセントを占めている（表3－2）。

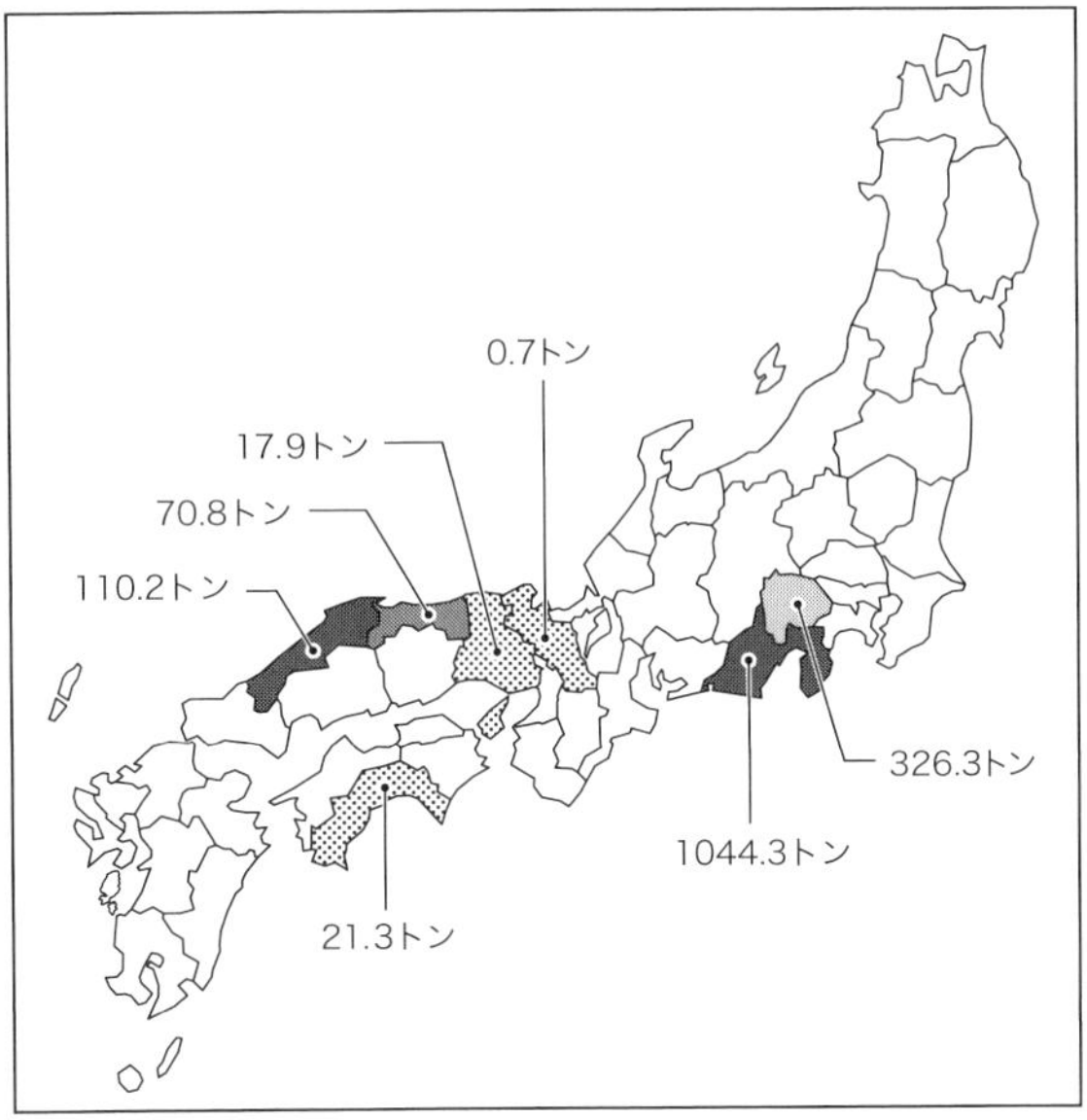

図 3-7　明治初期の三椏主要産地

明治一一年の三椏生産地は、高知県、鳥取県、兵庫県、山梨県、静岡県の五県で、同一五年に島根県が、同一六年に京都府があらわれる。静岡県は明治二〇年ごろ一九六三町歩を開墾し、三椏種子一五〇石（二万四〇〇〇リットル）を販売した。これにより他府県の三椏栽培地が一万六〇〇〇町歩増加したと考えられる。また静岡県は三椏苗七〇九万本を高知県や岐阜県に販売しており、これも一四〇町歩にあたる。このようにして他府県での三椏栽培が増加し、大正五年（一九一六）には全国で二万六〇〇〇町歩となった。しかしそのごは洋紙に圧倒され、昭和元年（一九二五）一万五〇〇〇町歩、同一二年一万二〇〇〇町歩に減少した。

瀧正古の『三椏栽培録』

明治期に静岡県の三椏栽培や紙漉きの中心的な存在となった庵原郡（いはら）では、三椏栽培技術を広めようと、庵原郡役所書記の滝正古が明治二〇年（一八八七）一一月『三椏栽培録』を出版した。二年後『増補挿図　三椏栽培録』（岡光夫・大石貞男・佐々木長生校注・執筆『明治農業全書五　地方棉作要書・大麻栽培法・藺草栽培法・楮園改良新書・増補挿図三椏栽培録・煙草栽培法（略）』農山漁村文化協会、一九八四年）として出版している。

このほか三椏栽培は、明治期に大きく発展したので、三椏栽培に関する多くの著書が著されている。おもなものを掲げると次のようになる。

明治一〇年　梅原寛重『結香栽培新説』
明治二一年　兼松正紀『改良三椏樹培養実験録』
明治二〇年　瀧　正古『三椏栽培録』
明治二二年　同　『増補挿図三椏栽培録』
明治三〇年　吉田正一『三椏栽培録』
明治四〇年　堀井楓水『三椏栽培新書』

明治四三年　井上斎治郎「三椏栽培法」『紙業雑誌　五ノ九』

王子製紙株式会社は昭和一五年（一九四〇）に、明治初年から昭和一五年までの三椏に関する著作九冊を復刻し『三椏及三椏紙考』を発刊、その解題で瀧正古著『増補挿図三椏栽培録』を「本編はその中で最優良書と認められる」と、高く評価した。『増補挿図三椏栽培録』は、三椏栽培を詳細に解説しているので、要約しながら紹介する。

この書は第一章総論から第一六章結論まであり、その中で三椏の種類、土質選定、植栽地の開墾方法、種子採取および貯蔵法、蒔きつけ方法、苗の仕立て法、植えつけ方法、耕作方法、肥料、害虫および病気、蒸剝場の準備、収穫時の伐採法、蒸剝方法および乾燥法、白皮のつくり方という、三椏栽培上のすべてのことがらが触れられている。

第一章総説を要約すると、強くて長持ちする紙つくりには三椏が必要である。それなのに生産量が少ない。価格も高く、需要の多い三椏を増産しようというものである。

三椏は利益が大きく、栽培に適した作物であることは明らかだが、農家は三椏から利益が上がることを知らない。そのため三椏栽培に適した山野があっても、三椏栽培を試みるものもいない。三椏栽培は、わずかに駿河国（現静岡県東部）の北部、甲斐国（現山梨県）の南部、その他二、三の小部分がしたにすぎない。生産高に限りがあり、あまねく需要を満たせない。

明治二〇年代初期の紙漉きでは雁皮紙、美濃紙（岐阜県美濃地方の楮で漉く紙）、土佐半紙（高知県中央部で楮で漉く紙）も三椏を混入しない紙はほとんど声価を失うというような傾向となり、競いあって紙漉きには三椏を使っていた。そのため三椏樹皮の産出量が需要においつかず、供給不足となって価格は

表3-3　明治初期の三椏黒皮の価格の推移

年次	最高額	最低額
明治元年	1両3分	1両1分2朱
同　2年	3両	2両1朱
同　5年	5両	3両
同　7年	7両2分2朱	5両
同　8年	6円	4円85銭
同11年	6円15銭	5円
同15年	4円20銭	3円
同18年	5円85銭	5円
同19年	7円	5円25銭
同20年	10円	6円50銭

非常に高騰したのである。

同書は、明治元年から同二〇年までの価格を表にしている。この価格は三椏黒皮一駄（三〇貫＝一一二・五キロ）のものである。当時の陸上輸送は馬に背負わせており、一頭の馬が背中にのせる重量は、およそ三〇貫とされていた。一〜四年ごとの価格を表３－３に掲げる。

銭の単位が両と円なので、全期間を通じての比較は困難であるが、最高額で比較すると、明治元年の一両三分が翌年には三両と二・三倍となっている。同八年の六円が、一一年は一・〇三倍、一五年には〇・七倍と三割がた下落し、一九年に七円と一・一七倍になり、さらに一〇年には一・六七倍と高騰するなど、乱高下していた。年によって価格の変動があり、紙漉きの人たちは対応に苦しんだであろう。

わが国の紙は強靭で耐久性があることで有名であったし、さらに近ごろ改良進歩が進み、三椏紙は欧米諸国では賞賛をもってむかえられ、輸出は年を追うごとに増え、茶や生糸とともに海外市場に進出する機運がむいてきた。当時欧米市場での日本紙は紙質の美しさ高貴さは、諸国の紙よりも群をぬいていると定評があった。

欧米の需要をさらに拡大し、輸出を盛んにするためには、三椏栽培を盛んにし、生産量を多くすること、価格を一定の標準たとえば一駄五円内外にたもち、栽培者も紙漉き者も価格の変動で恐慌をきたさないようにすることが大切である。そのためにも、今日において三椏の栽培方法を研究し、三椏の繁殖を計画する時期にあたっている、というのである。

三椏の種類と土質選定

『三椏栽培録』は、三椏には赤木と青木の二種類があるという。赤木は茎幹が薄赤く、かつ茶褐色をおび、丈が長くなる割合よりも太みが増し、地際より第一枝の三股のところまでの間が短い。さらに外皮が厚く、硬く粗である。青木の色は薄青い。赤木とは反対に太さよりも丈が伸びる方が勝り、枝の間が長く、枝数も少ない。皮は薄いが内皮が多く、外皮が少ない。白皮にした量目も割合に多い。二種をくらべ、青木をもって上等とする。

三椏には方言でいう「そぶみつまた」があり、粗悪で紙の原料にはならないので、みつけ次第抜き取ること。鳥が種を運んだものだろう、森林内に野生の三椏をみかけることがあり、その中にすばらしい皮をもったものもある。三椏は栽培するとき、その地が適地であるか否かによって、収量に大きな差ができる植物である。土質の適否による一反歩（一〇〇アール）当たりの収量のちがいを比較すると表3－4のようになる。

表3-4　三椏栽培地の適否による一反歩当たりの収量比較

栽培年次	最適地	適地	不適地
2年	2駄	1駄5分	1駄
4年	2駄	1駄5分	7分
6年	2駄5分	2駄	5分
8年	2駄5分	1駄5分	3分
10年	2駄	1駄	0
12年	2駄	1駄	0
14年	2駄	5分	0
16年	2駄	0	0
18年	1駄5分	0	0
20年	1駄5分	0	0
合　計	20駄	9駄	2駄5分

注）1駄は馬1頭が運ぶ量で、重さ約30貫（112.5キロ）である。

最適地では年次を経過しても収量にほとんど差がなく、一八年目あたりからやっと収量が下向きになる。不適地では一〇年目に

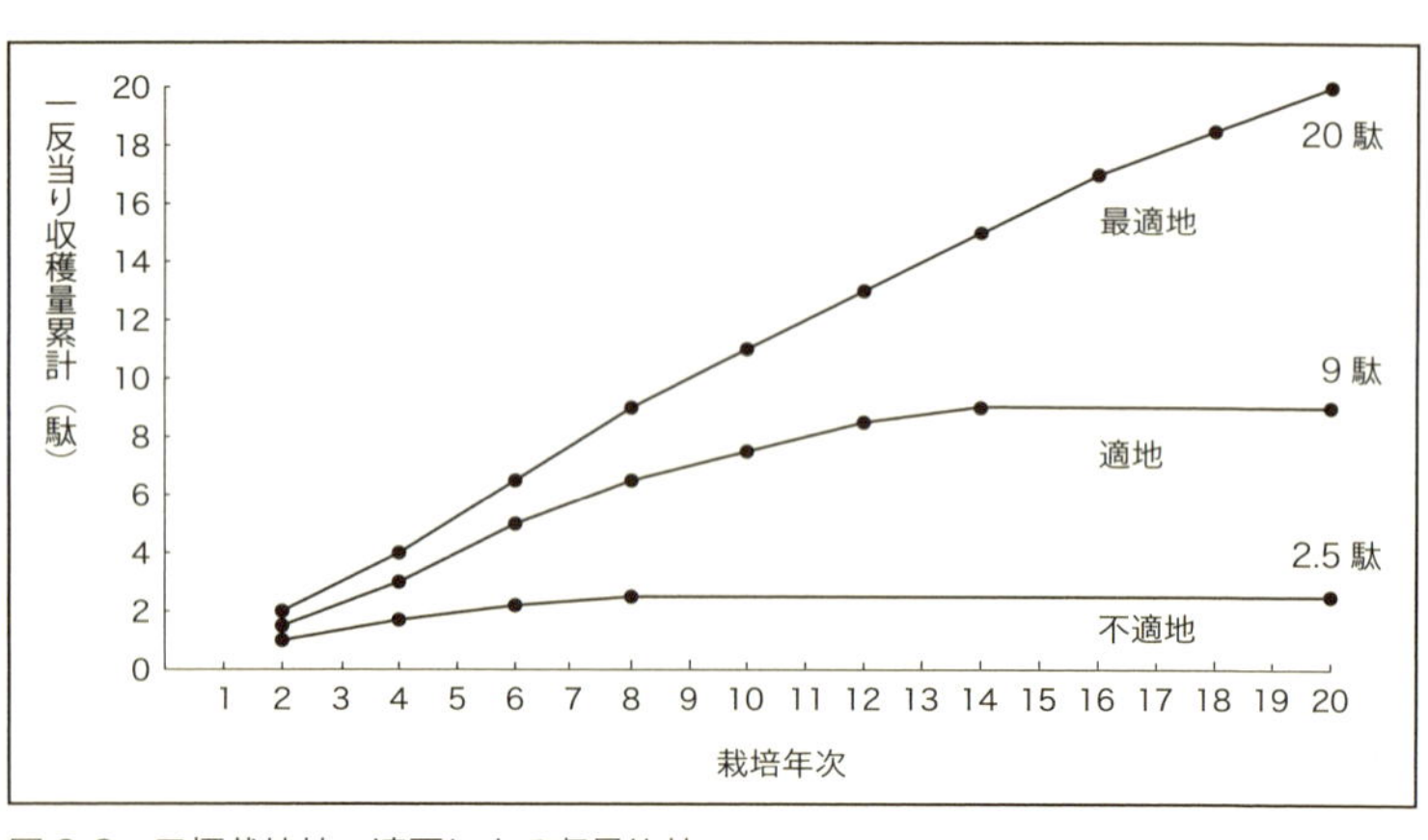

図 3-8　三椏栽培地の適否による収量比較

は株が枯れて収穫できなくなる。

三椏栽培は、土質を選ぶことが大切で、岩石が破砕した礫地がもっともよいが、砂礫が大きくて移植できない土地には、他の場所から土を運んできて植え、苗根の伸びるのを助ける。土層は浅くて堅いのがよく、土層が深くてふかふかと軟らかな土は根がくされて立ち枯れする。

栽培地の開墾と苗木づくり

『三椏栽培録』は三椏栽培地を、森林地、粗朶林（小径雑木の株立ち林）および芝地とする。もっとも三椏に適しているのは森林地で、粗朶林がこれに次ぎ、芝地はもっとも劣る。森林地の開墾法は、樹木は伐採し薪炭なり用材として用い、下層木の小径の粗朶木は残しておく。残された粗朶木を刈り取る方法に、青まくり（方言）と、秋刈りという二種類がある。

青まくりは春三月、草木の芽が動く前に刈り取り、刈り取ったものは谷にまくり落とす。つとめて木の根を掘り起こすなど土地を軟らかくふかふかにせず、ただちに三椏苗を植える。秋刈りは秋九月、すなわち彼岸ののち、粗朶などていねいに切り除き、春三月に三椏を植えつける。

三椏種子は、やせ地の木がよく実を結び、山陰などで生長旺盛な木はほとんど実を結ばない。種子は五年生つまり二番刈り以上の株に結んだ実から採取する。種子採取の季節は、温暖地では六月中旬、寒冷地では六月下旬から七月上旬とする。熟期の判別は、種房に手をふれると自然と荒種（外皮のついたままの種子）がこぼれ落ちるようなときを好季節とする。

熟期に容器を携えて三椏畑を歩き、荒種を採取する。一日に婦女子一人で、普通は荒種五升（九〇リットル）から一斗（一八〇リットル）を採取する。採取した荒種は土間に積み、むしろを一四、五日かぶせて外皮を腐らせる。外皮の腐った荒種を桶に入れ、水を加えて手足でかきまぜると、外皮と種子が分離する。浮かんだ外皮と種子を取り去ると、種子が残る。これをただちに貯蔵する。およそ荒種五升から普通は精種一升がとれるが、よく熟したものからは一升二合が得られることもある。三椏の種子は、一升の粒数およそ三万粒、上種で二五〇匁（約九四〇グラム）ないしは三〇〇匁（約一一三〇グラム）である。

三椏の種子は毒で、あやまって食べると嘔吐、腹痛などを起こす。種子を蒔くときは水選し、沈んだ種子を用いる。発芽は早い。精選したものは、一〇〇パーセント発芽する。

種子の蒔きつけは、やや日陰となる麦畑のうね間が一番よい。蒔きつけ時期は四月上旬から同下旬まで、八十八夜までには終わる。一反歩（一〇〇アール）に種子六升六合（一一・九リットル）を蒔くと、普通は八万五〇〇〇本の苗が得られる。種子を蒔く畑は、小石まじりの土層の浅い畑とすると、小根が多く横に発達し、移植しても枯れず、生長も早い。

発芽後は、麦間では麦の収穫時には、細葉六、七枚になっているので、晴天の午後を選んで麦を刈り取り、人糞尿を薄めて肥料にほどこす。苗の根元を乾燥させないようにし、雑草は抜き取り、苗の厚いところは間引き、中耕をおこなう。秋には一尺（三〇センチ）から二尺のよい苗がえられる。苗は翌春の春二月下旬、寒気の去るのをまって、雨後の晴天に掘り取り、苗の根と根が重ならないように直立して仮植えする。

植えつけから収穫までの管理

『三椏栽培録』の植えつけ適期は、春三月中旬から四月中旬までの彼岸前後である。畑の仮植苗を一〇〇本ずつ束ね、一〇束を一括り（ひとくくり）とし、むしろで根を包み植栽場所に運び、苗はそのまま仮植えする。植える密度は、一坪（三・三平方メートル）に一五、六株とする。雨天以外は、みな植えつけできる。苗の植えつけ加減は、深くなく、浅くなく、苗畑にあったときの地際より五分（一・五センチ）ほど深く植えるのがよい。植え穴には、落葉や石礫が混入しないようにする。これらのものが混入すると、一時は芽立ちがするものの枯れる。なお、ここでいう〇月とは陰暦なので補正が必要である（以下同じ）。

植えつけ後の大切な管理は、中耕と除草である。中耕は、初年は植えつけ後三五日ないし四〇日経過後、晴天の日に浅く苗間を耕し、また五〇日経過して浅く耕す。夏土用後の八月中に雑草を抜き取る。二年目は三以上三回手入れをすれば、二尺ないしは三尺にまで伸び、三股が二段ないしは三段できる。二年目は三椏が生長し、繁茂して地面を覆うので、苗間の耕しは二回ですむ。除草は蔓類の害が雑草より甚だしいので、みつけ次第必ず抜き取る。

三椏畑の耕耘は、浅く耕すことが秘伝。たとえ話があると、『山林雑記』はいう。

なまけ者の太郎が、ある日勤勉な与作の田んぼの田草取りをした。しかし、丸一日かかって田んぼの水をわずかに濁らすのみで、すこしも草を取らなかった。与作は心中大いに怒ったが態度にみせることなく、いつかは仕返しをしたいと待ち構えていた。ある日のこと、与作は太郎の三椏畑に耕耘に行くことになった。与作は先日の仕返しとばかりに、一日中鎌の刃先で土の上ばかりを耕した。しかしながら、与作の通ったところの三椏は、はなはだよいでき栄えとなっていた。与作には仕返しの効果がなかったのである。

三椏畑の肥料は、三椏は樹皮目的の作物なので、茎幹を長く茂らせることを目的とし、発育成分を含む肥料で、値段がやすく、かつ運びやすいものを選ぶこと。焼酎粕、油粕、米ぬかなどは、三椏にもっとも効果のある肥料である。山地では、雑草や笹を青刈りして苗間に敷きこむ。またハンノキを畑に植え、自然の落葉を肥料とする。三椏には害虫がつきにくいが、夏土用の後に毛虫がついたり、テッポウムシが株の土ぎわから根にくいこむことがある。

三椏の伐採（収穫）から白皮仕上げ

『三椏栽培録』は三椏は樹皮採取を目的とする作物なので、樹皮の質がよいものを鑑別し、伐採（収穫）の年次をえらぶ。その適度は、植えつけより第二年目の夏をすぎたものを初切りし、以下は順次二番、三番と二年ごとに太くなったものを切り、自分が伐る基準よりも小さなものは残す。この方法は著者瀧正古が、十数年経験してもっとも利益がある方法だという。

図 3-9　三椏の皮むき作業　木口の皮を少しむいたあと、二人で引っ張り合ってむいていく（富村史編纂委員会編『富村史』富村、1989 年）

収穫季節は長く、一一月下旬から翌年三月の終わりまである。落葉から芽吹きまでの間となるが、もっとも適切な時期は一月中旬から二月いっぱいである。このように長期間にわたるので、山陰や日のあたる所、株の老幼などを考え、順々に適切なところから伐採していく。植えつけ後二年目の一番切りでは、もっとも適切な時期の一月中旬から二月いっぱいにおこなう。一一月から伐採するときは、冬の寒さで切り口がいたみ、腐れるおそれがある。

伐採では、決して山の上側に鎌をあてて切り上げない。切口が上に向き、土が切口を覆ったり、雪や霜が堆積して株口をいため、株の勢力を弱める結果となる。山で日のあたる場所は冬季に、山陰は春季におこなう。三椏伐採用の鎌は薄刃で、小型であって鋭利なものをえらぶ。左手で三椏をたわめ、たわむとともに右手の鎌に力をいれて引くと簡単に切れる。

伐採した三椏はおおよそ五尺（一・五メートル）の束として、適宜の手段で蒸剝場（ふかしば）へ運び、水中にたてて蒸剝（ふかし）の日までまつ。三椏の皮を剝ぐためには、蒸すことが必要である。蒸剝場はなるべく三椏畑に近く、水便利がよく、日あたりのよい場所とする。

器具は、蒸桶（ふかしおけ）、釜、手桶（ておけ）、てこ、てこ紐である。蒸桶は縦五尺（一五〇センチ）または五尺五寸、口径三尺五寸（一一五センチ）または四尺の大きさである。釜は、口径二尺五寸（約六二センチ）または三尺、深さ一尺五、六寸の大きさである。

三椏の樹皮を剝ぐための蒸しは、まず周囲一五〇センチの束六つを一括り重さ五〇貫（約一八〇キロ）内外とし、真中と両側の三か所を縛って大束にする。これを鎌の中に入れ、蒸桶をかぶせ、釜の湯を沸騰させる。火勢の強弱によるが、およそ一時間で蒸し上がる。

図 3-10　三椏皮の乾燥（富村史編纂委員会編『富村史』富村、1989 年）

蒸し過ぎると光沢がなくなり、蒸したりないときは皮が剝ぎにくい。ころあいは、蒸桶と釜輪（かまわ）の間に蒸気がさかんにもれ、香気を感じるときはすでに蒸し上がっている。

蒸し上がった三椏は、一本ずつ中央部を右手に取り、左手で樹口をひねりまわすと、幹と皮がはがれる。およそ一釜蒸し上がる間に、男二人と女二人で一釜剝ぎ上がる。

剝いだ皮は手に握れるくらいを一束にし竿にかけ、日光または風で乾かす。最初竿にかけるとき、元を上にして掛ける。二日ほど干し、少し乾いた手束二、三束を中央より少し先を三椏皮で結んで束にし、竿に掛けなおし、一日竿で乾かす。その後地上の架（たな）にならべ乾かす。三、四日目に手でふれて乾燥をたしかめる。試みにたわめて折れるようになると、乾燥できたのである。完全に乾燥していないときは、カビが生えることがある。

乾燥した皮は五貫目ずつ束ね、六束を一駄とする。一駄が販売の単位となる。

三椏の運搬は、白皮に製した方が重量と容積が大きく減少し運搬に便利である。黒皮を六時間から一〇時間水に浸し、軟らかくなったものを引き上げて、一本ずつ竹製のこき箸に挟んで引き剝ぐ。さらに小さな包丁で、粗皮（あまかわ）や傷のところを削り取る。普通は黒皮三〇貫から、白皮一二貫ないしは一三貫が採れる。これを再び乾燥するには、黒皮を乾かすのと同じ方法でする。白皮の荷造りは、両方に元をだし、重量は一二貫を一束とする。

明治二二年現在では、三椏の需要が多く、さらに品不足なので高価に売れるという。

第四章　局紙用三椏栽培の繁栄と衰退

明治初期三椏紙は紙幣に

和紙原料の三椏栽培地は、近世では伊豆国（現静岡県南東部）・駿河国（現静岡県東部）と甲斐国河内地方（現山梨県南西部富士川流域）であり、他の国々での栽培はなかった。明治初期に静岡県から三椏種子が高知県に送られ、高知県での栽培がはじまった。

昭和二七年（一九五二）三月発行の片山佐又著『技術・経営　特殊林産』（林業大系第二冊、朝倉書店）によれば、宮城、茨城、富山、福井、山梨、岐阜、静岡、京都、兵庫、和歌山、鳥取、島根、岡山、広島、山口、徳島、愛媛、高知、福岡、熊本、大分、宮崎という二二府県の三椏栽培面積があげられている。この中には静岡・山梨県が含まれているので、明治以後になって和紙原料の三椏栽培が拡散したのは実質二〇府県である。

三椏栽培の拡散理由は、明治政府が紙幣印刷用紙に三椏紙の使用を決定し、栽培を奨励したことにある。明治維新で幕藩体制が崩壊し、日本という国全体で通貨を一つにする必要があり、通貨として紙幣が考案された。紙幣は紙の通貨である。明治政府は紙幣用紙としてまず、雁皮紙を使ってみた。雁皮紙は、紙質が優美で光沢があり、平滑なうえ半透明でしかも粘りがあり、緊縮した紙である。また、近世の各藩が藩札として発行していた紙は、ほとんど雁皮と楮を混ぜて漉いた紙であった。

紙幣用紙の候補に雁皮紙をあげてみたが、雁皮は栽培が困難な樹木で、藩札用の雁皮はすべて天然に生育するものから採取されていた。天然物の雁皮を原料とした紙幣の製造には原料供給に限界があり、毎年継続した安定的な紙幣の発行はむずかしい。

試行錯誤のすえ、栽培が可能で、丈夫で平滑な紙に仕上がり、紙幣に適した紙ができる三椏紙の研究をはじめた。明治一二年（一八七九）、大蔵省印刷局抄紙部で、苛性ソーダ煮熟法を活用して紙幣に適する紙を漉くことに成功した。それ以来、今日まで三椏紙を使用した紙幣が発行され、世界中の紙幣の中でもっとも優れた紙幣となっている。紙幣の製造を担当する大蔵省印刷局は、原料の確保のため、全国に三椏栽培を奨励したので、全国各地で三椏栽培がおこなわれるようになったと推定している。

江戸時代には、藩が発行し藩内だけで使えるお札（藩札）が、全国各地で流通していた。藩札は木版印刷や墨書きがなされ、紙は手漉き和紙が使われている。増田勝彦・大川昭典・稲葉政満は日本銀行貨幣博物館に所蔵されている藩札四二点について紙質を調査し、「藩札料紙について」として東京文化財研究所発行の雑誌『保存科学　三七号』（一九九八年）に報告している。その報告から、製紙原料と藩札発行の藩名を掲げると次のようになる。

藩札の原料木別の藩名

楮　和歌山藩（銭五貫文札）、和歌山藩（銀一匁札）、津藩大和古市飛地（銀三分札）、津藩大和古市飛地（銀一匁札）、長府藩（銭五〇〇文札・米五升預）、大洲藩（銀三匁札）、熊本藩（銭一〇〇目

札）

三椏　なし

雁皮　柳生藩（銀一匁札）、柳生藩（銀三匁札）、柳生藩（銀二匁札）、尼崎藩（銀一〇匁札）、小浜藩若狭代（銀一匁札米二升也）、小田原藩美作国飛地（銀一匁札）、秋田藩（金一朱札）、秋田藩（金二朱札）、山崎藩（銀一匁札）、山崎藩（銀一匁札）、亀山藩（銀一〇匁札）、下館藩河内国飛地（銭一〇〇文札）、岡藩豊後（銀一匁）

整理すると、楮紙を藩札原料とした藩は和歌山藩など五藩で七種の藩札となった。雁皮を藩札原料とした藩は柳生藩など九藩で、一三種の藩札となった。三椏紙を原料として藩札を発行した藩は一つもなかった。しかし原料が不詳とされている藩札の発行藩は、名古屋、福井、富山、浜松藩播磨国飛地、鳥取、前橋、仙台、水戸、松代、松江、秋田、山崎、高松、安中上野、金沢の一五藩にのぼり、藩札の種類は二二種であった。

「藩札を発行した藩内から産出する紙の状況を文献でみると、藩札料紙の物性と必ずしも一致しない場合があって、その場合には、特殊な料紙を特別に漉かせたか、藩外から藩札料紙を買い入れたか、の可能性が考えられる」という。

その事例として「秋田藩金一朱札（慶応元年＝一九六五発行、茶色）」を分析したところ、雁皮繊維一〇〇パーセントと塡料が認められた。ガンピ属の日本国内の生育地は、いずれも関東以西となっているので、料紙を購入した可能性が高い。同報告は、ガンピと同じジンチョウゲ科ジンチョウゲ属のオニシバリ（ナツボウズ）の繊維が、雁皮紙と称される紙から分析されている。『牧野植物大図鑑』はオニシバリの分布を本州福島以西、四国、九州としているので、これではなさそうだ。さらにオニシバリと同属のカラスシキミを、青森県下では「きがんぴ」と呼称している記述がみられるので、秋田ではこの木の皮で雁皮紙と同じように紙を漉いていた可能性があると、同報告は記している。

三椏から製紙した局紙の誕生

近世の各藩の藩札原料は楮と雁皮で、雁皮のほうがやや多いが、三椏を使った藩札の事例はまったくなかった。ところが、明治以降の日本紙幣の紙原料は、三椏である。

明治新政府は、戊辰戦争に多額の費用を使ったので、肝心の殖産振興の資金が不足した。参与兼会計人掛の三岡八郎（のちの由利公正）の建議によって、慶応四年（一八六八）五月の布告により、「通用期限一三年」との期限をきめて太政官札を発行した。わが国ではじめての全国通用紙幣である。通貨の単位は、江戸時代に引き続いて両、分、朱のままであった。

明治新政府は、藩札を最初に発行した越前国（現福井県）の藩札用紙を漉き上げた同県今立郡五箇村（現越前市今立町）に、紙幣用紙漉き上げを依頼した。五箇村では、楮と雁皮を用い、伝統的な手漉和紙製造法で漉いた。印刷は京都五条坂の増田屋で、銅版五回刷りで印刷された。

太政官札は当初、当時のわが国の人口三〇〇〇万人と同じ三〇〇〇万枚を発行する予定であったが、最終的には四〇〇〇万枚以上が発行された。太政官札の用紙を一括して受注した五箇村は大盛況を呈し、「紙は神なり」、「五箇に金がふる」といわれたが、太政官札の漉き立ては、明治三年に中止された。

越前五箇村の伝統的な紙漉き法では、真似しやすかったとみえて、太政官札は発行後間もなくから偽札が横行しはじめた。そこで明治政府は近代的な印刷技術のお札発行を決め、新紙幣の印刷製造を緻密な印刷技術をもつドイツの民間会社に発注した。ドイツ製の紙幣は、緻密な印刷で画期的であったが、大きな欠点があった。原料が木綿や麻類のボロ布であったため紙質が悪く、破れやすかったので、紙幣の消耗にははげしいものがあった。

そんなところから、和紙のよさが見直され、大蔵省紙幣寮（現在の国立印刷局の前身）は東京王子に紙幣用の製紙工場を建設した。まず試みられたのは、偽札防止の観点から、海外の技術では真似することができないわが国独自の紙幣用紙を開発することであった。明治八年（一八七五）、福井県五箇村の太政官札の紙を漉いた加藤賀門ら職人たち男女七名が紙幣寮抄紙局に招かれ、紙漉きの技術指導をはじめた。

明治一〇年、越前の和紙職人山田藤右衛門が三椏を原料として、新しい紙幣用紙の抄造に成功した。伝統和紙材料の三椏の白皮をソーダ灰で煮て、機械ですりつぶし、インキのにじみ止めのサイズ剤などを調合して、西洋伝統の溜め漉きにより手漉きしたものであった。この紙は丈夫で、印刷に適しており、滑らかな光沢があり、卵の黄身のような色をした紙であった。紙幣に三椏皮が採用されたのは、明治一二年とされている。

こうしてできた紙は局紙（きょくし）とよばれる。大蔵省印刷局で製造さ

図4-1　三椏の幹　疎植のものである。この樹皮から明治新政府は紙幣用紙の局紙をつくった。

れたのでこの名がつけられた。普通は淡黄色で、厚く、緻密で、耐久性がある。明治一〇年に海外へはじめて輸出され、日本の羊皮紙あるいは植物性羊皮紙とよばれて、世界的に有名になった。

明治一五年に、はじめて局紙を使う白透かし入りの政府紙幣（五円券）が発行された。同年一〇月日本銀行が設立され、紙幣は日本銀行券となった。明治一七年、山田藤左衛門は繊細で精巧な黒透かしの技法を確立し、翌一八年に最初の黒透かしの紙幣（大黒札）が発行された。こうしてわが国の紙幣原料として、栽培が可能な三椏が用いられることとなった。

局納みつまた生産組合

局納みつまたとは、日本銀行券（紙幣。おもに一万円札）の原料として独立行政法人国立印刷局に納める三椏白皮のことをいい、島根、岡山、山口、高知、徳島、愛媛の六県が印刷局と契約をむすんで生産している。この六県は、局納みつまた生産県ともいわれる。局納みつまた（白皮）の価格は、山口県をのぞく五県が毎年輪番で、印刷局長と交渉して決められる。

局納三椏を生産する人たちは、地域ごとに「局納みつまた生産組合」を結成し、各県ごとに「局納みつまた生産協力会」という生産者団体が組織されている。

岡山県の局納みつまた生産組合は、久世局納みつまた生産組合（以下「みつまた生産組合」ははぶく）、勝山局納、落合町局納、美和局納、湯原町局納、高田局納、香北局納、富村局納、中谷局納、梶並局納、鏡野町局納という一一組合である。これらの組合は、印刷局に申請することによって登録され、承認書が交付される。

局納みつまた生産組合が結成されるいきさつを、元印刷局製紙部長白石亜細亜丸が「三椏増産の思い出」との題で雑誌『紙パ技協誌　第二六巻第一一号』（紙パルプ技術協会、一九七二年）にのせているので整理紹介する。

白石は大正一三年（一九二四）に印刷局採用となり、、研究所に配属され、二、三人の所員とともに三椏皮の成分研究に従事した。研究業務で三椏皮の水積残渣と紙の歩留まりがほぼ比例することを知った。水積残渣とは、購入した三椏皮に残った表皮その他の不純物を削り取りやすくするため、三椏皮を一夜室内の水槽に水漬けして柔軟にし、翌朝取り出して不純物を取りのぞくのであるが、そのとき水槽に残った滓のことである。

白石が印刷局に採用された時代には、ジケ上というジケ三椏皮を購入し使用していた。

この三椏皮は印刷局以外の製紙業の多くが使う晒三椏とはちがっていた。紙幣の紙に卵黄色を帯びさせるため、色素分が残るジケ

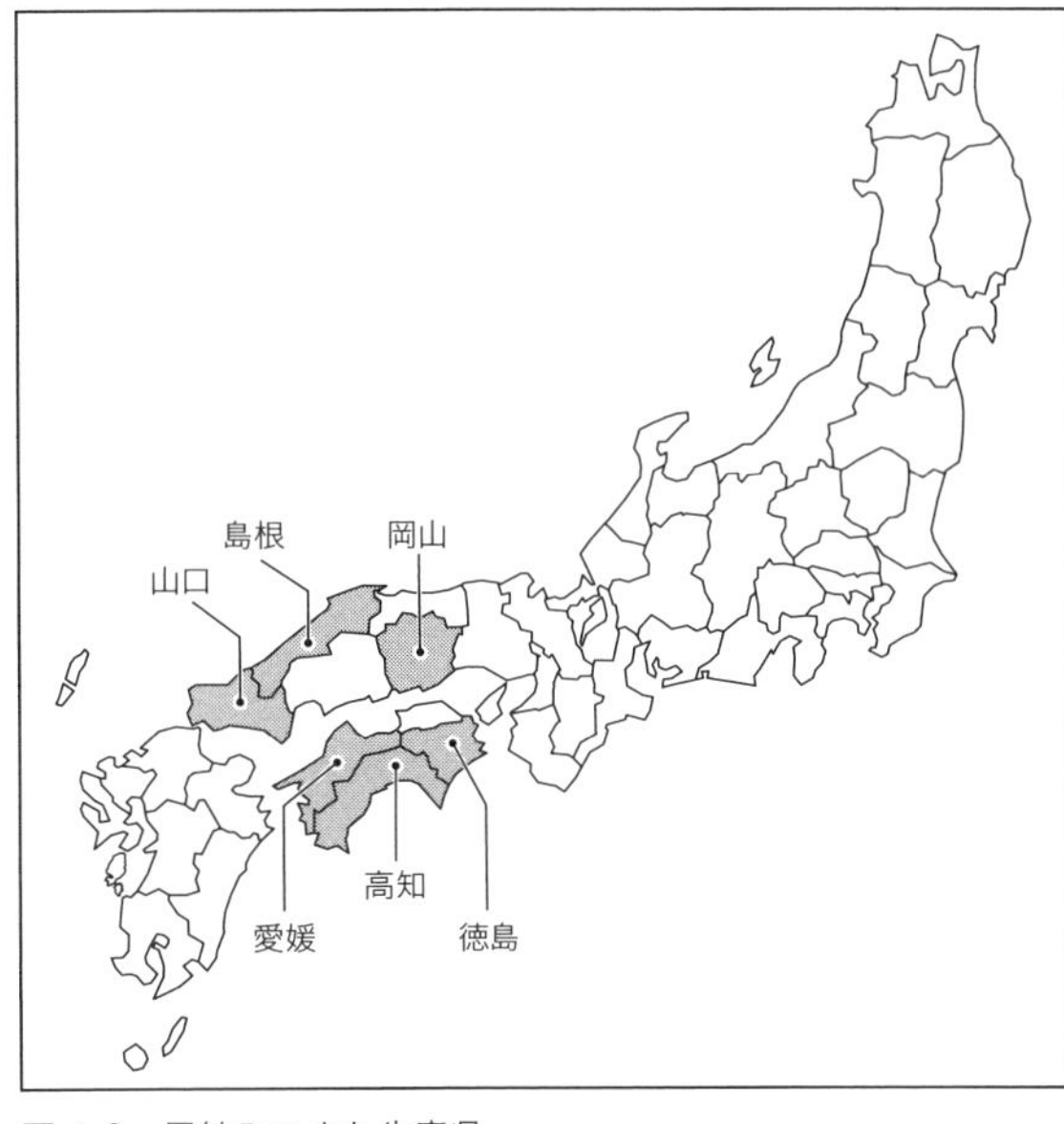

図 4-2　局納みつまた生産県

三椏を使用する必要があった。なおジケとは印刷局の用語で、三椏白皮を精選加工（水漬、ちりとり）したものをいい、特ジケは普通ジケを特別に念入りにおこなったものである。

購入したジケ三椏皮を水に漬け、ちり取りという精選加工に先立って、購入品の中から、精選に手間のかかる節や傷跡などの多いもの、あまりにも小さいものなどをより分け、残りも穂先や根元の部分を切り取り、紙幣用の三椏皮としたのである。水漬けした翌朝、水槽から取りだし、大勢の女子工員により、前記の不純物を取りのぞく。こうしてでき上がったものが、いわゆる精選三椏で、これを釜にいれ、煮熟して紙幣用とするのである。

選別作業（切り取りを含めて）で相当量が紙幣用から除外され、水漬により約三割近い成分が失われ、紙幣用の三椏は購入品のほぼ半分となる。これに精選賃金が加算されるので、精選三椏はおどろくほど高価になった。印刷局の工場では、激増する三椏皮の処理精選においつけず、結局抄紙部での三椏精選の作業をやめ、産地から精選三椏皮と同じものの購入を決定した。これが特ジケと称するもので、昭和三年（一九二八）に採用されたのである。

昭和六年から特ジケ三椏皮の購入が開始された。産地での三椏皮は乾燥してあり、三椏自体は同じであるが、高価な印刷局製の精選三椏と同じ価格にするため、都会なみの賃金が買い入れ価格に織り込まれている事などから、産地ではきわめて評判がよく、各社が競ってこれを製造するようになり、印刷局の計画は成功した。

まえから印刷局に関係のあった三椏業者は、印刷局の方針に乗り遅れないように加工組合をつくり、局納をつづけた。一方、三椏生産者も単独で加工組合をつくり、直接局納をはじめた。この風潮はしだいに各地の生産地に広まっていった。印刷局もこの生産者の動きに呼応して、岡山、島根、徳島、愛媛、高知県に出張所を設け、さらに主要生産地の集落に集配倉庫を建てた。これにより事務の推進、集荷の促進による代金決済の迅速化など大いに局納みつまた生産組合の便宜につとめたのである。

戦争で紙幣用三椏需要増大

印刷局製造紙幣の品質が大正末年から昭和六年（一九三一）ごろまでの間、その前後よりも品質が劣っていた可能性があるといわれている。大正末年には三椏皮生産量が減少し、品質も低下する傾向をしめしたという。この件で、印刷局は三椏皮の購入方法を改善し、さらに三椏皮生産地に局員を派遣して加工方法を指導し、品質を向上させることで解決できた。

わが国と外国との戦争（事変と称されるものも含む）がおきると、印刷局の業務ははなはだ忙しくなり、中でも紙幣の製造は増加の一途をたどる。前に触れた白石亜細亜丸は、紙幣の増加には原料の三椏皮が大量に必要になるとして、三椏皮の増産を要請した。わが国の戦争は、昭和二年の山東出兵、同三年の済南事件にはじまり、満州・支那事変が太平洋戦争に発展し、昭和三年から同二〇年という長年月にわたった。その間紙幣は、内地券（朝鮮・台湾銀行券を含む）はいうまでもなく、戦域の拡大につれ満州中央銀行券、中国連合準備銀行券ならびにタイ券にいたる外地券の需要に応じるため、三椏皮の年間使用量は七〇万から八〇万キロであったものが、五〇〇〇万キロ前後に達するという膨大なものであった。白石は印刷局員として、この膨大な三椏皮の調達に従事し、増産と購入のため三椏皮生産地の静岡、岡山、鳥取、島根、徳島、愛媛、高知へと赴いている。

印刷局は特ジケ三椏皮創成の当時から、局員を技術指導、出荷促進などのために生産地に派遣している。また技術指導や生産奨励のため各地で製品品評会を開催し、その優秀なものはこれを表彰するなど、大いに増産意欲の向上につとめるところがあった。表彰は、現在では国立印刷局の外郭団体である一般財団法人印刷朝陽会が公益事業の一環として、日本銀行券原料の三椏の生産などに功績があった者を国立印刷局の推薦により財団法人印刷朝陽会賞を贈呈している。少し資料が古いが、平成一七年度と同一八年度の受賞者を掲げる。

平成一七年度　岡山県　中尾小夜子　美和局納みつまた生産組合
同　本位田艶子　梶並局納みつまた生産組合
島根県　重森政行　日原局納みつまた生産組合
同　永本保子　益田局納みつまた生産組合
愛媛県　髙橋寅雄夫　富郷局納みつまた生産組合
同　石川貴代恵　新宮局納みつまた生産組合
徳島県　平井晃雄　国見山局納みつまた生産組合
同　兼原杉信　剣山局納みつまた生産組合

平成一八年度は、岡山県では湯川つねよ（美和局納みつまた生産組合、以下「みつまた生産組合」ははぶく）・本位田兼子（梶並局納）、島根県では松浦伸正（簸川地区局納）・寺戸キクヨ（増田局納）、徳島県では大館重子（吉野川局納）・松村朝子（吉野川局納）の六人であり、前年度に表彰のあった愛媛県にはどういうわけか該当者がなかった。

局納みつまたは、国立印刷局という安定した需要先はあるが、生産者の高齢化と後継者不足という構造的な問題を抱えており、将来も継続して原料が確保できるのかという不安を国立印刷局は抱えているのである。

施設の老朽化で三椏加工場が閉鎖されると、平成一五年（二〇一三）二月二七日づけの『産経ニュース』は伝えている。それによれば、島根県出雲市森林組合所属「みつまた生産用施設」（旧佐田町森林組合が昭和六三年に設置）が同年三月末で閉鎖されるという。かつて同施設では生産者一〇〇戸あまりが伐採してもちこんだ三椏原木から皮を剥ぎ乾燥させ貯蔵、さらに加工して白皮三五トンを生産していた。白皮は、同市内にあった国立印刷局出雲出張所（平成一二年に閉鎖）に納めていた。冬場に貯蔵した黒皮を白皮に加工する作業は重労働で生産者は激減し、現在は数軒となっている。また出雲市森林組合も「赤字がつづき、施設も老朽化したので、閉鎖を決定した」という。数少ない三椏生産者の一人同市別所の荒木博則さん（七七歳）は、息子と二人で自宅裏山の三椏原木を、約二〇キロごとに合計二五〇束にして岡山県内の業者に、一キロ四〇円で販売するという。

近年の局納三椏収穫量の推移

近年の三椏栽培は激減しており、窪田雄司・渡辺夏実が『山口県金融風土記』（日本銀行下関支店　平成二八年五月）に載せた「日本銀行券と和紙――山口県の三椏」によれば、国内の三椏栽培面積は一九六五年度（昭和四〇年）五四五〇ヘクタール、一九九五年度（平成七年）六八一ヘクタール、二〇一二年度（平成二四年）四八ヘクタールと大きく減少した。銀行券原料として国立印刷局に納められる「局納

表 4-1　局納みつまたの納入実績

年　度	契約数量（トン）	基準価格（37.5kg 当、円）	1kg 価格（円）
昭和 35 年（1960）	1230.30	9500	253
同 40 年（1965）	777.75	1 万 2300	328
同 45 年（1970）	425.50	1 万 8700	499
同 50 年（1975）	298.29	4 万 5500	1213
同 55 年（1980）	61.86	6 万 6000	1760
同 60 年（1985）	243.03	6 万 9900	1864
同 63 年（1988）	245.01	6 万 9800	1861
平成 元年（1989）	215.01	7 万 0850	1889
同 5 年（1993）	269.58	7 万 7700	2072
同 10 年（1998）	263.82	8 万 2600	2203
同 14 年（2002）	140.01	8 万 3000	2213
		（30kg 当、円）	
同 15 年（2003）	170.01	6 万 6400	2213
同 17 年（2005）	246.30	6 万 6400	2213

表 4-2　三椏の収穫量と栽培面積の推移

年　度	黒皮換算収穫量（トン）	栽培面積（ヘクタール）
昭和 40 年（1965）	3120	5450
同 50 年（1975）	1614	2112
同 60 年（1985）	915	988
同 2 年（1990）	810	942
同 7 年（1995）	655	681
同 10 年（1998）	566	546
同 13 年（2001）	563	495
同 16 年（2004）	571	389

みつまた」の出荷量も、一九六五年七七八トンから二〇一四年度には七・五トンまで減少している。

表４－１に、局納みつまたの契約数量と基準価格を、日本特用林産協会のブログ「和紙――文化財を維持する特用林産物３」から紹介する。基準価格は昭和三五年（一九六〇）から平成一四年（二〇〇二）までは一〇貫目（三七・五キロ）あたりの価格であり、平成一五年以降は三〇キロあたりに変更されている。契約数量はキログラムであるが、わかりやすくトンにした。

局納みつまたの基準価格を一キロあたりに換算すると、平成一四年では約二二一三円、同一五年では二二一三円となり、価格は据え置きとなっている。

前掲の資料によると、平成一七年の局納みつまた生産県と印刷局の交渉では向こう三〜五年の買上げ

表 4-3　平成 16 年三椏の県別栽培面積と生産量（生産量は黒皮換算数）

県	栽培面積（ヘクタール）	生産量（トン）	農家数	市町村数	主要市町村
島根	54.00	16.00	241		
岡山	51.00	36.50	285		旭町・久世町・富村
山口	50.90	51.50		10	
徳島	47.00	124.00	136	10	三加茂町
愛媛	56.40	57.00	95	2	四国中央市・久万高原町
高知	129.90	286.50	343	10	窪川村・仁淀村

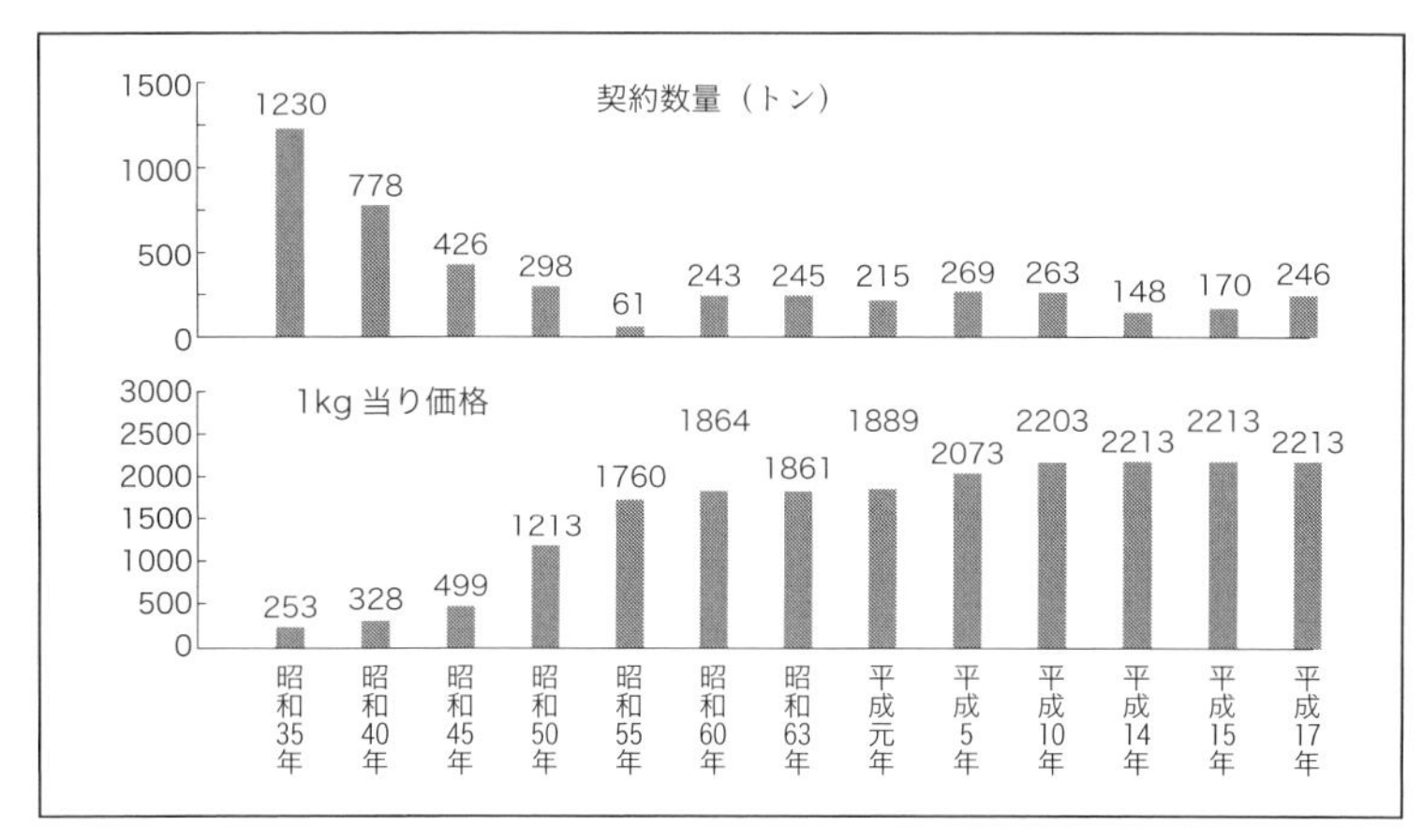

図 4-3　局納みつまたの納入契約量と基準価格の推移（日本特用林産協会の資料より）

見通しとして、一五〇トンから二〇〇トンと過去の水準よりも低い数字が印刷局から示されている。それに加え、和紙原料の需要は近年、安価な輸入品と競合がはげしいうえ、和紙の需要も低迷している。これにより三椏の産地によっては、収穫されない三椏が増加し、農地の荒廃が懸念されている。表4－2に、近年の三椏生産の推移を前掲の資料からみていく。

黒皮換算数量は、白皮生産量を〇・四で割り、黒皮生産量を加えて計算する。

栽培面積は、昭和年代では一〇年間にほぼ半減している。平成年代にもほぼ同じ傾向がみられるのである。三椏の県別生産量を日本特産農産物協会の『和紙原料に関する資料』から掲げると前頁の表4－3のようになる。平成一六年では、高知県が栽培面積も生産量も、栽培農家数も、三椏生産県の中では最大となっている。

紙幣用三椏をネパールや中国に頼る

紙幣用の三椏は、平成一二年（二〇〇〇）ごろまではわが国で生産される三椏で需要を満たしていたが、生産地の過疎化や生産農家の高齢化、後継者不足のため、平成一七年以降局納みつまた生産量は激減してきた。これに対応するため、平成二二年度以降は国内生産量の不足分を、ミツマタの原産地である中国とネパールから輸入するようになった。

平成二七年あたりから、徳島県や山口県などで楮（こうぞ）とともに三椏生産農家もふえているが、アベノミクスの異次元の金融緩和で発行される年間三〇億枚もの紙幣製造を国内産ですべて賄うことはできないのだ。

岡山県の昔からの局納みつまた生産者は、「取引価格は安いし、仕事もけっこうしんどい。正直やめてやろうかと何度も思った。でも我々が日本のお札を支えているという、誇りのようなものが続ける力になっている。そこをもう少しPRすることも、後継者を育てるためには必要ではないか」と語っている。紙幣（日本銀行券）という特殊なものの原料を栽培しているという誇りのようなものが、安くて労働のきつい仕事を続けさせているのが現状である。効率性や経済性も必要であろうが、国内産業の育成という立場から、国の施策を考え直してもよいのではなかろうか。

中国やネパール産の三椏は、調達価格が国内産の二五パーセント程度と安く、紙幣作成費を節約することができる利点がある。その反面、輸入先で大災害あるいは資源保護を名目に政治的・外交的な動機から、突然三椏の輸出停止となるおそれもありそうなリスクがある。

平成二七年四月二四日、輸入先のひとつネパールでM七・八の大地震が発生し、三椏生産地が大きな被害をうけた。ネパール産三椏を輸入している政府刊行物専門書店の「株式会社かんぽう」の担当者は、

図4-4　歩道の上方に植えられた三椏　わが国では栽培規模が小さく、効率が悪い。

大地震で被害をうけた地域のドルカ郡はみつまた輸入量の七割を占めているという。ネパール産の三椏をあつかう「かんぽう」は、二年に一回の割合で落札しており、平成二五年度は六〇トン余を納入している。翌平成二六年度は他社が輸入する中国産の三椏が落札している。平成二七年のネパール大地震で、ネパールからの輸入が激減すれば、中国一国に依存するおそれがでてくる。

国立印刷局には備蓄もあるようだが、その量は明らかにされていない。わが国経済の根幹である紙幣原料の調達を、中国一国に依存するというおそれがある。紙幣用三椏は国産品が減少し、平成二六年あたりで九割が輸入に頼る状況となっている。印刷局は外国産にたよるリスクを回避する意味でも、国産品の維持増産の取り組みをしたいと、出先の中国みつまた調達所と

四国みつまた調達所で各地においてかつての三椏生産地とのつながりを再開している。

日本国内の在庫が尽きてしまい、中国やネパールに依存しなければならなくなる事態に備えて、農林水産省林野庁林木育種センターでは、「ミツマタの人為八倍体の育成」などに取り組んでいる。現在栽培されている三椏は四倍体であり、四倍体と人為八倍体との交雑種の六倍体は生長が良好で、皮の収量が多いことも明らかにされている。六倍体の増殖は、挿し木など無性繁殖でおこなう必要があり、実生苗生産にくらべて手間がかかることから、普及がおこなわれず、保存もされないまま現在にいたっている。

明治期の静岡と山梨県の三椏

静岡県と山梨県の近世の三椏について前の章でみたが、続いて時代が少し前後するが、明治期のこの二県の三椏をみていく。武田総七郎著『実用特用作物　下巻』（明文堂、一九四二年）は、第三五章で明治三〇年の本田博士の著作『特用作物論』の一部を記しているので、要約しながら紹介する。

現今（明治三〇年ごろ）の静岡県庵原郡炭焼村（現静岡県清水区）が所蔵の古書類に三椏が原料の紙がある。慶長年間に製造されたもので、かつ当時の炭焼村において製造した紙質のわかる資料である。当時同村で使っていた製紙用具はすこぶる粗末なもので、縦一尺（約三〇センチ）、横一尺四寸（約四二・四センチ）の大きさで、一枚漉きで製紙し、しかも漉いた紙の四隅を裁断しないまま使っている。その後三椏の栽培、製紙もだんだんと改良されたとみられる。明治三〇年代には、三椏の栽培畑の存在がみられ、製紙の器械も二枚漉きの仕様になっている。当時三椏の製紙産出額ははなはだ少なく、種類も半切糊入紙にすぎず、とくに糊入紙は神社仏閣のお守札印刷用に供され、主として大阪に販売されるものが多かった。

慶応元年に和田島村（現静岡市清水区）の岩井文八は、率先して製紙改良の意気を盛り上げ、一、二の同士と三椏紙の改良を企てた。雁皮紙製造本場の伊豆熱海へ行き、製造方法を研究して村にかえってきた。いろいろと試験をおこない、改良をくわえ、ついに新雁皮紙の製造に成功した。新雁皮紙と称しながら、原料は三椏だけである。同氏は不幸にしてこの発明のため家の財産を失い、十分にその利益をうけることなく、死去した。

その後、紙の価格はしだいに騰貴し、明治六、七年にはますます好景気を呈した。三椏生産には限りがあるが、需要に限界がなかったので、三椏の価格は非常に高価となり、三椏栽培者があちこちに出現し、山野に三椏畑をみないところはない有様となった。しかし当時の需要はもともと国内用だけであったので、自然と供給過剰となり価格は下落し、明治一四、五年ごろにはまったく収支が合わなくなり、根株を引き抜いて他の作物に代える者、または全く三椏畑地を放棄する者もあった。

明治一五年になり、大蔵省印刷局に納入する端緒がひらけた。この年印刷局ははじめて三椏紙で紙幣を印刷、発行したのである。これで庵原郡産の三椏が東京市場にのぼった。ここから次第に衰勢が回復し、値段もやや高値となり、自然とこれまで放棄されていた三椏畑も耕耘され、あるいは新たに栽培する者もでるようになり、今日にいたった。

同県富士郡では、明治三〇年ごろは富士山の雑木林に三椏の自生が多かった。そこから考えると、最初は伊豆で野生雁皮を原料に製紙をしたと同じように、自生の三椏で紙を漉き、のちに供給量増加のため、栽培がはじまったものであろう。ただしこの地方の事業経過は不明で、製紙事業が今日盛んなのは、明治年間になり印刷局の買上げにより、三椏栽培拡張の気運が醸成されるにいたったためである。

山梨県西八代郡栄村（現南巨摩郡南部町の東部）の内船組は、山梨県下第一の三椏産地であり、またもっとも古くから栽培されていた地方である。伝承によれば、享保のころ（一七一六～三六年）、同組の四条理重という人の曽祖父吉右衛門は平素狩猟を好み、猟に出かけ富士裾野で三椏の花をみつけた。花が美しく香気があるので、よろこび掘り取って帰り栽培した。これが三椏栽培のはじまりである。そうであるから、山梨県での三椏栽培の起源は、花の鑑賞を目的としてよそから移し植えられたものである。

山梨県の製紙沿革は、江戸時代の徳川氏隆盛の時期に、幕府から御用紙の命がくだり、西八代郡市川大門町（現市川三郷町）に西八代と南巨摩の二郡の三椏を集めて紙を漉き献納し、他郡にも出した（注・本田博士はこういっているが、前章でふれたように市川大門の紙漉原料は楮であり、三椏紙をはじめたのは、現身延町の西嶋地区である）。

昭和期の三椏栽培面積の消長

昭和期の各県ごとの三椏栽培面積などをみておこう。武田総七郎の『実用特用作物　下巻』は、わが国全体の三椏栽培面積は、大正一一年（一九二二）には約二万二〇〇〇町歩で、以後はしだいに減少し大正一四年に一万八〇〇〇町歩となり、そのごの三年間は一万五〇〇〇町歩台となった。昭和七年（一九三二）までの四年間は一万二〇〇〇町歩台で、だいたい安定を保っていた。

林野庁特殊林産課長の職にあった片山佐又著『技術・経営　特殊林産』は、農林統計所と林野庁調査の二つを使って、昭和期のわが国全体の三椏黒皮生産量を掲げている（表４－４）。

わが国内の三椏皮の生産量は、昭和一〇年以後戦争の影響をうけて、年々減産していったが、終戦後新しく紙幣を印刷するという需要の増加に対応して新植面積がいちじるしく増加した。表４－５にみられるように、昭和二五年には前年の栽培面積の二七パーセントにおよぶ大面積の三椏の新植がみられたのである。

表 4-4　年次別三椏黒皮生産量

年	生産量（万貫）	トン換算
昭和 10 年（1935）	301.1	1129.1
同　17 年（1942）	207.0	776.3
同　21 年（1946）	99.0	371.3
同　23 年（1948）	94.1	352.9
同　25 年（1950）	300.7	1127.6

表 4-5　昭和 24・25 年の府県別三椏栽培面積と生産量

府県名	昭和 24 年現在の栽培面積（町歩）	昭和 25 年の新植面積（町歩）	昭和 24 年の黒皮収穫量（貫）
宮城県	6	—	200
茨城県	36	—	3 万 5300
富山県	5	—	3900
福井県	107	80	5 万
山梨県	85	89	2 万 1200
岐阜県	9	84	900
静岡県	43	212	1 万 5000
京都府	—	2	1600
兵庫県	288	207	8 万 2000
和歌山県	9	5	6200
鳥取県	224	115	13 万 5000
島根県	477	451	17 万 6500
岡山県	701	88	35 万
広島県	14	85	3 万 4200
山口県	81	170	9 万 3500
徳島県	444	252	15 万 1000
愛媛県	1184	—	76 万　600
高知県	4416	289	130 万
福岡県	2	7	700
熊本県	29	17	1000
大分県	7	4	1400
宮崎県	39	16	1 万 3900
その他	7	65	2000
合計	8273	2238	300 万 7100

注）農林統計書による。ただし昭和 25 年度新植面積は及び生産量は林野庁調による。

昭和二五年度末現在の栽培面積（二四年現在＋二五年度新植）を多い順からみると、第一位は高知県の四七〇五町歩、第二位は愛媛県で一一八四町歩、第三位は島根県で九二八町歩、第四位は岡山県で七八九町歩、第五位

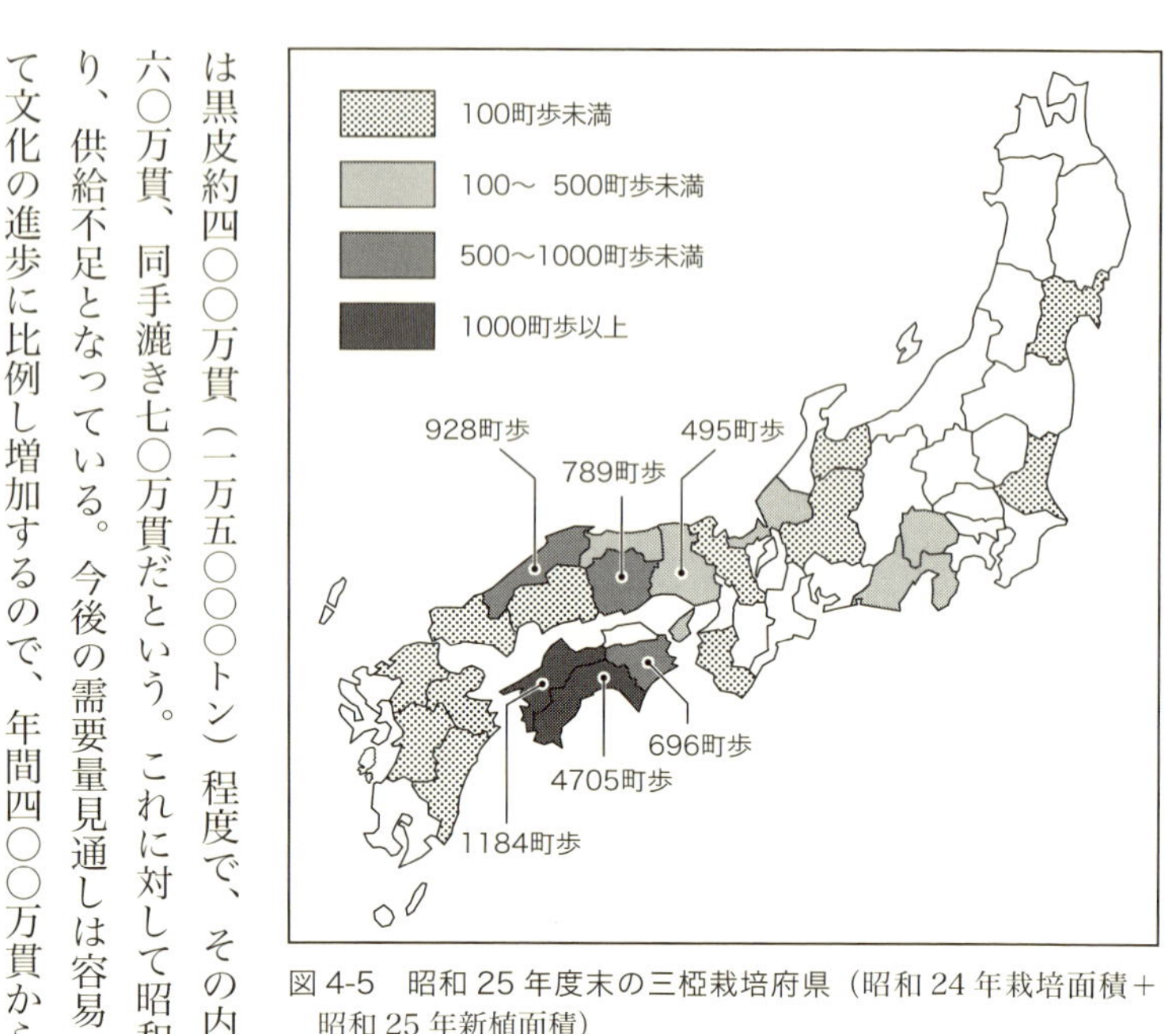

図4-5　昭和25年度末の三椏栽培府県（昭和24年栽培面積＋昭和25年新植面積）

は徳島県で六九六町歩、第六位は兵庫県で四九五町歩となる。六県の合計は八八六八町歩となり、わが国全体の一万五一一町歩の八四パーセントを占めている。

昭和二四年度の黒皮収穫量では、第一位高知県、第二位愛媛県、第三位岡山県、第四位島根県、第五位徳島県、第六位鳥取県となり、この六県の合計は二六七万五八〇〇貫となり、全体の八九パーセントを占めている。

昭和期の三椏の用途及び価格

昭和二七年発行の片山佐又著『技術・経営　特殊林産』によると、三椏皮の需要量は黒皮約四〇〇万貫（一万五〇〇〇トン）程度で、その内訳は印刷局紙一七〇万貫、民間用機械漉き一六〇万貫、同手漉き七〇万貫だという。これに対して昭和二四年の三椏黒皮の生産量は三〇〇万貫であり、供給不足となっている。今後の需要量見通しは容易でないが、紙（和紙も含む）の需要は趨勢として文化の進歩に比例し増加するので、年間四〇〇万貫から五〇〇万貫の有効需要があるものと思われる。

しかし、価格の動向が需要量に相当な影響を及ぼすことはいうまでもない。最近の三椏皮の取引価格は、他の一般物価の指数などにくらべ、いくぶん高率にある。今後の生産量増加を考えて、将来の安定的価格としては、多少現在よりも低額を考えるのが妥当で、そのうえ安全であろう。三椏皮の価格の推移を、昭和初期から終戦直後あたりまでみてみる（表4－6）。

表4-6　昭和期の三椏皮の価格の推移

年次	黒皮の価格（円）	白皮の価格（円）
昭和9・11年平均	4.39	11.87
同　13年（1938）	18.00	47.20
同　15年（1940）	20.00	49.00（公定価格）
同　20年（1945）	30.00	114.00（公定価格）
同　22年（1947）	600.00	1950.00（公定価格）
同　24年（1949）	1290.00	4320.00（公定価格）
同　25年（1950）	1900.00	
同　26年（1951）8月	2600.00	

注）1等品10貫目生産者庭先渡価格

価格の推移をみると、昭和二〇年に三〇円のものが、二年後の昭和二二年には六〇〇円と二〇倍となり、さらに二年後の二四年にはその二・一倍、一年後には前年の一・四七倍に、さらに一年後には一・三七倍となっている。昭和二一年（一九四六）後半から翌二二年にかけて食料不足、住宅不足、衣類や日用品の欠乏から、激しいインフレがおこり、昭和二九年ごろまで続いたのである。三椏皮もそのあおりで、高額な品物となった。

公定価格とは、政府が物価統制のために指定した物品の最高販売価格のことである。公定価格は社会主義国家の計画経済のもとでおこなわれるものが代表的であるが、わが国ではヨーロッパの第二次世界大戦がはじまると昭和一九年九月一八日に価格等統制令が制定され、同日の価格をもって上限とした。終戦後のインフレが収まらず、昭和二一年三月三日に物価統制令が公布された。昭和二四年のドッジ・ライン実施以後インフレは収束にむかい公定価格は徐々に撤廃されていった。

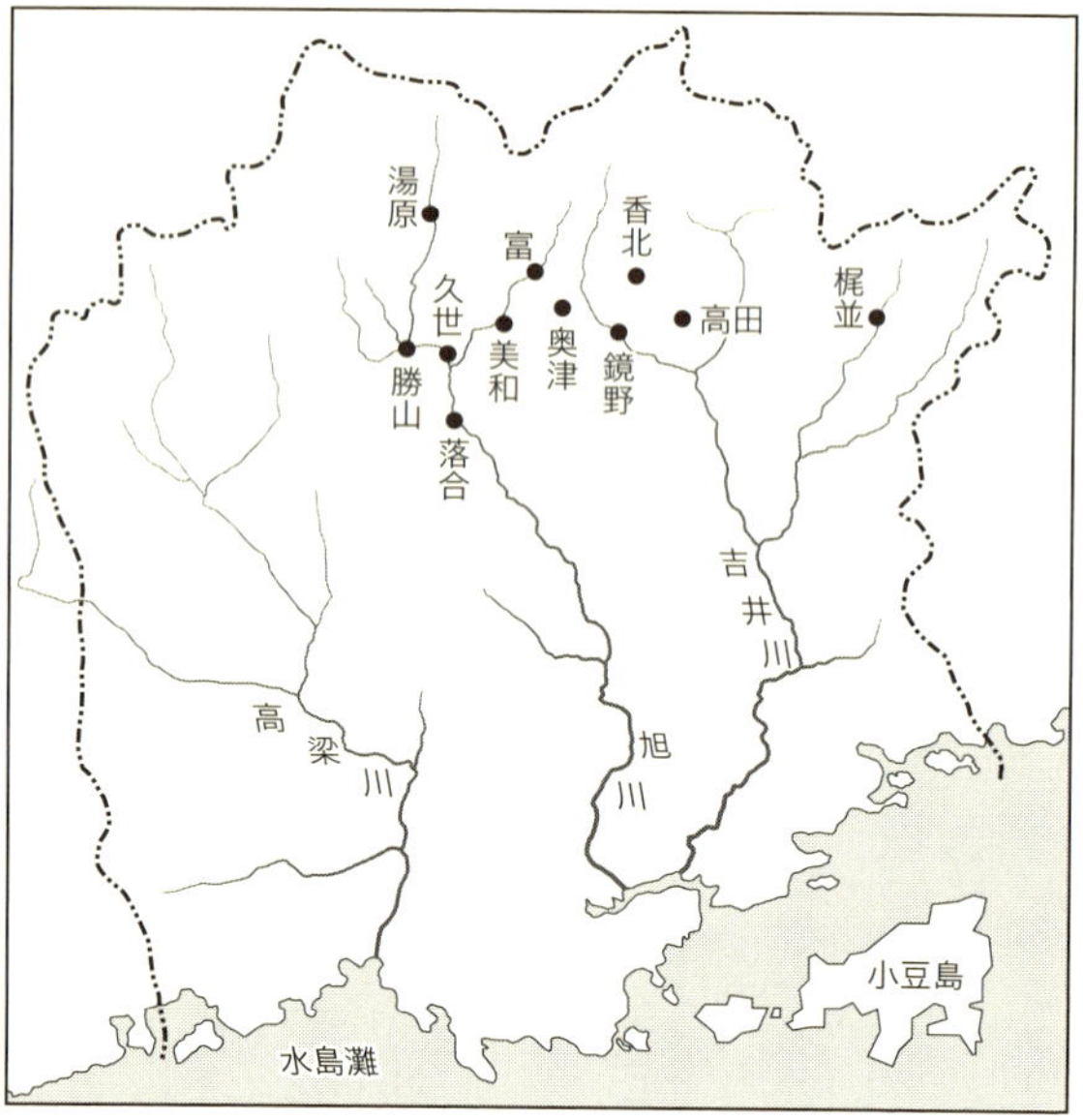

図 4-6　岡山県の三椏生産地と局納みつまた生産組合　岡山県の三椏栽培地は焼畑農業地でもあった。

この価格は、「一等品」のものだとしているが、「一等品」とは「みつまた農林規格」に定められたものをいう。農林規格とは、昭和二五年に定められた「農林物資の規格化及び品質表示の適正化に関する法律」（KAS法）に基づいて定められた農林水畜産物およびその加工品の品質保証の規格である。三椏には昭和二五年一二月一六日に定められた「みつまた日本農林規格」があり、黒皮、みざらし（地気）、さらしの三種類あり、黒皮とさらしには一等、二等、三等、等外の四区分、みざらし（地気）には一等、二等、等外の三区分があった。なお「みつまた日本農林規格」は、昭和四五年に廃止されている。

同規格による黒皮の一等品とは、量目は八貫または五貫、長さは四尺（約一二〇センチ）以上、水分含有量が一三パーセント以下で、外傷及び腐敗箇所がなく、調整および品質が優良で、夾雑物のほとんど混入していないものであった。

その後の三椏の動向は、日本林業技術協会発行の『林業技術者のための特用樹の知識』（一九八三年）によると、昭和三七年まで三椏の栽培面積は八〇〇〇ヘクタールを維持していた。その後生産量はしだいに減少し、昭和五六年の全国栽培面積は一一三三ヘクタール、白皮三六一トンの生産にとどまった。生産県別では栽培面積の最大は高知県の四三八ヘクタール、ついで岡山県の二四七ヘクタール、徳島県の一七〇ヘクタール、島根県の一六四ヘクタール、愛媛県の一一〇ヘクタールの順となり、この五県で全面積の九八パーセントを占めている。

また大蔵省印刷局の紙幣原料の局納みつまたの納入量がもっとも多いのは岡山県で、昭和五六年には県下生産量の五四パーセントを局納としていた。昭和五六年度に印刷局に納められた局納の量は、全国生産量のおよそ四五パーセントであった。三椏皮の使用は紙漉きであるが、三椏だけで紙が漉かれるのではなく、普通は他の紙原料と混ぜて漉かれる。昭和二六年当時の、紙の種類ごとの原料混入量を、片山佐又の『技術・経営　特殊林産』からみる（表４－７）。

表 4-7　紙の種類別原料の混入割合（混入率はパーセント）

製品名	混入率	備考
落葉紙（1 号品）	晒三椏 100	機械漉
落葉紙（2 号品）	三椏・桑皮・マニラ麻 60　S・P40	機械漉
絶縁薄紙（1 号品）	三椏 50　マニラ麻 50	機械漉
謄写版原紙用紙	晒三椏 60　S・P20　上スベ 20	機械漉
改良和紙（2 号品）	三椏 80　パルプ 20	手漉
謄写版原紙用紙	三椏 50　雁皮 50	手漉
図引紙（2 号品）	三椏・楮 50　パルプ 50	手漉
鳥の子紙	三椏・楮 50　パルプ 50	手漉

混入される原料のＳ・Ｐとは、化学パルプの内の一つで、サルファイドパルプのことである。紙の種類によって、三椏皮が混入する割合が変わっているのである。

岡山県の三椏栽培法と焼畑

岡山県県北の美作(みまさか)地方は、三椏の生産地とくに局納みつまたの産地として知られている。『技術・経営 特殊林産』は、岡山県内の三椏主要産地を次のように掲げている。

真庭郡　美和村（久世町を経て現真庭市）、富原村（勝山町を経て現真庭市）

苫田郡　中谷村、香々美北村、富村（三村とも現鏡野町）、高田村（現津山市大篠・上横野・下横野）

英田郡　西粟倉村

これ以外の地域でも三椏は栽培されていたし、現在も引き続き栽培されている。美作地域での三椏栽培は、焼畑農業と大きな関係があった。岡山県立農業試験場の中野尚夫・水島嗣雄の論文「岡山県の山間地域にあった焼畑農業について」（『日本作物学会中国支部研究収録　二九号』一九八八年）から、この地方の焼畑農業と三椏栽培の関わりを要約し紹介する。

この地方は平野部とはいちじるしく異なる立地条件から、農業もこの地域固有のものを成立させている。代表的なものが薪炭林や、杉・檜植林地で、それらが再利用可能となるまでの期間におこなわれた焼畑と三椏栽培である。焼畑農業も燃料革命のあった昭和三〇年代半ばを境にして、一気に消滅している。中野と水島は聞き取りにより、調査した。

美作地方の焼畑は、三椏栽培をするか否かで利用形態が異なった。美作地方の三椏栽培は、JR姫新(きしん)線を南限にして、おおよそ東部の鳥取県境から奥津温泉・湯原温泉を通り、新見市千屋ダムを結ぶ線が北側となり、その間に大略おさまる。つまりJR姫新線の北部を、東西方向に帯状に分布する秩父古生層地帯に限られ、杉や檜の植林地に混植されていた。

岡山県の焼畑と三椏栽培の作づけ体系を、整理してみる。

①　土用に山焼する場合の一年目には、木の伐採搬出（あるいは炭焼）後、土用のころに再生してきた広葉樹の萌芽や雑草を刈り取り二週間程度乾燥させ、土用中に焼く。焼いた跡地に大根や蕎麦（そば）をばら蒔きして栽培し、稲刈りの後収穫した。翌年の二年目の春、杉や檜が植林され、苗木の間に小豆あるいは粟・蕎麦が栽培され（間作という）、その作物が収穫された秋かあるいは翌春に三椏が定植された。その後、小豆が杉、檜、三椏の間作として二年から三年栽培され、三年目ごろから三椏の収穫がはじまる。

三椏は伐採されると根元から萌芽が出て、その萌芽が三年目くらいで再び収穫できる。その利用年限は、杉の樹林下では一〇年から二〇年、檜の樹林下では一〇年から一二年が一般的である。なお小豆が徒長する（むだに伸びる）ところでは小麦が栽培され、生育の悪いところでは間作はおこなわれなかった。また薪炭林に三椏が栽培される場合にも、杉・檜植林地に準じて小豆の間作がおこなわれた。三椏が栽培される地域では、薪炭林に三椏が栽培されることは少なく、また、三椏が栽培されない地域もあった。その時の焼畑では、植林地と薪炭林の区別なく、山焼きの翌年から四年から五年間、間作に小豆あるいは蕎麦・粟が栽培された。

②　田植えの前後におこなわれる春焼きの場合、焼畑の面積は少なかった。春焼きの焼畑では、田植え前の早い時期に山焼きした場合は粟・黍（きび）が栽培された。なお黍の栽培は大正年代あたりまでであった。田植え後の遅い山焼きの場合は小豆が栽培された。その作物の収穫後の秋か、あるいは翌年の春に三椏が定植されたのである。

岡山県下の三椏栽培地域

平成二四年二月一六日に真庭市勝山文化センターで開催された環境省の「里なび研修 in 岡山県真庭市」の講演で、波田善夫岡山理科大学学長は、演題「木材生産の堆積岩地域――焼畑文化の名残」の中で真庭市の地質と三椏栽培に触れている。

その概要は「地形が急峻で平野の少ない堆積岩（秩父古生層）地域では、林業が盛んになっている。真庭市勝山や久世等では和紙の原料である三椏の生産も有名である。地力の高い土壌が形成されやすい堆積岩地域では長年焼畑が継続されており、焼畑がおこなわれなくなった跡地利用策として三椏栽培がおこなわれるようになったのではないかと考えられる」というものである。

真庭郡の昔の三椏栽培状況を、大正一二年（一九二三）発行の『真庭郡誌』（真庭郡教育会）からみる。当時真庭郡の三椏は岡山県下第一の名声があり、勝山・美和・富原地方を主として、総面積五九二町五反歩という大面積の栽培地をもつていた。大正元年（一九一二）以来、勝山町で製紙会社が活動をはじめ、やがて第一次世界大戦の大戦景気で一時はすこぶる順調であったが、大戦の終息とともに戦後不景気となり大正九年には恐慌が襲来した。

そのためとみに紙の価格は低落し、大正一一年当時は昔の面影もなく、不振状態であった。楮も三椏についで産額が大きく、産地はほとんど郡内各村に分布し、栽培面積は一四〇町歩であった。三椏も楮もその生産額がきわめて多く、恰好の副業的生産品である。

当時の真庭郡には一七の町村があった。三椏の作づけがないところは八束村と川東村の二か村であり、残り一五か町村には面積の大小はあるものの全部三椏が栽培されていた。栽培面積が一町歩以上の村が七町村（勝山、富原、美甘、湯原、久世、美和、河内）あり、その面積は三〇町五畝歩で、郡内の総面積の九二パーセントである。中でも美和村は一四町八反九畝歩で、全体の四四パーセントを占めていた。

乾燥三椏皮の生産量は、前記の七町村で一〇万一八八三貫（三八二・一トン）、全体の九三パーセントを占めていた。中でも栽培面積が大きい美和村の収穫量が最大で、四万四六七〇貫で全体の四一パーセントを占めた。美和村は昭和三〇年、隣接する久世町と合併し、久世町の町域となった。それ以降、久世町域の三椏生産量がわが国の中でもトップクラスを維持している。

苫田郡富村（平成の大合併で現鏡野町）もたくさん三椏を栽培していた村であった。平成元年（一九八八）発行の『富村史』（富村史編集委員会編）によれば、明治一七年（一八八四）当時、現金収入の大部分を占めるのは楮であった。その後、木炭、繭（まゆ）、三椏、蒟蒻（こんにゃく）にとってかわられた。明治三三年には三椏の生産量は六〇〇〇貫となり、楮の生産量四二〇〇貫を超え、これ以降三椏がいつも楮を上回る生産量を上げるようになった。

三椏は大正期から昭和二年（一九二六）にいたる間に、生産量、作づけ面積、生産額ともに大きく増加した。これは明治四四年（一九一一）以降、一般的な傾向として三椏の価格が楮を超え、第一次大戦特需により、大正六年には三椏の価格が楮の倍以上になり、双方の栽培生産に大きく影響した。また部落有林の統一から植林事業がはじまり、焼畑—諸作物—三椏—植林という過程で、三椏の栽培面積が明治末期から大正にかけて増加した。ここでも焼畑により杉や檜が植えられ、造林木間に三椏が栽培されていたのである。富村の三椏栽培面積は大正九年まで不詳であるが、大正一〇年には一九五町二反歩となっており、その後大正一四年までこの面積を維持しているが、昭和二年には一気に九五町七反歩に急減している。

三椏皮の生産量は、大正五年には一万六〇〇〇貫であったが、大正一〇・一一・一二年には二万九〇〇〇貫台と増加し、同一三・一四年には二万二〇〇〇貫台に落ちこんでいる。

昭和二三年から印刷局へ局納みつまたを納めるようになり、この年は一〇・五トンを、翌二四年には一五・一トンを納めたのである。局納みつまたの納入量は、昭和六〇年は五・六トン、同六二年も五・六トンであった。

昭和二五年（一九五〇）の朝鮮戦争特需に、国内の各産業のほとんどすべてが空前の好況となった。これをうけ、昭和二六年には好況にともなう通貨の増発と、世界的パルプ不足から三椏皮の価格は暴騰した。そのため納入条件のきびしい局納をさけ、民間製紙業者への売却が急増し、富村における局納はゼロとなった。他の三椏生産地でも同じような傾向がみられたのであろう、この事態に対処するため、大蔵省印刷局は局納みつまたを確保するため、三椏関連補助事業および局納みつまた協力者表彰等をはじめた。局納みつまた協力者表彰は昭和三七年度に団体表彰を、昭和四二年度に個人表彰をはじめている。

補助事業として昭和五四年度には富村南部三椏加工組合の三椏加工施設一棟設置の事業費二二五万円のうち一〇〇万円を補助、昭和五五年度には楠・兼秀三椏加工利用組合の三椏加工機一式設置の事業費一〇〇万円のうち五〇万円の補助をおこなっている。

現今岡山県の三椏製紙地

平成二九年現在、岡山県下で三椏を原料に紙漉きをしているところは、津山市上横野の横野和紙、倉敷市水江の備中和紙、真庭市久世町樫西の樫西和紙の三か所である。

津山市上横野で、三椏皮を原料に手漉きで紙を漉いている横野和紙は、原料の皮を一本一本ていねいに白皮にした未晒しのもので、薄く、かさばらず、表面がなめらかで、皮を石灰で煮熟したまったくの中性紙なので油気はなくしなやかな紙質なため、金箔を傷つけることがなく、箔合紙としては日本一だといわれている。やや赤みをおびて光沢があり、金箔や銀箔をはさむ箔合紙として、京都や金沢の金箔工芸家には欠かせないものになっている。昭和五六年一月、岡山県伝統的工芸品として指定された。横野和紙は古文書の修復や銅版画などに使われ、ドイツにも輸出される。近年では木口木版画、エッチング等にも広く愛用されるようになっている。最盛期には八戸あった和紙の生産者は、後継者難で津山市重要無形文化財の上田繁男さん夫婦一家だけになっている。

真庭市久世町の樫西地区をはじめ旧美和村は、明治時代から三椏の栽培が盛んで、国立印刷局へ紙幣用として納める局納みつまたの生産高が全国第一位といわれる。その品質のよい三椏皮を使って樫西地区では昭和五二年から樫西和紙生産組合という独自の方法で、和紙づくりに取り組んでいる。工房は山深い場所である。樫西和紙では紙漉き体験希望者をうけ入れ、県外や町内のイベントに参加し、多くの人に紙の手漉き体験をしてもらっている。地元産三椏でも、栽培地での日のあたり具合、肥料の具合、生育の様子などは、原料皮の処理をするとわかるという。日あたりのよい場所、すくすく生長した三椏

図 4-7　三椏の収穫（伐採）の様子　三椏の幹を手前に倒し、根元に鎌をあて、反発力を利用して切り取る。ここから皮が加工処理されて紙が漉かれる（徳島県林業課編・発行『みつまた栽培の手引き』平成７年３月）。

の木は、皮も剝ぎやすいという。良質の地元産の三椏皮を一〇〇パーセント使い、県北の清流で漉いた三椏紙は加工品にしても素材としてもそれなりに味がある。便箋や綴帳等の加工品も評価をえている。

岡山県下の手漉き和紙は古文書などにより、中世以来特色のある伝統工芸技術の一つであることが知られている。平安時代に和紙の需要が高まる中、良質な原料を多く産出する備中地方は和紙の一大生産地となり、その繁栄は江戸時代までつづいた。しかし明治期に入ると、産業化とともに洋紙の需要におされ、和紙の生産量はしだいに減ってきた。

備中和紙の源流である「清川内紙（せいごうちがみ）」は、高梁川の支流、成羽川（なりわがわ）流域の旧備中町で漉かれていたが、昭和三九年の成羽川ダム建設によりその歴史を閉じた。その技術・技法を惜しんだ倉敷民芸館初代館長の外村氏は、技術保持者の丹下哲夫を招いた。

丹下哲夫は倉敷市水江に居を移し、昭和三九年夏ごろから紙漉きを再開した。その紙は外村館長の指導のもと、「備中和紙」と命名された。たゆまぬ研究と工夫をかさね、中折、便箋、封筒、葉書、名刺、書道用紙などを開拓した。昭和五三年から五五年にかけておこなわれた奈良の東大寺の大修理の際に、納入された東大寺昭和大納経用料紙は、丹下哲夫の漉いたもので、備中和紙の伝統と技の高さが全国に広く知られたのである。

備中和紙には、原料が楮の「清川和紙」、雁皮の「備中鳥ノ子紙」、楮に胡粉をまぶして漉いた「備中宇陀紙」、三椏の「備中三椏紙」等がある。東大寺昭和大納経用料紙に用いられた紙は備中鳥ノ子紙で、きわめて厚く漉いたものである。備中和紙は、昭和五七年（一九八二）に岡山県郷土伝統的工芸品に指定され、平成一六年（二〇〇四）には製作者の丹下哲夫が岡山県重要無形文化財保持者に認定された。現在は哲夫の孫の丹下直樹に受け継がれている。

岡山県北東部の西粟倉村では、村起こし協力隊員の東馬場洋（ひがしばばよう）が、平成二二年一〇月に倉敷市から同村に移り住んで、村の山林に豊富な三椏で紙漉きに挑んでいる。『西粟倉村史』（西粟倉村史編集委員会編、西粟倉村、一九八四年）によると、三椏の加工は農家の副業としておこなわれ、昭和三五年（一九六〇）まで手漉きの製紙工場もあった。その後だれも三椏和紙に携わる者がいなかった。東馬場の三椏手漉き和紙は「あわくら和紙」とよばれる。自分で山の三椏を切り、蒸して皮を剝ぎ、外の黒皮を剝いで白皮にする。ソーダ溶液で煮て繊維をほぐし軟らかくするなど、紙を漉く手順も、紙漉きも、漉いた後の乾燥も全部ひとり作業である。「地域産業という視点で手ごたえを感じている。三椏は山にあっても、見向きもされなかったが、すこしずつひろがりつつある」と東馬場はいう。

愛媛県久万高原の三椏栽培と焼畑

愛媛県の手漉き和紙には、大洲（おおず）市を中心とした大洲和紙、西条市を中心として周桑（しゅうそう）和紙、四国中央市を中心とした伊予和紙という三種類の和紙がある。大洲和紙は三椏を原料とした仮名用書道和紙で有名であり、周桑和紙の原料は楮で奉書紙や檀紙が漉かれ、伊予和紙の原料は楮も三椏も使われている。

愛媛県の三椏栽培は、愛媛県史編さん委員会編『愛媛県史　地誌Ⅱ（中予）』（愛媛県、一九八四年）によれば、四国山地の急峻な山岳地が卓越する上浮穴(かみうけな)郡では古くから焼畑農業がおこなわれてきており、その栽培作物の一つに、三椏があった。面河(おもごう)村の草原（標高八〇〇メートル）や柳谷村の稲村（標高五五〇メートル）は、山腹斜面に立地した焼畑の村であった。二つの村は、現在の久万高原町である。

上浮穴郡の焼畑の大部分は、前年の一〇月ごろ広葉樹林を伐採し、翌年の春まで乾燥させ、三月から五月上旬にかけて焼く。この地方の焼畑での主な栽培作物は、トウモロコシ、蕎麦、粟、きび、稗、麦、大豆、小豆、茶、三椏などである。麦や雑穀類は村人の自給作物で、小豆、茶、三椏は商品作物であった。中でも茶と三椏は焼畑耕作の山間部の村人にとっては、もっとも重要な商品作物であった。三椏の在来種は四国山地にもあったが、栽培が増加したのは明治一〇年代で、静岡産の品種である赤木種が導入されてからのちのことである。

明治三七年（一九〇四）の上浮穴郡の三椏栽培面積は五九六ヘクタールで、明治四三年には五・五倍の三二四六ヘクタールに増加した。しかしこの年がピークで、そのご栽培面積は停滞し大正四年（一九一五）には愛媛県全体で三五二八ヘクタール、昭和三三年（一九五八）には愛媛県全体で二七一〇ヘクタールとなっている。上浮穴郡の昭和三六年の三椏栽培面積は八一六ヘクタール（生産量は一六五〇トン）、同四二年の栽培面積は一五九ヘクタール（生産量は三六五トン）、同四八年の栽培面積は四七ヘクタール（生産量は一二一トン）となり、年々大きく減少している。

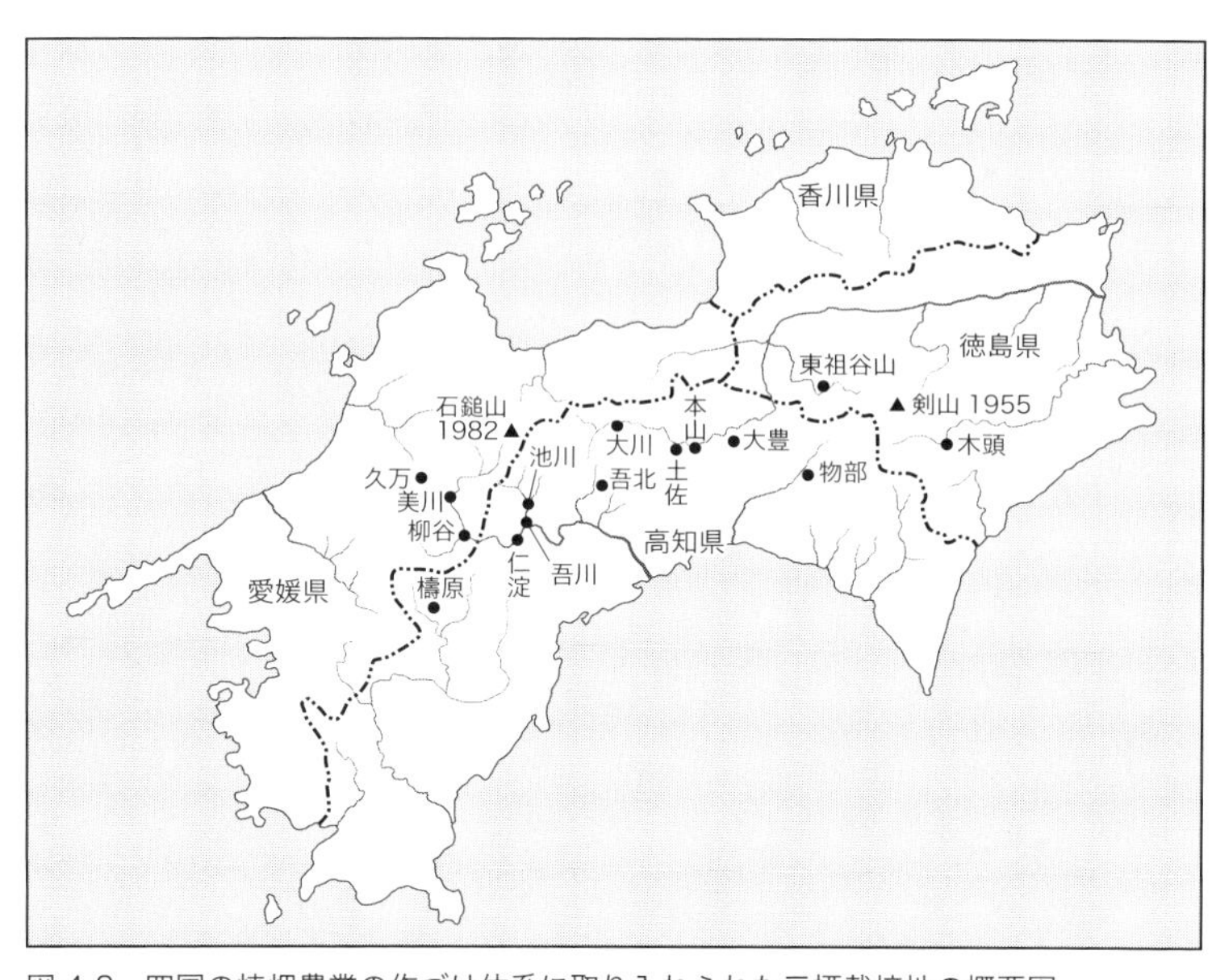

図 4-8　四国の焼畑農業の作づけ体系に取り入れられた三椏栽培地の概要図

和紙のもう一つの原料である楮が集落付近の常畑の畦畔（けいはん）等で主として栽培されるのに対し、三椏は暖温帯の山岳地域の冷涼地をこのみ、独特の臭気をもつため獣害に強く、集落からはなれた急峻な山岳を栽培適地としていた。三椏の栽培適地は春焼きの焼畑用地でもあったので、焼畑の作づけに大きな変化をもたらせた。焼畑の二、三年目に苗床で育成された三椏が一〇アールあたり三〇〇〇本ていど植えられ、三椏植栽後の一年から二年は前作の普通作物が栽培されており、大豆や小豆が間作されているのが普通にみられた。

三椏を植えてから二年目の冬から三年目の春にかけて「初伐り」とよぶ最初の収穫をする。そのご二年目ごとに「全部伐り」か、毎年「抜伐り」をする。栽培適地では一五年から二〇年も収穫することができるが、普通は一〇年程度で放棄し、樹木を大きくさせ森林にする。三椏の一年の収穫量は、一〇アールあたり黒皮で三〇貫（一一二・五キロ）程度で、白皮にするとその三分の一となる。収穫期は一一月下旬から翌年の四月ごろまでおこなわれる。蒸した三椏から皮を剝ぎ、黒皮からさらに白皮まで加工され、白皮は露地に干し乾燥させ、良質なものは何回も流水に晒し、大蔵省印刷局へ紙幣用として納めた。

三椏栽培は昭和三八年（一九六三）ごろから急激におとろえてくるが、それは当時の三椏価格の停滞と、三椏を栽培する焼畑面積が急速に減少していったこと、木材ブームを反映して三椏栽培に投下していた労力が植林に転換されたこと、山村の過疎化による労力不足等が重なってひきおこされたものである。焼畑の杉や檜の人工林への転換は、三椏の栽培地を焼畑から常畑へと移行させているが、三椏は嫌地現象がきわめて強いので、常畑での長年の三椏栽培は困難になっている。

なお嫌地現象とは、同一の作物をつづけて栽培することによって、病害虫の多発や作物の生育不良などがおこり、収穫が少なくなる現象をいう。忌地とも書かれ、ウリ科、ナス科、エンドウなどの作物でおこりやすい。

愛媛県東部の西条平野を流れる加茂川の源流部には、笹ヶ峰、瓶ヶ森、石鎚山という高い山々がそびえ急峻な山岳地形をなしているが、そこには多くの山地集落が存在している。これらの山村では急峻地形のため、常畑の開墾は困難で、多くは焼畑農業を営んでいた。

愛媛県史編さん委員会編『愛媛県史　地誌II（東予東部）』（愛媛県、一九八八年）によれば、加茂川流域の山村での焼畑は、明治年間から大正年間にかけてさかんにおこなわれたが、昭和に入るとしだいに衰退していった。旧加茂村（現西条市加茂町）の三椏と栗・稗の栽培面積の推移をみると、大正五年（一九一六）には三椏が一二八町歩（生産量は三万八四〇〇貫）、粟・稗が四五町歩であった。昭和二年（一九二七）になると三椏は三四町歩（生産量は一万一〇四〇貫）、粟や稗は一〇町歩に減少している。この三種類の作物は焼畑で栽培されていたもので、焼畑はその後もしばらく存続しており、昭和三四年（一九五九）には三椏は一〇町歩（生産量は一五〇〇貫）であったが粟・稗の栽培はない。昭和四〇年ごろに米飯が普及すると自給作物の栽培意義を失い完全に消滅したのである。

高知県の三椏栽培と焼畑

四国山地は全国的にも焼畑が広くみられる地域として知られていた。四国の中では愛媛県から高知県にかけての山岳地帯の焼畑耕作が、とくに盛んであった。昭和一一年（一九三六）の農林省山林局の焼畑及び切替畑に関する調査によると、四国の焼畑面積は三万五九八三ヘクタールで、そのうち高知県は二万九二二九ヘクタールと八一・三パーセントを占めており、焼畑農家数は一万三三〇〇戸に達し、戦後の昭和二五年でも九二二四戸が焼畑で生計をたてていた。焼畑では蕎麦、粟、稗、大豆などの雑穀類を栽培し、跡地は放置し雑木林にもどすのが一般的で、中には蕎麦などを収穫後八、九年間三椏を栽培する形態や、杉や檜を植林する形態もみられた。

高知県の嶺北地方（本川村、大川村、土佐町、本山村、大豊町）の林業は明治時代以降、焼畑跡地への杉や檜の造林木および三椏との混植が、山本金吾郎や中江種蔵らの先覚者によって実践され、この時代としては先進的な林業が営まれていた。

吾川郡池川町（現仁淀川町）の椿山地区は高知県でも、もっとも遅い昭和四五年（一九七〇）ごろまで焼畑農業がおこなわれていた。池川町の他の地区も焼畑農業が営まれていたが、昭和二五年ごろから急速に廃れていったが、椿山には遅くまで営まれていた記録が残っている。ここの焼畑には春焼き、夏焼き、秋焼きの区別があり、山焼きをした最初は雑穀類を蒔いて食料をつくり、二〜三年後に楮や三椏を植えることが多かった。雑穀も山焼きの季節により、それぞれ作づけ作物がちがっていた。春焼きは主にトウモロコシ、稗、さつまいも、夏焼きは蕎麦を蒔いて秋に収穫し、その後に麦を蒔く家もあった。

秋焼きは麦を蒔き、翌年に楮や三椏を植えるケースが多かった。いずれの場合も楮や三椏を植えたあとに、大豆や小豆を間に植えることもあった。産業構造の変化とともに楮や三椏の価格が急落し、また山村での住民が減少して過疎化がすすみ、山焼きをする人がいなくなり、かつて春先には山の中を真っ黄色にそめ上げていた三椏の花畑は、すべて杉や檜林となってしまい、その影をみるすべもない。

加美郡物部村（現加美市）も水田の少ない山地で、住民は焼畑農業による自給生活で食料を確保していた。山を伐りひらいて焼き、蕎麦や小豆、大豆、大根、稗、粟などを栽培し、そのあとに三椏を植え、地力がなくなると最後に杉や檜を植林した。物部村は、かつては林業、養蚕、炭焼、楮と三椏が産業としてなりたっていた。楮や三椏は高知県内でも有数の産地であった。林業をしながら小さな棚田で米を栽培し、家周りの畑で日常用の野菜や雑穀を栽培し、家からはなれた山の傾斜地で、桑、楮、三椏を栽培して現金収入を得ていた。

冬季は雑木で炭を焼き、山の落葉や下草は田畑の肥料とする。農業と林業とが一体化することで成り立っていたのが、物部村などの山間部の村々の就業サイクルであった。昭和三〇年代中ごろからの燃料革命による針葉樹の人工林化と、外材の完全開放による林業圧迫、洋紙中心への製紙工業の変換がからみあい、山間部の営みは一気に崩壊したのであった。

また、国の貨幣政策の変更でも高知県下の三椏栽培は大きな打撃をうけていた。わが国の紙幣原料は三椏であり、三椏を国が購入することで山村経済が成り立っていた面もある。昭和二三年（一九四八）の五円硬貨をかわきりに、同二六年は一〇円、三〇年は五〇円、そして三〇年には一〇〇円硬貨が発行され、四一年に一〇〇円紙幣が廃止され、三椏の需要は激減した。安定した需要先つまり収入源を失った山村は経済に大きな打撃をうけたのである。

図 4-9　四国山地における三椏の密植栽培地（徳島県林業課編・発行『みつまた栽培の手引き』平成 7 年 3 月）。

年号が平成にかわって間もなくの平成元年（一九八九）ごろの、吾川郡吾川町（現仁淀川町）の三椏栽培の様子を諏訪貴信が雑誌『現代林業　一九九〇年二月号』（林業改良普及協会）に「ミツマタ　高知県伊野町・吾川村」として記しているので、要約しながら紹介する。

高知県伊野町（現いの町）は高知市に隣接し、古くから「紙の町」として全国に知られ、土佐和紙とともに発展してきた町である。清流の仁淀川が町の南を流れており、その上流には三椏の産地である吾川村がひかえている。伊野町から車で一時間ほどの愛媛県境に吾川村上名野川地区がある。吾川村も隣の池川町と同じように、昭和の中ごろまで焼畑農業がおこなわれていたところで、雑穀などを栽培したのちに三椏を植えていた。

吾川村上名野川地区では茶が盛んに栽培されており、茶の栽培に不適当な標高五〇〇メートル以上のところで安定した収入のために三椏を栽培している。吾川村の三椏栽培地の面積は約二七ヘクタールで、毎年二ヘクタールほど新植されている。しかし、三椏畑をやめる面積が新植面積をうわまわっているため、全体の栽培面積は年々減少しているのが現状である。昭和六三年度の吾川村での三椏皮の生産量は一七・五トンで、一戸あたりの生産規模は〇・五〜二アールと、規模はきわめて小さい。焼畑農業がおこなわれなくなって、三椏は常畑で栽培されているため、このような小面積なのである。

吾川村の三椏生産農家数は八六戸で、うち八二戸が局納みつまた生産組合に加入している。集荷された三椏皮は、三七・五キロ（一〇貫目）あたり七万八〇〇円で大蔵省印刷局に納入されているが、ここ数年、局納価格よりも高値の七万五〇〇〇円で直接生産者から買い取り、大手製紙会社へ納入する仲買業者がいて、局納みつまたは集荷しづらくなっている。

三椏栽培には二つの大きな問題があった。その一つは、三椏皮の流通価格があまりにも安価であること、二つ目は、寒い冬季に重労働をしなければならないことであった。三椏の伐採・運搬は急傾斜地でおこなううえに、原木を蒸すときの釜への出し入れ、薪の用意、皮むき作業ときつい仕事を厳冬期にしなければならない。機械化のすすんだ今日の産業の中で、一次産業とはいえ、旧態依然の手作業でおこなわなければならなかった。収入も少ないうえ、栽培者も高齢化し減少しており、後継者は皆無である。

ひと昔前までは、吾川村の山々のいたるところで、三椏の黄色い花が咲き乱れていたのであるが、今ではあまりみることがない。年寄りの小遣い稼ぎの楽しみとして、三椏栽培がされているといっても過言ではない。

伊野町（現いの町）は土佐和紙の発祥地であり、現在も機械製紙、手漉き和紙は町の主要産業である。伊野町の国道三三号線沿いに、手漉き和紙を手がけて六〇年の田村萌さんの工場がある。ここでは主に図引紙（製図紙）、美術紙を漉いており、高級品には三椏皮を用いる。近年高価で品薄原料の三椏皮で紙を漉く人は、土佐紙を守り育てようとする一部の人に限られ、大部分の工場は海外産の安価な靭皮繊維、チップで紙を生産しているのが現状である。

第五章　三椏栽培と芳香ある美花の鑑賞

三椏栽培面積の推移

三椏が原産地からいつ渡来したのかは不詳のままだが、和紙の原料として栽培されている。最近では和紙は、容易に大量生産できる洋紙に市場をうばわれた。昭和四〇年（一九六五）には五四五〇ヘクタールあった三椏の栽培面積も、昭和六〇年には九八八ヘクタールと激減し、そのごも大きな減少をみせ、平成二二年（二〇一〇）には二けた台の面積となった。表5－1に日本特産農産物協会が調査した「特産農産物に関する生産情報調査結果（平成二四年度）」から三椏の近年の栽培面積などを掲げる。

平成七年（一九九五）三月、徳島県農林水産部林業課作成の「みつまた栽培の手引き」によると、三椏栽培は「三好郡を中心に県西部九か町村で、平成六年三月末現在約一三〇ヘクタールが栽培されているが、生産意欲は減退している」と生産農家の意欲を分析している。

徳島県における三椏栽培地は、愛媛県や高知県と同じように、県西部の四国山脈の急峻な山地で、狭小な水田・常畑での生産性の低い栽培作物を補完する焼畑地域であった。平井松午・豊田哲也・田中耕市・萩原八郎・木内晃の「三好市『旧東祖谷山村（いややま）』における土地利用の変化」（『阿波学会紀要　第五三

表 5-1　三椏の年次別栽培面積と黒皮・白皮生産量

年　度	栽培面積（ヘクタール）	黒皮（トン）	白皮（トン）	黒皮換算計（トン）
昭和 40（1965）年度	5450	1393	691	3120
同　50（1975）年度	2112	99	606	1614
同　60（1985）年度	988	57	342	915
平成　2（1990）年度	942	17	318	810
同　10（1998）年度	546	5	227	566
同　15（2003）年度	411	14	164	424
同　20（2008）年度	197	4	48	116
同　21（2009）年度	157	9	21	61
同　22（2010）年度	73	5	14	40
同　23（2011）年度	78	1	13	33

注）　黒皮換算計 = 黒皮生産量 +（白皮生産量 ÷ 0.40）

号』阿波学会、二〇〇七年）によれば、旧東祖谷山村の人口は昭和二五年に七三九六人であったものが、平成一七年には一九三〇人に減少し、六五歳以上の高齢者率は四四・三パーセントとなっており、人口減少とともに高齢化率が増大している。

この地区の焼畑は、春焼きの場所では初年に稗、粟が植えられ、二年目に豆類、三年目に三椏が植えられていた。焼畑に植えられていた三椏は昭和二四年（一九四九）には一七五町歩で二二・五トンを生産していたが、平成二年（一九九〇）ごろには栽培されなくなった。ここでも焼畑農業の終焉とともに、三椏栽培は焼畑から、常畑での栽培へと転換したのである。

このような状況の中で、昭和四九年五月に「伝統的工芸品産業の普及に関する法律」が制定され、各地の和紙が国や地方公共団体によって伝統的工芸品として指定され、振興が図られることとなった。この法律に基づいて、九種類の和紙が経済産業大臣によって国の伝統的工芸品に指定されている。指定された和紙を漉く材料は、三椏だけでなく、もちろん楮も雁皮もあり、材料の種類によって使い分けたり、あるいは混合して使われている。

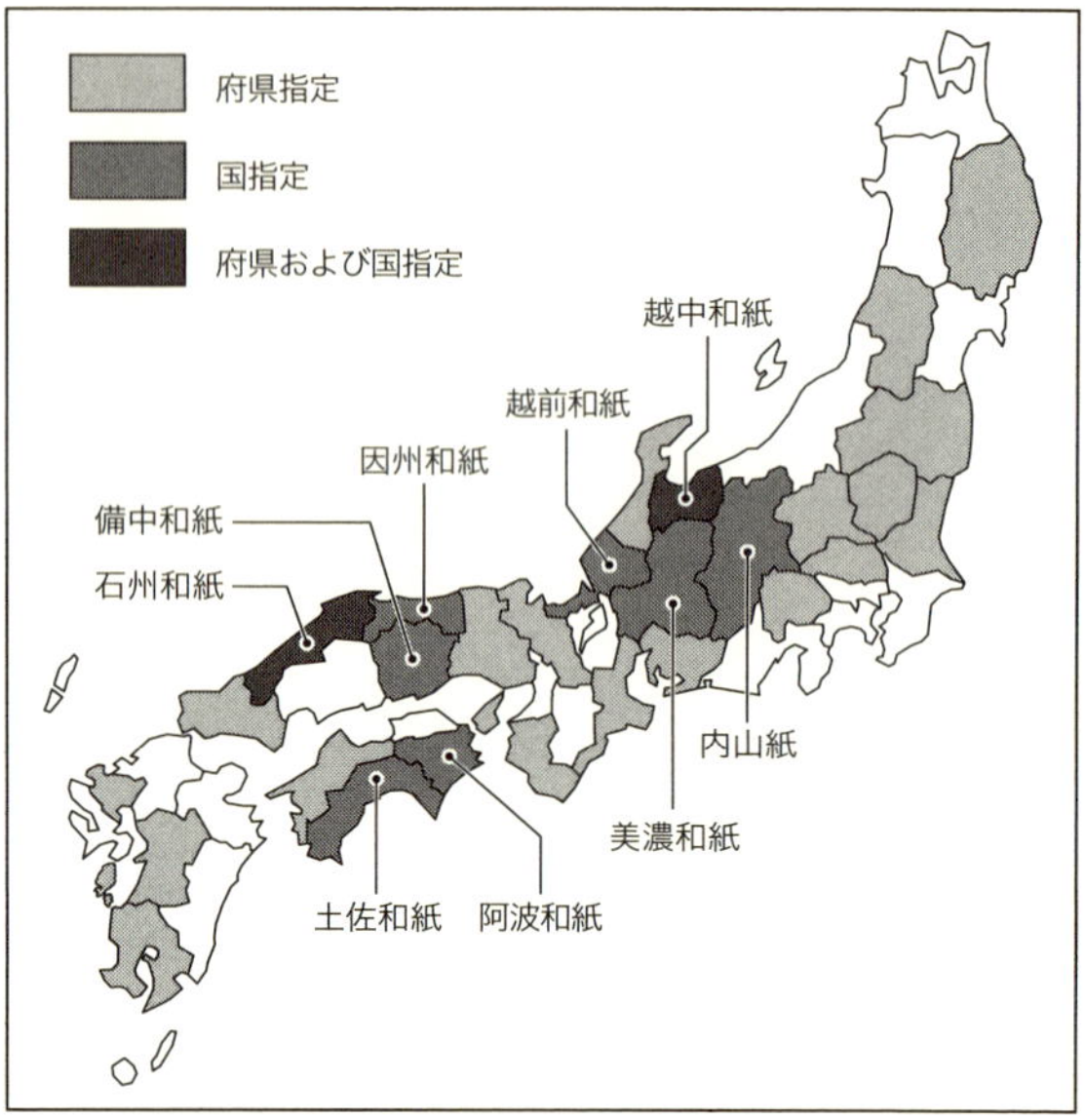

図 5-1　和紙を伝統工芸品に指定している府県

国指定伝統的工芸品の和紙

長野県　内山紙（昭和五一年六月指定）
　原料は楮のみ
富山県　越中和紙（昭和六三年六月指定）
　原料は楮のみ
福井県　越前和紙（昭和五一年六月指定）
　原料は楮、三椏、雁皮
岐阜県　美濃和紙（昭和六〇年五月指定）
　原料は楮のみ
鳥取県　因州和紙（昭和五〇年五月指定）
　原料は楮、三椏、雁皮
島根県　石州和紙（平成元年四月指定）
　原料は楮、三椏、雁皮
岡山県　備中和紙（昭和五一年二月指定）
　原料は楮、三椏、雁皮
徳島県　阿波和紙（昭和五一年一二月指定）
　原料は楮、三椏、雁皮
高知県　土佐和紙（昭和五一年二月指定）
　原料は楮、三椏、雁皮

和紙を府県の伝統工芸品として指定しているところは、岩手、山形、福島、茨城、栃木、群馬、埼玉、富山、石川、福井、山梨、愛知、三重、京都、兵庫、和歌山、島根、岡山、山口、愛媛、佐賀、熊本、鹿児島という二三府県におよんでいる。

徳島県林業課は、阿波和紙が国の伝統的工芸品として指定され、その振興がはかられるようになったので、原材料として良質な三椏を栽培しようと考えている人たちの指針にするため、三椏生産県である岡山、島根、高知、徳島県の三椏の密植栽培法を取りまとめ、前記の「みつまた栽培の手引き」を作成したのである。

三椏の品種と栽培法

三椏の栽培に適する土壌は、一般に基岩が太古層、古生層、中生層がよいが、花崗岩、石英粗面岩、斑岩などが風化してつくられた土壌も適している。三椏の性質は半陰性植物で、土中に水が停滞するのをきらう。それだから北向きの斜面で、排水のよい壌土が適地とされている。主要な三椏栽培地でも、県ごとに栽培地の地質がちがっているので、一概にどの地質のところが三椏栽培適地だとは断定できない。三椏栽培県ごとに、現在栽培されているところの地質と土壌を掲げると次のようになる。

高知県および愛媛県　古生層および中生層の礫質埴土
徳島県　太古層（片麻岩および結晶片岩の礫質埴土）
島根県および鳥取県　花崗岩、斑岩および石英粗面岩の礫質埴土または壌土
岡山県　古生層および花崗岩の礫質壌土または埴土

三椏の品種は、赤木種、青木種、かぎまた（掻股）種という在来種と、品種改良による仁淀一号種、

六倍体種がある。別には、種子の多少あるいは地方的特性から、赤木種を捻性種または静岡県由来であることから静岡種とよび、青木種を半捻性または中間種、かぎまた種を不稔種または高知種とよぶ。

三椏を繁殖させる方法に、実生法、株分け法（萌芽抜き取り法）、挿し木法、埋茎法などがあるが、普通は実生法（主として赤木種）が多くおこなわれている方法で、一部にかぎまた種での萌芽抜き取り法がおこなわれている程度である。

三椏の栽培地は関東以西の暖温帯がよく、中国・四国地方での山間部に多く栽培されている。三椏は半陰性の植物で、強烈な日光を嫌うので、北面の山腹が適しているが、南西のばあいは高木と混植して樹陰を利用する方法がとられている。三椏は風あたりが少なく、排水のよい土地がもっともよく、山間の傾斜地でしかも森林の多い地方は、一般に平地より降雨が多く、春から夏にかけての植物成長期に朝夕霧におおわれるようなところが多くあり、このような地域が栽培に適している。

図 5-2　枝分かれのたびごとに三枝に分かれる三椏のこずえ部分　三椏は栽培地等でいくつかに品種が分かれている。

栽培方法に、普通栽培と密植栽培の二通りがある。普通栽培は、苗は平地の畑で一年間育てられ、山腹の傾斜地の立木の伐採跡地などに植えられる。植えつけ本数は普通一〇アールあたり三〇〇〇～六〇〇〇本程度とされている。一本植えと二本植えがある。山に植えたばあいは、年二回ほど雑草や三椏以外の樹木の萌芽の刈り取りをする。

密植栽培は普通は畑に密植し、肥料を与えて栽培するので生長はきわめて早くなる。この方法には、直蒔き密植栽培と移植密植栽培の二通りがある。直蒔き密植栽培は普通は畑に畦をつくり、四月下旬から五月上旬にかけて種子を条蒔きにする。翌春、一列おきに全部掘り取り、移植用の苗とする。残った一列を間引きして一〇アールあたり八〇〇〇～一万五〇〇〇本を残して管理する。移植密植栽培は、比較的ゆるやかな山の畑に一〇アールあたり八〇〇〇～一万二〇〇〇本を移植して栽培する。

三椏の収穫つまり茎（幹）の切り取りの時期は、生長が休止している一一月下旬から翌年の四月ごろまでが適期で、それ以外に切り取った場合は樹液が流動しているため、切り口が腐敗しやすいので、萌芽が阻害されるおそれがある。

三椏皮のつくり方

三椏の皮の種類は、切りとった三椏の茎と枝のことを生木、あるいは原木・木素という。生木を蒸して剥いだままの皮を生皮またはぼて皮といい、これを乾燥すると黒皮または粗皮という。生皮または黒皮の表皮を取りのぞいたものを白皮または「しろそ」といい、白い皮にはジケ皮と晒し皮の二種類がある。

ジケ皮のジケとは、握汁、灰汁、地気とも書かれる。ジケ皮は、水漬け、水洗い、乾燥などの作業をする際、なるべく日光にあてないようにし、皮に含まれた色素を残し、皮が真っ白にならないように製造したものである。印刷局の局納みつまたのジケには、水溶性成分のほかに色素の一部が含まれている。

晒し皮には、山晒し、半晒し、本晒しおよび雪晒しがあり、市販の三椏白皮はこの四種類がすべて含まれている。晒しという言葉には、精選して表皮をのぞくこと、水に浸漬（しんせき）すること、日光に晒して漂白すること、が含まれている。

黒皮は原木を二〜三時間蒸し皮を剥いだもので、従来は人手で剥いだが最近は機械化された。剥いだ生皮は、一握りくらいに束ね竿にかけ、天日で乾燥させる。それが黒皮である。黒皮を白皮にするには、黒皮を水中に一二時間浸け、取りだして表皮、緑皮、繊維の中の泥状物質を「剥皮器」でていねいに取りのぞき、疵（きず）や変質した皮は小刀で切り取る。次に日あたりのよい浅瀬（または水槽）に、二時間以上浸漬して水溶性成分を溶出させるとともに、日光と水に溶けた酸素の作用で、色素を酸化させ水に溶ける状態のものにして、溶かし去ることで漂白するものである。浸漬がおわれば、水洗いしてひき上げ、乾燥する。

吹きさらしの畑で三椏の原木を切り取り、蒸し場までの運搬から、皮剝ぎ、水浸け、乾燥、黒皮から白皮をつくり出す作業は、すべて真冬の時期にするのだから、寒くて寒くてたまらない中での重労働である。

三椏栽培で町おこしする各地

近年各地で小規模ながら、町おこしの一環として、あるいは造林木の鹿被害対策としてなど、その理由はいろいろとあるが、三椏の栽培がおこなわれるようになった。ネットのブログの書き込みや地方新聞の記事にもなっているので、そのいくつかを順不同で紹介しよう。

徳島新聞は平成二八年（二〇一六）三月五日づけの「徳島・那賀をミツマタの産地に　植樹から三年で初収穫」との見出しで、徳島県那賀町木沢地区（旧木沢村）の木沢林業研究会に所属している林業家たちが、同町の掛盤（かけばん）（地名）の山林にシカの食害対策として植えていた三椏をはじめて収穫したと記している。

研究会では平成二四年三月、三椏はシカが食べないことに注目し、シカの食害で荒れ地になった山林斜面の土砂流出防止とともに、紙幣原料として出荷し、あらたな収入源を目論（もくろ）んで三椏植栽を開始した。今では木沢地区の山林一〇数か所の面積約二五ヘクタールに約三万本植えられている。このうち約五〇〇本が高さ一・二から二メートルに生長したので、三月二日に会員と地域おこし協力隊員辻麗子さん（四四歳）ら約一〇名が切り取り収穫した。収穫の翌日、同町小島に設置された三椏加工場に運び、皮を剥ぎ白皮にする作業をおこなった。この三椏は真っすぐにのび、太さもそろっていたので皮は剥ぎやすかったという。

三日の作業を視察した国立印刷局四国みつまた調達所（三好市池田町）の山根基専門官は、「品質に問題はなさそう。増産してほしい」と期待をよせた。白皮の出荷価格は三〇キロあたり九万円程度である。同研究会は三椏皮の産地化をめざして、平成二七年に白皮加工機を導入し、試験加工品も含め白皮約一五〇キロを生産している。印刷局には平成二五年から納めている。加工場での作業は、地域の仕事を引退した年寄りたちが中心となっている。研究会の会長亀井廣吉さん（林業・六六歳）は「皮を剥ぐ作業には最低一〇人くらいは必要。こうした作業が地元の人たちの交流の場になってもらえれば」と話している。

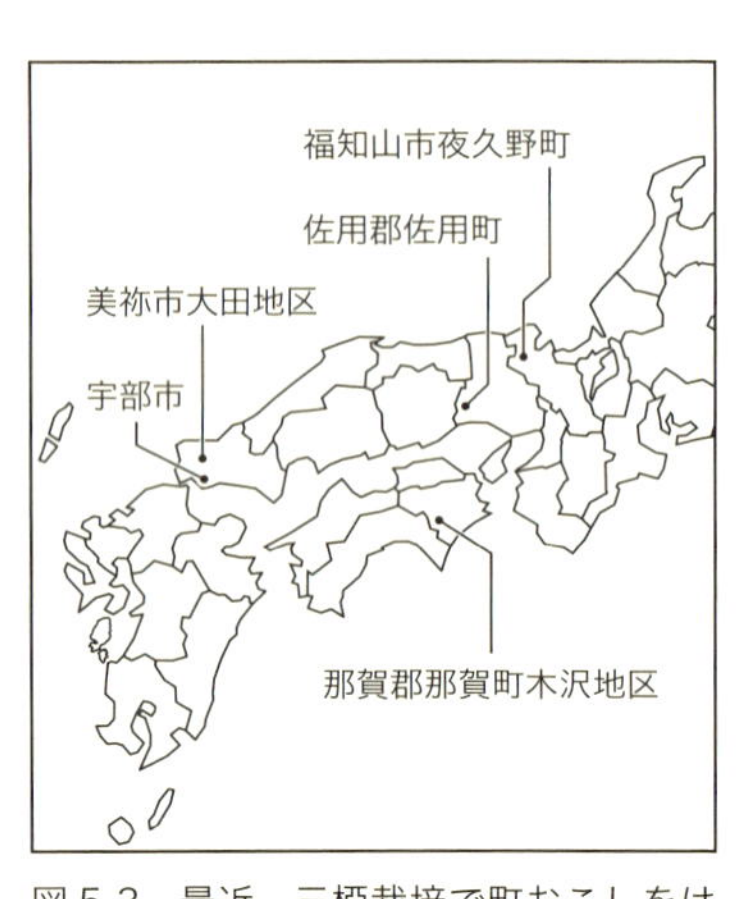

図 5-3　最近、三椏栽培で町おこしをはじめた地域

山口県宇部市の地方紙宇部日報は、平成二八年五月二一日づけの「ミツマタ栽培で地域活性化」との見出しで、同市の造園工事業の宇部グリーン総業（下井洋美社長）が、中山間地域の耕作放棄地で、紙幣原料の三椏栽培に取りくんでいると報道した。当社は国立印刷局の中国みつまた調達所（岡山市）から強い要請をうけ、三年前の平成二五年から山裾の荒廃地を整備し三椏栽培をはじめた。これまで苗木二〇〇〇本を植え、来年はさらに三〇〇〇本を追加して植える。下井社長は、「まだ原木を納めることしかできないが、手間はかかるが将来的には設備を導入し、加工までしたい」と事業化を視野に入れている。耕作放棄地が増えていることもあり、地域おこし、雇用創出、景観づくりにもつなげたいとしている。

同県美祢市大田地区ではかつて皮革工場を経営していた斉藤安利さんが、三椏の栽培や利用に力を入れている。埼玉県から衰退するふるさとをなんとかしたいと帰郷し、皮革工場を建設経営していたが、バブル崩壊で工場を閉鎖した。家族のためにと再挑戦したのが三椏の栽培である。「荒れていく田畑に三椏を植え、故郷の景観をまもりたい」と、集落をまわり三椏栽培の仲間をふやそうと活動している。

神戸新聞は平成二八年一二月二九日づけ「紙幣原料でお小遣い稼ぎ　佐用のミツマタ部会」の見出しで、兵庫県佐用郡佐用町に同町が一〇月に発足させた「ミツマタ部会」の活動を報道している。ここの三椏は九〇年前までは杉などと一緒に植えられていたが、造林木が繁りすぎて山から姿を消していたという。ところが平成一六年に襲来した台風で大量の樹木が倒れ、土に埋もれていた三椏の種子がいっせいに芽をだした。シカやイノシシが食べないので同町北部に三椏の群生地ができた。

現在ミツマタ部会長をしている安本文男さん(八二歳)が、三年前に岡山県の業者にすすめられて三椏の伐採をはじめた。町も安本さんを講師にまねき、平成二八年一〇月に有志約二〇人で部会を発足させた。山で自然生えの三椏を切り取って束ねた原木をそのまま、岡山県の業者に出荷するのであるが、平成二八年度は約九・六トンとなった。価格は二〇キロ一束が一〇〇〇円で、三か月で五〇万円の売り上げを得た人もあるという。「伐採するだけで元手はタダ。作業は健康にもよく、お小遣いが手に入り一石二鳥」と安本部会長はよろこんでいる。町は「町の北部で試験的にやってみたが、今後は町全域に広げたい」という。

京都新聞は平成二八年七月二五日づけ「ミツマタ出荷で集落再生　京都・福知山、紙幣原料に」の見出しで、京都府福知山市夜久野町今里地区の住民が紙幣原料の三椏の出荷にのりだしたと報道している。今里地区の里山は昭和初期、三椏が栽培され特産品となっていた。戦後は杉や檜の人工林となっているが、三椏は生き残り、林道沿いなどに約五〇ヘクタールにわたり繁茂している。

紙幣用三椏の大半は外国産になっているので、国産原料の調達を担当している国立印刷局中国みつまた調達所(岡山市)の岡本匡史専門官が昨年視察に訪れ、「適度の日陰と水はけのよい土壌ですばらしい三椏が道沿いに育っている。収穫と出荷がしやすい」と評価した。地元の住民たち一三人が特産研究会を立ち上げ、京都府北部の過疎集落のあらたな産業創出をめざして平成二七年度に約二・七トンを岡山県真庭郡の加工業者に出荷した。今年は五トンの出荷を予定し、来年は休耕田に試験的に植え、将来は夜久野町に加工施設の建設を目指している。研究会事務局の中島俊則さん（七三歳）は「限界集落になっており、若い人が働ける仕事場がほしい」と意気込んでおり、福知山市も支援する方針である。

三椏群生地の花の鑑賞

三椏は和紙の原料として、かつては山々で栽培されていた。春に多い黄色な花色ではあるが、何百本も何千本も一か所に群れて咲いていると、また格別の美しさがあり、花から放たれる芳香もあって出会ったひとは、美しさと香りにうっとりとする。そんなところから、平成二七、八年あたりから山めぐりの人たちの人気をよび、三椏の花に関するネットのブログが多くみられるようになった。三椏の花の咲く山のいくつかを紹介する。

朝日新聞の平成二二年（二〇一〇）三月二二日づけの「和紙の原料ミツマタの花、見ごろ　愛媛・四国中央」は、山間部で見ごろを迎えたとする記事で、山地に群生して咲いている三椏の花を、観賞面で取り上げたもっとも早い時期のものである。愛媛県四国中央市新宮町上山で満開を迎えた三椏の花を近景に、花のむこうに顔だけがのぞいた老夫婦があって、上方の三分の一は急峻な四国山地が写った写真がそえられている。記事は、吉岡孝雄さん（八三歳）方では、約五〇〇平方メートルの畑に植えた高さ約三メートルの三椏の枝一面に花が咲き、斜面が淡い黄色に染まっている。三椏はジンチョウゲと仲間の植物で、特有の甘い香りもただよっている。吉岡さんによると、花は今月いっぱい楽しめるという。

神奈川県の西丹沢山地に位置する山北町の、丹沢湖の北側にあるミツバ岳は、首都圏の山好きの人たちには三椏の群生する山として知られている。ミツバ岳（標高八四三メートル）はガイドブックにはほんど紹介されず、昭文社の山のマップにも破線のルートの記載があるだけであるが、三椏の花の時期には大勢の登山客が訪れるようになってきた。このあたりに生育している三椏は、もともと小田原にある印刷局の局紙の原料として植えられたものが野生化し、群生するようになったものである。三椏のあるところは個人所有の杉の造林地で、厚意によって入山が可能になったものである。ミツバ岳は本来、大出山といっていたそうだが、いつしか「ミツマタ畑」から「ミツバだけ」と誤ってよばれるようなったらしい。

図 5-4　花が鑑賞できる三椏の群生地の位置

この山にのぼった人たちの感想を記しておく。「三月一六日、今年は暖冬だったので、少し早いかなと思いつつ、三椏の花の群落のある西丹沢のミツバ岳を訪ねた。花は三分咲き程度で、満開にはまだしばらくかかりそうであったが、前日に降った雪と三椏の花の組み合わせは、これはこれで風情があった」。別の人は、「ようやく斜面がゆるみ、雪の中でほのかな甘い香りがすると思ったら、もうミツバ岳山頂で、三椏の花に囲まれていた」。また別の人は、「花先で黄色くポッと明かりを灯したように咲く花は、地味だが春先にふさわしく、可憐でもある」とする。
栃木県芳賀郡茂木町のホームページは、同町の南部に位置する逆川地区の焼森山（標高四二〇メートル）で、「春には三椏の花の群生をみることができる。この山は初心者にぴったりの登山練習に人気があり、森の中で幻想的に咲く三椏の花をぜひごらんください」と、紹介している。焼森山にのぼった人は、「あまり人のきそうもない山の中、杉林の中にたくさんの三椏が咲いていた。谷になった場所を埋めつくす淡い黄色の丸い花は、みたこともない不思議な景色で幻想的な雰囲気につつまれていた。ほのかな甘い香りをただよわせ、そこにあった」。また別の人は三分咲きのころにのぼり、「一面黄色の妖精の森の光景はみられなかった」と残念がっている。

三重県と滋賀県をへだてている鈴鹿山脈の南がわ、三重県鈴鹿市と亀山市との境にある亀山市北部の野登山（標高八五二メートル）のふもと坂本集落から矢原川に沿った林道の奥に、林道沿い三〇〇メートルにわたって数万本の三椏の群落がある。地元の林業関係者以外は入らない隠れた場所である。しかし野登山に訪れる人は、この三椏の花盛りのとき、群落と出会うことを楽しみにしている。谷一つ間違えると、三椏群落はみられない。

地元の人のいうには、昭和三〇年ごろ和紙の原料として多数植えたが使われることもなく放置され、こんな群落になったもののようである。時代の流れでお金は稼げなかったけれど、後になって人々の心を癒す場になるとは、植えた人も想像しなかっただろう。平成一五年からずっと三月には盛大に三椏祭が開かれ、林道を四〇分ほど歩く三椏鑑賞ツアーに大勢の人が参加する。

兵庫県宍粟市千種町の鳥取県境の鍋ヶ谷では、昭和三〇年前後まで和紙の原料とされる三椏の栽培が盛んであった。その後しだいに杉や檜の植林がすすんで造林地となり、三椏が生育する環境は減っていき、ほとんどみることもなくなっていた。平成二五年ごろから、造林地の間伐や台風被害で倒れた木々が処理されたところどころに、三椏の自然繁殖がみられるようになり、春先の山の景観をいち早く彩るアイポイントになりつつある。群落をつくったところもよし、渓流沿いの一枝もまたよいものである。同市の一宮町本谷の杉林の中にも三椏が群落をつくっており、群生して咲く花のすがたは幻想的な美しさをしており、時のたつのをわすれる程である。

群馬県桐生市梅田町のダム湖の上流の川沿いに植えられている杉林を伐採してから、三椏が繁殖しはじめ現在では群落をつくっている。離れた位置からは地味にみえるが、花の色と形は魅力的で、葉の展開にさきがけて蕾がふくらみ、花が咲くすがたは渓流沿いの風物詩としてよろこばれている。

愛知県北設楽（したら）郡東栄町大字月字尾籠（おろう）は奥深い山の中で、国道からわかれた林道のもっとも奥まった斜面に三椏が群落をつくっている。地元の人の話では、紙の原料として数多くの三椏が植えられたが、需要が減ったことや周囲に杉が植林されて大きく生長したため、三椏の樹勢がおとろえ目立たなくなっていた。平成二〇年くらいに、杉林の所有者が杉林を伐採したので斜面に日があたり、三椏が再生してきた。伐採後七年ほどを経て、大群落を形成した。カメラマン仲間では知る人ぞ知る三椏群生地なので、開花時期には大勢のカメラマンが路面のわるい林道をのぼって撮影に訪れる。

観賞用の三椏の花

神奈川県大和市には、境内に多数植えられた三椏の花が「かながわ花の名所一〇〇選」に選ばれた寺がある。同市福田にある乗泉寺のことで、この寺は花のお寺、河童のお寺として親しまれている。参道の両側と庭園に数多くの三椏が植えられており、平地で咲く三椏の花としては日本一だといわれている。三椏は初秋につぼみをつけてそのまま越冬し、葉は落葉する。三月中旬から四月にかけて花を咲かせる。

三椏を境内に植えたはじまりは、いまから三〇数年前の昭和五〇年代終わりごろで、書画に使う和紙の原料であり、お寺に似合う花だとの時の和尚の考えで植えられた。長さ七〇メートルある参道の両側は、以前は赤色、黄色、白色という三色の三椏で覆いつくされていた。しかしここ数年、乗泉寺ではさまざまな工事がおこなわれ、参道両側の三椏も植えかえられたとのことで、小ぶりになっているという。

図 5-5　落葉期の三椏の樹姿（熊田重雄『工芸作物　上巻』明文堂、1938 年）

乗泉寺のように近年、三椏の花はその美しさが再認識され、園芸植物として庭園に、そして鉢物として植えられ、鑑賞されるようになった。三椏は三月中旬から四月にかけて新葉がでない裸木のまま、三つずつに分岐したたくさんの枝先に花だけを咲かせる姿は、冬の終わりを喜んでいるとみる人が多い。花が葉っぱにかくれないので、木全体が黄色に色づいたようで美しい。黄色い小さな花がまとまって半球状になった美しい花が下をむいて咲き、甘い芳香をはなつ。うつむくように控えめに咲く花と芳香が、切り花として人気があり、大写しの花の姿をツイーターたちがよく投稿するので、三椏の花のツイートをみることも多くなった。

花びらとみえる部分は筒状の萼(がく)で、実際は花びらをもっていない。花の外側は白い綿毛で、内側は黄色となっている。内側が赤くなっているアカハナミツマタ（赤花三椏。紅花三椏ともいわれる）という赤花の園芸品種もある。赤花三椏は太平洋戦争後まもないころに、四国の三椏栽培地で突然変異のものが発見された。現在は花の内側も白いシロハナミツマタ（白花三椏）という栽培品種もみられる。

三椏は木の背丈もあまり高くなく、樹形のまとまりがよく、春の色である黄色の美しい花とともに芳香をはなつので、近年は庭木や鉢植え、盆栽などに栽培する人が増えている。

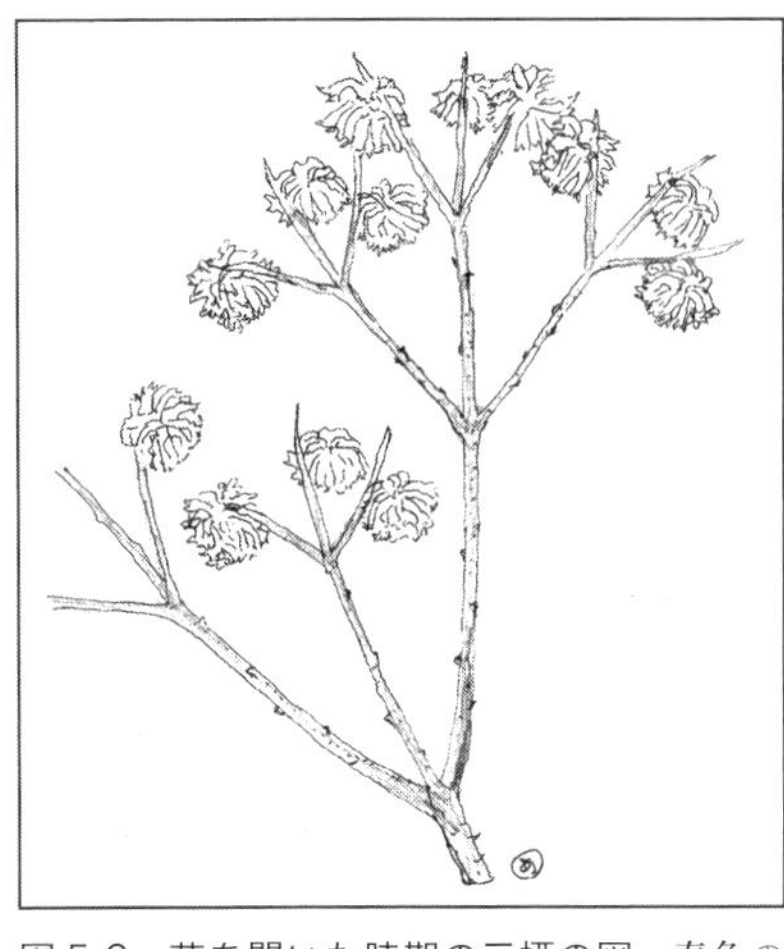

図 5-6　花を開いた時期の三椏の図　春色の黄花で芳香を放つことから人気が出はじめている。

栽培するときは、水はけがよく肥沃な土壌を好み、日なたから明るい日陰まで幅広く植えることができる。若木のうちは直射日光があたらない方がよく育つ。鉢植えや庭植えでも、植えて一年未満の木だと土の表面がかわいたら、たっぷりと水をやる。肥料は庭植えだと二月下旬ごろに寒肥として有機肥料を根元ふきんにうめておく。鉢植えでは三月に化学肥料を根元にうめてやる。

第六章　楮でつくる布

楮とはこんな植物

コウゾ（楮）の樹皮は、和紙に漉かれることを、わが国の人々はよく知っている。コウゾはクワ科カジノキ属の落葉低木で、本州以西の山地に自生し、沖縄や朝鮮、中国にも分布する。『日本の野生植物木本Ｉ』（佐竹義輔・原寛・亘理俊次・冨成忠夫編、平凡社、一九八九年）によれば、カジノキ属にはカジノキ、ヒメコウゾ、ツルコウゾの三種があり、コウゾはカジノキとヒメコウゾの雑種とされる。雑種のコウゾの中にはカジノキに近いものと、ヒメコウゾに近いものとがある。

カジノキ（梶）は高さ四〜一〇メートルの落葉中高木で、幹は大きなもので一六センチになる。雌雄異株で、集合果は径約三センチの球形で、赤色に熟れる。中国中南部、インドシナ、マレーシアに分布するが、古くから布材料として栽培されたので野生化しており、正確な原産地はわからない。わが国でもまれに栽培されている。

ヒメコウゾは低山帯の林縁に生え、高さ二〜五メートルになる落葉低木である．雌雄同株で、果実は集合果で径約一・五センチの球形をしており、赤色に熟れると花被は肥大して液質となり、食べられる。

わが国では本州の岩手県以南、四国、九州や奄美大島までに分布し、また朝鮮半島、中国中南部にも分布している。和紙の原料とされる楮よりも小さいので、野生している楮と区別するためヒメコウゾの名がつけられた。

ツルコウゾは暖地の林縁に生えるつる性の落葉木で、茎で他のものにからまって広がり、長さ二〜三メートルになる。雌雄異株。わが国では山口県、四国、九州に分布する。

コウゾ（楮）は昔から紙原料として栽培されてきたが、和紙原料はカジノキに近いもので、葉形はカジノキに似て雌雄異株であり、ほとんど果実をつけない。木の高さは三〜九メートルになり、幹の太さは最大で三〇センチに達する。枝は細く、時に根元から分岐する。樹皮は帯褐色、幼枝に柔毛がある。葉は三センチ位の葉柄があり、クワの葉に似て不規則に二〜五裂した卵形で互生し、先が尖り縁には鋸歯がある。ヒメコウゾに近いものは雌雄同株で、実は食べられる。

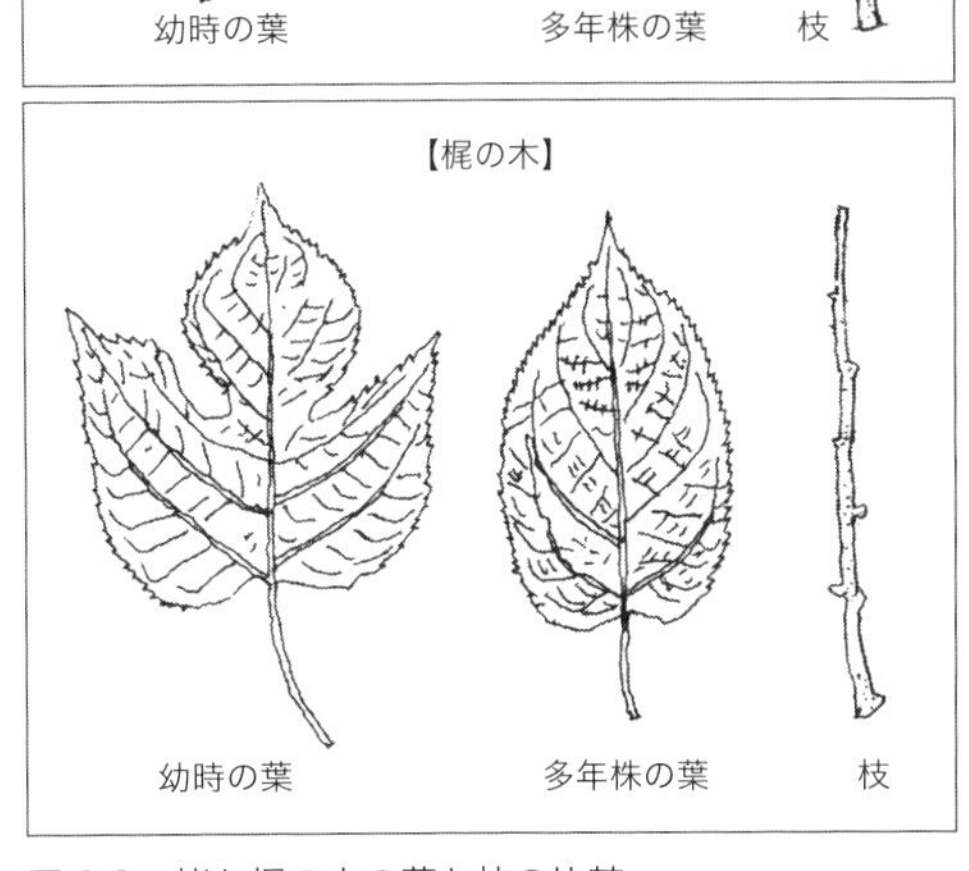

図6-1　楮と梶の木の葉と枝の比較

コウゾについて牧野富太郎著『牧野新日本植物図鑑』（北隆館、一九六一年）は、「こうぞ（かぞ）」の項で「各地の山地に自生するが、また普通に植えられている落葉低木で（中略）、古くは天然にある樹から皮を採り、織布を製ってこれをユウとよんだ。従来これに木綿をあてているがこれはあやまりである。また樹皮から日本紙を作る。従来漢名として楮を用いる人があるが、これは通雅という書物に由ったものであろう。しかし、楮は普通は構、すなわちカヂノキの通名である」という。牧野富太郎は、コウゾを漢字で記す場合の「楮」の字はカヂノキ（構）の通り名であるとしている。

同書のカジノキは、「落葉高木で、今では各地に栽培されているが、元来は昔南方の暖地から伝わってきたものと思われる。しかし、山口県の祝島に自生しているので問題になった。（中略）、〔漢名〕楮、構、穀。」とする。つまり「楮」と記すと、和名のコウゾやカジノキとなるのである。

どうやら古い時代には、コウゾとカジノキの区別は明確でなかったようである。和名について同書「こうぞ（かぞ）」の項は、「コウゾは紙麻の音便であるというが、この木を製紙に利用する以前にすでにユウを織るのに利用し、当時カゾの名がついていたのであろうから、紙麻を語源とするのは適当ではないと思う。多分カミソはカウゾから、カウゾはカゾからみちびかれたのであろう」といい、同書の「かじのき」の項は、「あるいはコウゾの古名カゾの転化かもしれない」という。

コウゾの古名は、牧野富太郎はこのようにカゾだとする。深江輔仁著『本草和名』は楮実に、「和名加知乃岐」としている。小野蘭山の『本草綱目啓蒙』は、楮を「カウゾ　コゾノキ　カゴ豊前丹後　カヂノキハ豫州」とする。深津正・小林義雄著『木の名の由来』（日本林業技術協会、一九八五年）は、「カジノキとコウゾは、今でこそはっきり区別されているが、昔は両者の間にはほとんど区別がなく、同じものとされていたようである。漢名も混同され、普通コウゾにあてられる楮の字も、これをカジと読ませる場合がある」としている。

本書では、コウゾを現在普通に漢字表記として使われている楮の漢字を用いる。

楮の方言

楮は身近な樹木であったから、各地でそれぞれ独特のよび方をもっている。つまり方言の数が多い。上原敬二著『樹木大図説Ⅰ』（有明書房、一九七一年）は、カヂノキ、カミギ、カゾ、カジクサなど五三種の方言を収集しているが、惜しいことに採取場所が記されていない。八坂書房編・発行の『日本植物方言集成』（二〇〇一年）は四〇都府県から一一一種の方言を採取している。五十音順に記され、括弧内にはその直前に記した方言が使われている地方が示されている。

青森県　こーじぐわ（南津軽）、こーず、こずくわ（西津軽）
岩手県　こーじ、こーじのき、こーず
秋田県　こーじしば（北秋田）、こーじのき、こーず、ほんこーず（仙北）
宮城県　こーじ、こーぞ（本吉）、こーぞ
群馬県　おっかず（多野）、おっかぞ（多野）、かず
栃木県　かず、こーぞ
埼玉県　かず（秩父）、のそ、やまかじ（秩父）、やまかず（秩父）
千葉県　こーず

東京都　かず、かぞ、こーぞ、たこのき（八丈島）
神奈川県　かぞ、かんぞ（足柄上・西丹沢）、かんぞー（足柄上・西丹沢）、やまかず（津久井）
長野県　かず（上田）、がず（佐久）、かぞ、かわぞ、やまかぞ（信濃）
山梨県　かんぞ、のかず（北都留）、のかぞ（南巨摩）
静岡県　かず、かぞー（志太）、かっず、かんず、かんぞ、かんぞー、かんぞー、さわいちご（加茂・南伊豆）、たほ（伊豆）、まかぞ、めっか（静岡）、やまかんぞ（静岡）など一四種
愛知県　かず、かぞ、かみのき（尾張宮）、かんぞ
富山県　こーず
福井県　かぞ、きがみ、こーず、やまこーぞ（三方）
岐阜県　かぞ（美濃）、かみさ（恵那・中津川）、かみぐさ（恵那）、かみのき、かんぞ（恵那・土岐）、かんぞー（中津川市）、きがみ、やまかぞ（美濃）
三重県　あかそ、かみぎ（員弁・伊賀）、かみくさ（員弁・桑名市）、かみそ（飯南）、かみのき、こーぞ、たにぐわ（熊野）、つちがんぴ（尾鷲）、やまがみ（一志・飯南）など一一種
滋賀県　やぶこーじ（江州）

図 6-2　楮の茎と葉（熊田重雄『工芸作物　上巻』明文堂、1938 年）

京都府　いぬこーぞ（城州）、かご（たんご）、しゃな（丹波）
兵庫県　かご、かんご（美方）、しゃな（丹波）
鳥取県　かご、かごのき、まかご、やまかご
島根県　そ（石見）、まそ、やまこーぞ（仁多）
奈良県　かみそ、くちはげいちご（吉野・十津川）、たくのき（吉野）、やまがんぴ（北山川）
和歌山県　かみそ、かんご（那賀・海草・伊都）、かんど、こーぞ、こぞ（日高）、たにぐわ（熊野）、
たふ（紀州）、ながそ（伊都）、のそ（東牟婁）、やまそ（有田・日高）など一三種
岡山県　かごのき、かわぞ、ひお（苫田）
広島県　ひお（備後）
山口県　こーぞー（阿武・萩）、こーど（阿武）、こーどー（阿武）、まそ（阿武）
徳島県　かじ、かみそ（美馬）、くろかし、こかじ（那賀）、にかじ（那賀）、ひゅーじ等八種
香川県　かじ、ひぼ
愛媛県　かじ、かじのき、かじのは（予州）、かみそ、くろそ、じかじ、しろそ（温泉）、ながそ、
やこそ（予州）、やまかじ
高知県　かじ、かじくさ、かじくそ（幡多）、かじのき、かみそ、やまかじ、やまそ（長岡）
福岡県　かご（豊前・筑前）、かごのき（八女）、かじ、かじのき（鞍手・嘉穂）、かみのき
佐賀県　かご
長崎県　かじ、かじお（東彼杵）、かじかわ（対馬）、かんこのき（五島）

熊本県　かご、かごのき、かじ（球磨・八代）、かじのき、かみのき（玉名）、かんがらやまかじ（八代）
大分県　かごのき、かじ、やまかじ
宮崎県　かきがら、かごのき、かじ（延岡）、かじのき、かちがみのき、やまかじ
鹿児島県　かきがら（鹿屋市・肝属）、かじ、かじがら（肝属・垂水）、かじのき、かちがら、かつ、かっがら、かびぎ（奄美大島）、やまかじ（垂水市・肝属）、わちがわ
沖縄県　うーかじ（黒島）、かじがー（八重山）、かびぎ、かびきー（石垣島・小浜島）、かびぎー（宮古島）、かびんぎー（竹富島）、かんばなー（石垣島）など一五種

出雲大社は栲縄で建立

楮は往古から利用されており、『古事記』（倉野憲司校注、岩波文庫、一九六三年）や『日本書紀』（坂本太郎・家永三郎・井上光貞・大野晋校注、岩波文庫、一九九四年）に、栲や栲、その製品の木綿などの名前で登場している。また『万葉集』（佐々木信綱編『新訂・新訓万葉集』岩波文庫、一九二七年）にも同じように、栲綱（たくづな）、栲領巾、栲衾が登場し、栲は妙の表記であらわれている。これからみて楮の古名が栲や栲であることがわかる。栲も栲も、どちらも「たえ」とよまれ、厳密な区別はされていない。

まず栲（栲）からみていくと、『古事記』上つ巻の古事記歌謡四に「栲綱」があり、同歌謡六に「栲衾」がある。『日本書紀』巻第二には「栲綱」がある。

青山に　日が隠れらば　ぬばたまの　夜は出でなむ　朝日の　笑み栄えきて　栲綱の　白き腕

沫雪の　若やる胸を　そばたき　たたきまながり　眞玉出（以下略）

この場面は八千矛神つまり大国主神が越後国の沼河比売と婚約しようと、はるばると越後にでかけ、沼河比売の家におもむいて求婚の歌を詠った。それに沼河比売が戸をあけずに歌で答えたもので、二つ目の歌に栲綱が詠われた。歌の内容は、青々とした山に日がかくれると、まっ暗な夜がでてくる。そうしたらあなたは、朝日のような笑顔をみせて、栲綱のようにまっ白な私の腕や、淡雪のように若い乳房をそっと叩いたり撫ぜたりして、玉のような手で……、というものである。

古い時代の女性も肌の白さを誇りにしていたようで、大国主神の時代は栲綱の白さが比喩の対象となっている。余談だが『古事記』下つ巻仁徳天皇の条の古事記歌謡六二に「山代女の　木鍬持ち　打ちし大根　根白の白腕　枕かずけば　知らずとも言はめ」とあり、腕の白さを大根のようにまっ白の白さで譬えている。ここで用いられている栲綱は、ものを縛って束ねるような実用性の綱ではない。楮の皮を剝くとまっ白なので、その皮で綯った栲綱もまっ白である。栲綱といえばまっ白だと人々に認識されて、「しろ」あるいは「しら」の枕詞とされたのである。「しら」の枕詞の例に「栲綱新羅の国ゆ」（『万葉集』歌番四六〇）がある。

栲綱をもつて縛るあるいは結ぶという綱として実際の用途に用いられた例は、『日本書紀』巻第二の神代下の出雲国の国譲りに関わる第二の一書に、次のように記されている。

又汝が住むべき天日隅宮は、今供造りまつらむこと、即ち千尋の栲縄を以て、結ひて百八十紐にせむ。其の宮を造る制は、柱は高く大し。板は広く厚くせむ、又田供佃せむ。

この場面は大己貴神が大和に国譲りした際、高皇産霊尊が無事に命令を果たしたことを報告に帰還した二柱の神を、ふたたび出雲国に派遣して、大己貴神に告げていう言葉の一節である。
あなたがおこなっている現世の政治は皇孫がおこなう。あなたは幽界の神事をうけもつようにしてくれ。そして「あなたの住む天日隅宮をいまつくりましょう。すなわち千尋もあるような長い長い栲縄で、確実に結びゆわえましょう。その宮をつくる制は、柱は高く太く、板は幅広のものとする。また田をつくって与えよう」と。

天日隅宮の造営のようすは『日本書紀』には記述はなく、『出雲国風土記』（吉野裕訳『風土記』東洋文庫、一九六九年）の盾縫郡の条に詳しく記されている。

盾縫とよぶわけは、神魂神が詔して、「十分に足りそなわった天の日栖の宮の縦横の規模は、千尋もある長い真白い栲縄を使って〔梁という梁、桁という桁を〕百たびも八十たびも結びに結んで固く結びさげて、この天の御量（尺度）もってを天の下をお造になった大神の住む広大な宮を造って差し上げよ」と仰せられて、御子の天御鳥命を盾部として天下し給うた。

『出雲風土記』は長い栲縄で、桁も梁も何度も何度も、結びつけて固定したとする。出雲大社の社は、最初から柱は高く太いものが使われ、柱を揺るがないように結ぶ材料が栲つまり楮の皮であった。出雲大社が最初に造営された大きさは不詳である。

出雲大社の大きさと栲縄

出雲の国譲りの神話は、初代天皇の神武天皇以前のことで、実在の天皇とみられる記紀第二一代目の雄略天皇は、四七八年に中国に武王として使いを派遣している。雄略天皇時代からおよそ四九〇年を経過した平安初期の天禄元年（九七〇）に源為憲が、為光の子松雄の教科書として起草したもので、教養として承知しておくべき文句などをまとめた『口遊』に、出雲大社の大きさがわかる記述がある。

雲太　謂　出雲国城築明神神殿　在出雲郡
和二　謂　大和国東大寺大仏殿　在添上郡
京三　謂　大極殿

『口遊』はわが国の建物の大きい順番は、「雲太、和二、京三」だというのである。雲太の「太」は太郎のことで、太郎という場合は「もっともすぐれているもの、もっとも大きなもの」をさしている。雲太とは出雲国（別に雲州という）の城築明神の神殿が太郎の位つまり、もっとも大きい（高い）建物だという意味である。城築は杵築とも書き、現在の出雲大社のことである。和二は、大和国の建物が二番目の大きさでそれは東大寺の大仏殿である。京三は、京にあるものが三番目の建物で、それは御所の紫宸殿だとしている。

図 6-3　奈良東大寺の大仏殿「和二」と称される。これより大きく、「雲太」と称される出雲大社の社殿を楮の縄で造営したと『出雲風土記』は記している。

出雲大社社殿は昔から高さが一六丈つまり四八・五メートルもあったとされ、そんなに空高くにそびえたつ神殿が実際にあったのかと、疑問視されていた。平成一一年（一九九九）九月一日から出雲大社境内地の発掘調査がおこなわれ、翌四月二六日に神殿を支えていた巨大な杉の木を三本組合せた直径二・七メートルの宇津柱がみつかった。宇津柱の発見後も発掘がつづけられ、南東側柱と心の御柱が確認できた。どれも一二五〜一四〇センチの杉を三本束ねたもので、三本の柱を束ねると直径は約三メートルとなる。

この調査の結果から上田正昭は「杵築大社の原像とその信仰」（雑誌『東アジアの古代文化』一〇六号、大和書房、二〇〇一年）の中で、「社殿の高さ一六丈説について、これまで疑問視するむきも多かったが、このたびの出雲大社境内地の調査成果によって、その信憑性はたしかになった」という。

『日本書紀』は高さ四八メートルを超える超大型の建物を、栲綱という植物の繊維で綯った縄で結び造営したというのである。楮や梶の木の樹皮は靭性があり、物をたばねる材料として使用できる。また繊維だけにして漉いた紙は、一〇〇〇年以上もの寿命を保っているので、皮を建築用材の結合に使っても、長期の保存性があるのかもしれない。

超大型の木造建物の建造だから、使用する栲の樹皮は膨大な量となる。誰が、どこから、どのように採取し、運び、調達したのか、事業遂行の具体的なことはなにもわからない。

余談だが、現在も木造の大型家屋の屋根部材の結合に、釘などの金物は一切使わず、植物繊維だけを使うところに、富山県五箇山の合掌造りがある。合掌造りの屋根の部材の結合にはすべて地元で「ねそ」とよぶマンサク科マンサク属の落葉小高木であるマンサクの枝を用いているという。マンサクの用いる部分は樹皮でなく、木質部である。使うときは枝をしごいて、時には掛矢（大型の木槌）で叩いて柔らかくするとのことである。

以上は『日本書紀』の栲縄に関するものであるが、『古事記』上巻の「大国主の国譲り」の条では、出雲大社にはまったく関わりのない記述になっている。建御雷神は副えられた天鳥船神とともに再び出雲に至り大国主神に問い、大国主神が答えたことばの中の栲縄は別の用途のものであった。

（略）栲縄の、千尋縄打ち延へ、釣りせし海人の、口大の、尾翼鱸、さわさわに、控き依せ騰げて、打竹の、とををとををに、天の眞魚咋、献る。

楮（梶）の木の皮でつくった縄の、千尋もあるような長い命綱をのばして、潜水漁をする海人が、口の大きい、尾やひれがぴんとはった鱸をたくさん引き寄せてあげ、割り竹の簀もたわむほどに、魚料理をたてまつるというのが大国主神のことばである。栲縄は長いところから、長いものにたとえられ、「千尋の栲縄」という言い方も多い。

『日本書紀』は出雲大社造営用の栲縄を記すが、『古事記』は海の漁具として海人が潜水し、鮑や栄螺を採取するとき、命綱として用いている。栲縄は、海人が命綱に用いる長さのため「千尋」や「長き」などに冠する枕詞となっている。

白木綿の清浄さを神聖視

栲つまり楮を繊維にして加工したものに、木綿と栲（妙とも書かれる）がある。木綿は、楮の樹皮を剝いで蒸したのち、水にひたして裂き、糸とし、さらに晒して白色にした繊維のことである。木綿とは、木の皮を裂いて細くした糸である。

これから神事に使われる玉串や大麻がつくられる。玉串とは、榊の枝に木綿をつけて神前にささげるもので、木綿以外に紙も用いられる。大麻は幣の尊敬語で、清浄な木に木綿や紙、麻、帛をつけたもの

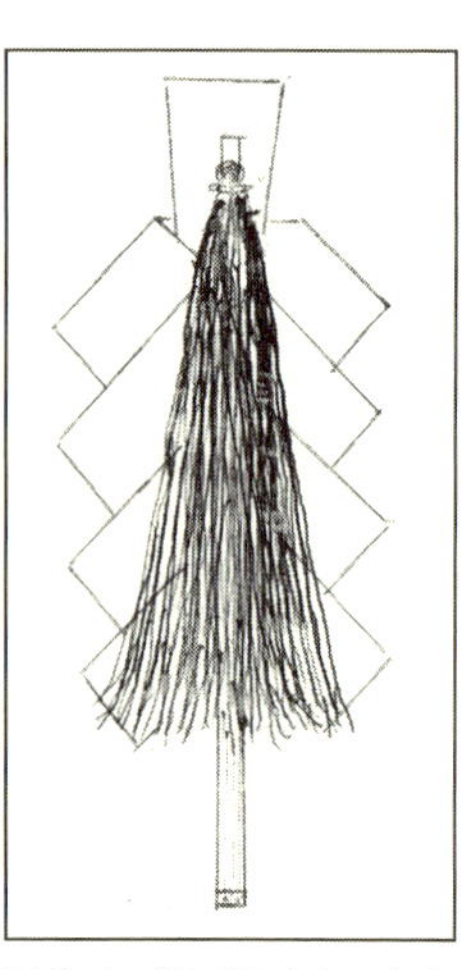

図 6-4　幣（ぬさ）　もともとは神に奉献する御手座の意であったが、神霊の依代に、さらに祓具ともされるようになった。古くは楮皮の木綿であったが、後に紙垂（四手）をつけるようになった。

で、神に祈るときに供え、または祓にささげもつものである。

木綿は「結う」で、結びあるいは結びつけることをいう。清浄で、神聖な白い糸を結びつけることで、その場所が神の坐ますことのできる清浄で神聖なところを表す目印となる。木綿は『日本書紀』巻第一・神代上の第七段の第三の一書に記されている。

下枝には、粟国の忌部の遠祖天日鷲が作ける木綿を懸でて、乃ち忌部首の遠祖太玉命をして執り取たしめて、広く厚く称辞をへて祈み啓さしむ。

日神が天の岩屋にこもられたので、もろもろの神たちは中臣連の遠い先祖の天児屋命を派遣してお祈りをさせた。天児屋命は祈りの準備として天の香久山の榊を掘り取ってきて、上の枝には八咫鏡をかけ、中の枝には八坂瓊の勾玉をかけさせた。下の枝に阿波国の忌部の先祖の天日鷲がつくった木綿をかけて、忌部連の遠い先祖の太瓊命にもたせ、広く厚く徳をたたえる詞を申し上げてお祈りをした。すると日神は「このころ、人がいろいろなことをいったが、こんな嬉しいことをいったものはなかった」と岩戸をわずかにあけたところを、岩戸のわきに隠れていた天手力男神が戸を引き開けたので、日神の光が国中にみちたのである。

『日本書紀』の同じ場面での本文は、天照大神が天石窟に隠れたのでくにのうちは常闇になった。天照大神を岩屋からよびだす支度の一つとして天児屋命と太玉命が、天の香久山の榊を根掘りして、上枝には御統を、中枝には八咫鏡を、「下枝には青和幣、白和幣を懸でて」、ともに祈禱をしている。なお御統とは、多くの勾玉や管玉を紐でつらぬいてまとめ、輪にしたもののことである。

天の香久山の榊を根から掘り取ってきて、上中下の枝にそれぞれ祭祀具をかけているところは同じであるが、本文のほうは青和幣・白和幣となっている。青和幣とは麻でつくられたやや青みのある幣のことで、「ニキテ」とはニキタヘ（和栲）の略で、タヘは繊維のことである。白和幣とは木綿でつくった白い幣のことをいう。

どうして青和幣が麻から、白和幣が木綿つまり栲からつくられたかは、大同二年（八〇七）斎部広成が記した『古語拾遺』（西宮一民校注、岩波文庫、一九八五年）に述べられている。この『古語拾遺』は斎部（忌部の姓を改めた）広成が、平城天皇の召問を機に、国史や氏族の伝承にもとづき、忌部氏の歴史と職掌の変遷を「古語に遺りたるを拾ふ」と題して述べ、撰上したものである。

> 長白羽神をして麻を植えて青和幣と為さしむ。天日鷲神と津咋見神をして穀木を種殖しめて白和幣（是は木綿なり。已上の二つの物は一夜にして蕃茂れり）を作らしむ。

このように長白羽神に麻で青和幣をつくらせ、天日鷲神と津咋見神には穀木で白和幣をつくらせている。カジノキとコウゾは古代の人は、あまり明確に区別していなかったことは前にふれた。神事に用いられる神具の材料は、祭祀を司る氏族の忌部氏などが専属的に栽培し、それを加工していたことが述べられている。

神へ奉仕時は木綿たすき着用

木綿(ゆう)について大野晋・佐竹昭広・前田金五郎編『岩波　古語辞典　補訂版』(岩波書店、一九九〇年)は、「ユはユ(齋)と同根か。清浄・神聖の意」としている。それは木綿(ゆう)をつくる楮(こうぞ)の皮は水につけたり、晒(さら)したりするとまっ白になり、それからつくる木綿の色も白色であるからだ。古代の日本人は、白の色を特別の霊力をもつもの、あるいは特別の霊力を賜るものだと考えていた。そのうえにどんな色もついていないので、清らかで汚れのない色と考え、神聖な色とし、もっとも美的な色とみなしていた。

『岩波　古語辞典』は木綿(ゆう)を清浄で神聖なものとしている。神は清浄なところでなければ住むことができないと考えられており、清浄な色は白であり、自然のもともとの色は素(しろ)である。素は、何々の素(もと)のように「もと」とよみ、あるいは素人(しろうと)のように「しろ」ともよむ。清らかで汚れのない神聖な神は木地になにも色をつけることのない素木(しらき)の社に祀り、その神に奉仕する神職は白の衣をつけるのである。そして神事の祭具には神のよろこばれる、白色の幣(ぬさ)が奉られる。

神事などの神に奉仕するとき、着物の袂(たもと)や袖(そで)をたくし上げる紐(ひも)のことを襷(たすき)という。日立デジタル平凡社の『世界大百科事典　第二版』(一九九八年)の解説によると、日本神話に天の岩屋戸の前で天鈿女命(あめのうずめのみこと)が蘿(ひかげ)(ヒカゲノカズラのこと)でした手繦(たすき)が文献の初出であるが、古墳出土の埴輪にたすきをしたものがある。これらはともに巫女(みこ)が着用した例で、御膳を献ずるのに古くはたすきで腕をつっても ち上げたといい、神への奉仕や物忌(ものいみ)のしるしとされていた。古代の衣服は筒袖(つつそで)であったから、「たすきは労働用ではなくもっぱら神に奉仕する者の礼装の一部であった」と述べている。現在ではたすきは遷(せん)

宮などのときに使い、左右の肩より左右の両脇下にななめにかけ体の前後で交差するか、左肩より右肩下にななめにかける方法がある。

薗田稔・橋本政宣編『神道史大辞典』（吉川弘文館、二〇〇四年）は、神祇祭祀の重要な儀式にあたり、特にその斎戒の厳重と清浄さを表象するために、木綿をもって頭部に直接または冠の上に巻きつけ、鬘状にしたものが木綿鬘であり、神事服身具の一つとなっている。なお、これを上体部にななめにたすきがけにしたものが木綿襷であると、解説している。

神へ奉仕するときは、清浄で神聖な白のものを用いるので、たすきも木綿でつくった白い木綿手繦を使った。『日本書紀』巻第十三の允恭四年秋九月の条には、木綿手繦をつけて探湯をしたとある。允恭天皇につかえる群臣たちはそれぞれ、帝の後裔であるとか、天孫降臨にしたがって天降ったなどという。しかし開闢以来、長年の年数が経ち本当のことがわからない。それで沢山の氏姓のものは斎戒沐浴し、盟神探湯せよと、允恭天皇が詔された場面である。なお盟神探湯とは、神に祈誓したうえで、手を熱湯などに入れ、ただれたものを邪とする一種の神による審判のことである。盟神探湯の方法は、泥を鍋に入れて煮てわかしたところに手を入れて湯の中の泥をさぐる。あるいは斧を火の色になるまで焼き、掌におくという二種があった。

味橿丘の辞禍戸碕に、探湯瓮を坐えて、各木綿手繦をして、釜にゆき探湯した結果本当のことをいつたる者は何事もなく、本当でないものはみな身体が損なわれた。

『万葉集』巻三の歌番四二〇の「石田王の卒りし時、丹生王のつくれる歌」に木綿手繦が詠われている。

（略）わが屋戸に　御諸を立てて　枕辺に
齋瓮をすえ　竹玉を　間なく貫き垂り
ゆうだすき　かひなに懸けて　天なる　左佐羅の小野の
七ふ菅　手に取り持ちて
ひさかたの　天の川原に　出で立ちて　みそぎてましを　（以下略）

石田王の死を悼む丹生王の歌であり、わが家に祭壇をもうけて、枕元には斎瓮をすえ、竹玉をいっぱい貫きたらし、木綿襷を腕にかけて、天にあるささらの小野の、七ふ菅を手にとりもって、天の川原に出て行ってみそぎをして罪穢れを除いておくべきであったのに、という意味である。「木綿襷を腕にかけて」とは、木綿でつくられた襷をうでにかけることで、神祀りするものの服装のことである。

呪力をもつ装身具の栲領巾

栲衾も栲領巾も、どちらも楮の剥いだ皮を裂き、晒して白くした糸で織った布からできている。衾は布などで長方形につくったもので、寝るときに体にかける夜具をいい、普通は綿を入れるが、袖や襟をつけ加えたものもある。現在の掛布団にあたる。栲の布は白いから、白や新羅にかかる枕詞とされている。

栲衾も栲綱も、『古事記』上つ巻の古事記歌謡の六番目にあらわれる。大国主命の后の須勢理毘売命はとても嫉妬深かった。大国主命が出雲より大和へ上ろうとしたとき、片手を大国主命の乗る馬の鞍にかけ、片足をその鐙にふみ入れて詠ったのが古事記歌謡の五番目である。そして后は大盃をあげて六番目の歌を詠った。

(略) 綾垣(あやかき)の ふはやが下に 苧衾(むしぶすま) 柔(にこ)やかが下に 栲衾(たくぶすま) さやぐで下に 沫雪(あわゆき)の 若やる胸を
栲綱(たくつの)の 白き腕(ただむき) そだたき たたきまながり 眞玉出(またまで) 玉手さし枕(ま)き 百長(ももなが)に 寝(い)をし寝(な)せ 豊(とよ)
御酒(みき) 奉(たてまつ)らせ

絹織物を壁の代わりにして、ふわふわのカラムシの繊維でつくった夜具、柔らかな栲衾(たくぶすま)の音をさせながら、私の淡雪のように若々しい胸を、栲綱(たくつの)のように白い腕をそっと叩いたりなぜたりして、玉のような手で腕枕をして、ゆっくりとお休みなさい。その前にお酒をめしあがれ、というのがこの歌の意訳である。

苧(お)は「からむし」とよむ。カラムシはイラクサ科の多年草で、茎の皮から繊維(青苧(あおう))を採り、糸につむいで越後縮などの布を織る。木綿(もめん)の使用以前の代表的な繊維である。名前にムシとあるので、昆虫と誤解する人がみうけられる。

栲領巾(たくひれ)は『万葉集』に詠われている。栲領巾とは、楮などの繊維でつくった白い飾り布で、古代では身分の高い女性が首から肩にかけたらした細長い布は左右へ長くたれる。はじめは呪術的な儀式に使われていたが、のちには装飾用のスカーフのようなものとなった。また栲領巾は肩にかけるから、「かけ」にかかる枕詞とされている。

國學院大學の『万葉神事語事典』によれば、領巾(ひれ)は女性の装身具の一つであるが、呪力のあるものとされ、振れば念願がかなうとされていたという。

『万葉集』巻五には、夫が大陸へ船で旅立つのを見送って、妻が領巾を振った歌が収められている。

なぜ領巾を振ったのかについての長い詞書がある。

大伴佐提比古郎子、特に朝命を被り、使を蕃国に奉りぬ。船棹して言に帰き、稍蒼波に赴く。妾松浦佐用ひめ此の別るることの易きを嘆き、彼の会うことの難きを嘆く、即ち、高山の嶺に登りて、遥かに離れ去く船を望み、悵然みて肝を断ち、黙然みて魂を銷つ。遂に領巾を脱ぎて振る。傍らの者涕を流さずといふこと莫かりき。因、この山を號けて領巾振の嶺と曰ふ。乃ち、歌を作りて曰く、

遠つ人松浦佐用比売夫恋に領巾振りしより負へる山の名（八七一）

後の人追いて和ふ

山の名と言ひ継げとかも佐用比売がこの山の上に領巾を振れけむ（八七二）

この一連の歌は、大伴狭手彦が朝廷の命令により朝鮮半島の任那へ使者として赴くことになった。妻の佐用姫は夫との別れをふかく悲しみ、夫の魂をよび寄せるために、航海する船がみえる高い山にのぼり、首にかけていた領巾をはずして振ったのである。この領巾の材料が何であったのかは不詳である。

楮繊維で織った白妙

栲つまり梶の木や楮でつくった白妙の領巾は、『万葉集』巻二の柿本人麻呂の「妻の死りし後、泣血哀慟みて作れる歌」の歌番二一〇と「或本の歌に曰く」の歌番二一三に、白妙の天領巾に身をかくしたことが詠われている。歌番二一〇では妻に死なれた柿本人麻呂は、この世の人であると思っていた時に、二人で手をとりあってみた門の近くの堤にたっている槻の木のあちらこちらの枝に春の葉がしげってい

るようにと、生前の妻とすごした回想から詠いだしている。そして、

　かぎろひの　燃ゆる荒野に
　白妙の　天領巾隠り(あまひれかくり)
　鳥じもの　朝立ちいまして

と、かぎろいの燃える荒野に、白い天女の領巾(ひれ)にその身をかくし、鳥のように朝立ってゆかれた。かぎろい、つまり日の出前の光がもえ立つ荒野に、天女の空を飛ぶときにまとう天衣をいう白い栲製の天(あま)領巾(ひれ)に隠れ、朝がた鳥が飛び立つように行ってしまったと、早朝の妻の葬儀のありさまを詠う。領巾は長く、幅もたっぷりとあるので、これを振れば身体はすっぽり隠れる。それで天領巾に隠れてみえないというのである。歌番二一三にも同じ歌があるが、「しろたへ」のところが、「白栲」となっているところが異なる。

記紀でいう栲(たく)は別には栲(たえ)ともいわれる穀木(かじのき)のことで、穀木と楮(こうぞ)は古代には区別されることはなかった。栲(たえ)は「妙(たえ)」とも書かれる。妙を『広辞苑』は、不思議なまでにすぐれているさまをいうとしており、霊妙の用例があげられている。また同書は「たえ」の項に、「栲・栲」と二つのよび名をあげ、「カジノキなどの繊維で織った布」のこともいうと説明している。栲と栲は一般に布のことをいい、その例として祝詞(のりと)の祈年祭に「和妙(にきたえ)・荒妙(あらたえ)」があることを記している。

『万葉集』巻第一の歌番二八に、白妙を詠った持統天皇の歌がある。

　藤原宮御宇天皇代　高天原廣野姫天皇
天皇の御製の歌

図 6-5　道ばたの斜面に生育している野生楮の幼木　この木の皮から白栲（白妙）がつくられる。

春過ぎて夏来たるらし白たへの衣干したり天の香久山

歌の意味は、春が過ぎさって夏がやってきたらしい、白い布製の衣がほしてあるよ、天の香久山に、である。

天の香久山は奈良県橿原市にある山で、太古の時代には東方の多武峰からつづく山裾の部分にあたり、その後の浸食作用でも残った部分といわれる。山というよりは小高い丘の印象があるが、作者持統天皇の宮都である藤原宮の東にあたるところから、太陽信仰の地であったともいわれている。ヤマトの象徴として畝傍山、耳成山、天香久山は奈良盆地南部にほぼ正三角形をなして位置している。この三つの山は大和三山として敬われており、中でも香久山は冠に天という尊称があり、大和三山の中ではもっとも神聖視されていた。

『風土記逸文』「伊予国」の天山の条には、山が天から天降ったとき二つに分かれ、その一つが天の香久山であったと記されている。

藤原京の主である持統天皇は、太陽の神である天照大神にあこがれていたともいわれている。天から天降ったとされる神聖な天の香久山を毎日ながめていて、ある日神聖な天の香久山に白妙の衣が干されているのがみえた。冬の衣から、薄い夏の衣に替える衣替えの季節の夏がきたのだと実感せられた天皇は、素直に春の季節は過ぎ去って、夏の季節がやってきたらしい。その証拠に天の香久山に白妙の衣がほしてあると歌にしたのであろう。

伊藤博は『万葉集全注　巻第一』（有斐閣、一九八三年）で、この歌のように季節の推移に着目した歌は『万葉集』には非常に少ないといい、「しかも、『白妙の衣』は、おそらく聖なる天の香久山を斎き祀る人たちの斎衣であろうが、その清浄な白さは明快な夏の感覚を表象しえて見事である。ここでは、夏は微塵も嫌われていない。さわやかな快感だけが躍る。天降った聖なる山、ヤマトの象徴である天の香久山、その山にみられる風物の変化によって、夏の到来を確信したこの歌は、ヤマトそして日本に夏が訪れ来った歓喜を、すこやかに宣言した歌であるといってよいであろう」と評している。

この歌のつくられた時期は不詳であるが、持統天皇（在位六九〇〜九七年）の時代には、白妙つまり楮の繊維でつくった衣は、伊藤博が指摘するように神に奉仕する神官たちの着るものであった。

『万葉集』巻第三の歌番四七五の天平「一六年甲申の春二月に、安積皇子の薨ぜし時に」大伴家持がつくった歌には、白栲が喪服として詠われている。

かけまくも　あやに畏し　言はまくも　ゆゆしきかも
我が王　皇子の命　（中略）
白たへに　舎人装ひて　和豆香山
御輿立たして　ひさかたの　天知らしぬれ　（後略）

心にかけて思うことも畏れ多い。言葉でいうのもはばかり多い。わが大君である安積皇子のみことが、（万代までも治められるはずの、山背の久迩京は春になると、山辺には花が咲きたわむ）。白栲の喪服を舎人は装い、和豆香山に皇子の御輿が出発されて、天をおさめにのぼられたというのが歌の意である。和豆香山（和束山）は京都府和束町にある山で、現在は安積皇子の陵墓の周囲は茶畑になっている。

楮繊維の布つくりと神の名

楮や穀の皮の繊維の利用法に、和紙の材料以前には布をつくる材料とされてきた。白栲・白妙は楮や穀の樹皮の繊維で織られた布のことである。その白栲・白妙を織る作者不詳の歌が『万葉集』巻十・秋の雑歌・七夕に二首ある。

歌番二〇二七　わがためと織女のその屋戸に織る白たへは織りてけむかも

歌番二〇二八　君にあわず久しき時ゆ織る機の白たへ衣あかづくまでに

この二つの歌は七夕に近いころの天の川の様子を詠んだもので、問答形式になっている。歌番二〇二七は織女星に思いをよせる彦星の立場での歌で、私のためにと織女星がその家で織っている白栲・白妙の布はもう織り上がったでしょうか、という意である。歌番二〇二八は前の歌に答えた織女星の歌で、あなたに会わないまま長い年月織っている白妙の衣はもう手垢がつき汚れてしまった、の意である。白い衣が汚れる程の長期間待ちつづけたことを表している。『万葉集』では天の織女星に白妙・白妙を織らせているが、地上で白妙・白妙を織っていたのは誰であったのだろう。

『日本書紀』には、栲つまり楮や穀の皮で布をつくる神の名が記されている。『日本書紀』巻第二の「神代 下」の冒頭に、栲で機をおる女の神の名がみえる。

天照大神の子正哉吾勝勝速日天忍穂耳尊、高皇産霊尊の女栲幡千千姫を娶きたまひて、天津彦火瓊瓊尊を生れます。

高皇産霊尊のむすめの名前の栲（たく）とは、楮の白い繊維のことである。幡（はた）は機織（はたおり）道具のことである。千千（ちぢ）は多くという意味である。そこから多くの栲の繊維で機（はた）をおる女性の神の名前になる。

また神代下の第六の一書（あるふみ）に、「高皇産霊尊の女子（みむすめ）の栲幡千千姫万幡姫命（たくはたちぢひめよろずはたひめのみこと）」とあり、名前の意味は前と同じである。同じく第七の一書には「高皇産霊尊の女天万栲幡千幡姫（むすめあまつよろずたまはたちはたひめ）と記されている。同じく第八の一書には「高皇産霊尊の女天万栲幡千幡姫（むすめあまつよろずたくはたちはたひめ）と記されている。

四つの記述の神の名はちがっているが、その名前が意味するところは、「栲の繊維で多くの機を織る女の神」である。高皇産霊尊は神話の時代で、娘が生んだこどもである瓊瓊杵尊（ににぎのみこと）を葦原中国（あしはらのなかつくに）に降臨させる神である。それほど古い時代から、栲で布がつくられていたことが示されている。

天皇が実在したと確かめられる雄略天皇の時代の皇女（ひめみこ）の名にも、栲幡がみえる。雄略天皇は記紀では第二一代目の天皇で、名前は大泊瀬幼武（おおはつせわかたける）という。四七八年に中国へ使いを派遣した倭王「武」、または辛亥（四七一年か）の銘のある埼玉県稲荷山古墳出土の鉄剣にみえる「獲加多支鹵（わかたける）大王」は、雄略天皇に比定されている。

『日本書紀』巻第十四の雄略天皇元年の春三月の条（くだり）に、「白髪武広国押稚日本根子天皇（しらかみたけひろくにおしわかやまとねこのすめらみこと）と稚足姫皇女（わかたらしひめのひめみこ）『更の名は、栲幡姫皇女（たくはたひめのみこ）。』とを生めり」とある。この皇女（ひめみこ）は伊勢大神の斎宮に任じられたが、雄略天皇三年四月に阿閉臣国見の「武彦、皇女を犯し孕ました」との讒訴（ざんそ）により、自殺された。その時の名は姫の字がぬけおちて栲幡皇女（たくはたのひめみこ）となっている。

徳島県那賀町木頭の太布

栲の布は、江戸時代に木綿が急速に普及するまでは、全国的に織られていた貴重な衣類であった。自給自足が原則の農山村では、畑の隅に楮を栽培し、自家用の夏着や労働着としてそれぞれの家で織られてきた。筆者がまだ小学校にも行かなかった幼少のころ、昭和初期には畑の畔に楮が植えられていたような微かな記憶がある。繭から糸を取りだし、それを機にかけて布を織っていたことは記憶している。楮の皮をむいたことは覚えているが、糸にして織物にしたかどうかは覚えていない。

楮の皮からとった繊維を糸にして織った布は太布とよばれていたが、現在の太布は綿繊維以外の植物繊維で織られたものをさすようになった。

平成の現在で楮の皮から糸を紡ぎ布を織る技法が伝承されているところは、徳島県那賀郡那賀町（旧木頭村）のみとなっている。この技術は、平成二九年（二〇一七）三月三日の文部科学省告示第三四号により、「阿波の太布製造技術」として国の重要無形民俗文化財に指定されている。

平成二九年一月二八日づけの徳島新聞は「那賀町木頭の古代布・太布製造　国重要民俗文化財に」との見出しで、那賀町木頭地区に伝わる古代布・太布の製造技術を、国重要無形民俗文化財として一月二七日、国の文化審議会が松野博一文部科学相に答申したと報道した。

それによると、「地元住民らでつくる阿波太布製造技術保存伝承会が、材料の楮の栽培から糸への加工、機織りまでを昔ながらの手作業で受け継いでいる点や、日本の衣服の歴史を知る上で重要な資料であることが評価された。県教委などによると、太布は古代からある楮や穀などの樹皮を織ってつくる丈夫な布。県内では遅くとも江戸時代には木頭（きとう）地区や祖谷（いや）地方で盛んに生産されており、県民の作業着や穀物を入れる袋に使われていた。

各家庭で主に女性が生産を担い、販売して現金収入を得ていた。しかし戦後は衣料事情の改善に伴って需要が減少。現在は全国でも製造技術がほとんど失われており、木頭地区が現存する貴重な例となっている。一九八四年（昭和五九年）に結成された伝承会では地域の名人から指導を受け、糸の材料となる皮を剝ぐために楮を蒸す「楮蒸（かじ）し」や、細く裂いた皮をより合わせて糸を紡ぐ「績（う）み」、機織りなどの伝統的技法を守り伝えた。会員は五〇〜八〇代の女性を中心とする七人」と記している。

現在も太布づくりがおこなわれている地元那賀町の行政サイト二〇〇一年四月二五日づけの「太布織り」は、次のように紹介している。「太布の原料となるのはクワ科の楮（こうぞ）で、酷寒の季節に若い枝を切り取ることから作業がはじまる。その後、蒸す、樹皮を剝ぐ、晒（さら）す、叩く、裂くなど、幾多の行程を経て糸をつむぎ、独特の地機（じはた）で織り上げる。太布布は独特の技法や素朴さ、その風合いなどで有名で、古くから衣類（明治末まで着用）や日用品（畳表のへり、布団、袋など）に使われるとともに、重要な換金産物であった。

しかし、綿製品などの台頭と同時に昭和に入ると生産されなくなった。太布織はすべて手作業で大量生産できないため、生産量は限られている。その昔は、衣類や袋に利用されていたが、最近では手提げ、ブローチ、テーブルクロスなどの製品をすべて手作業で仕上げている」と記している。

阿波の太布製造技術

文化庁の「国指定文化財等データベース」は、指定重要民俗文化財「阿波の太布製造技術」の詳細解説をしているので、前述の小見出し部分と重複する箇所もあるが、太布づくりの参考となるところが大きいので、要約しながら紹介する。

この技術は徳島県那賀郡那賀町木頭地区に伝承されている。楮や穀の樹皮から繊維を取り、太布という目の粗い布を製造する技術である。那賀町は徳島県南部の山間部に位置し、太布の製造技術が伝わる木頭地区は、那珂川上流で町域の最奥部、県下の最高峰の剣山の南麓にあたる山村であり、旧木頭村にあたる。地区の大部分は山林で占められ、耕地はわずかであり、杉を中心とする林業と焼畑による農業を主な生業としてきた地域である。

太布はわが国では古くから織られた堅牢な布で、太綿や荒栲、荒妙などと称された。徳島県では祖谷地方と旧木頭村が太布の主な産地であり、当地で製造されたものは「阿波の太布」の名で知られてきた。『古語拾遺』や『延喜式』には、阿波国に原材料の穀が植えられ、阿波忌部が穀からつくった織物を大嘗祭に献上しているなど、阿波国が太布の産地であることを示す記述がある。また本居宣長は随筆集『玉勝間』で「今の世にも阿波国に、太布といひて穀の木の皮を糸にして織れる布有、色白くいとつよし」と阿波でつくられた太布の色合いや丈夫さに言及している。

徳島県下の太布製造は那賀郡をはじめ、三好郡や美馬郡、旧麻植郡など県西部の山間部でおこなわれてきた。太布製造の背景には、この地域が吉野川流域で生産される阿波和紙の原材料供給地でもあり、製紙原料の楮栽培がさかんにおこなわれてきたこともあげられる。

明治三〇年代までは太布でつくられた衣服を着ることは日常的であり、大正時代までは穀物などを入れる太布製の袋が徳島県下のどの家でも使われていた。しかし昭和以降、太布の製造は衰退の一途をたどり、那賀町木頭地区にその技術が伝わるのみとなった。現在は木頭地区の有志で結成された太布製造技法保存伝承会が太布の製造技術を伝承しており、太布庵と称される伝承施設も地区内に設けられて活動し、技術の継承がはかられている。

太布の製造は、原材料の楮を刈り取り樹皮を剝いで加工する、樹皮を繊維化して均質な糸をつくる、織りの作業の三つの工程からなる。木頭地区では前記の保存伝承会が原材料の栽培も自らおこなっているため、これらの工程に先立って楮の栽培、育成から作業がはじまる。

木頭地区での太布の原料には、天然のカジノキとヒメコウゾ、近世からの栽培種であるコウゾの三種類がある。現在使われているものは生産性の高い栽培種のコウゾで、幹の色合いによってアカソとアオソの二種があり、ニカジともよばれる。

コウゾは春先に切株から萌芽して生長するが、六月中旬から八月末で側枝をとめる芽掻きをおこなう。その後落葉する冬季までまって、一月上旬ごろから収穫し、枝のない真っすぐに伸びた二〜三メートルほどのコウゾを選んで刈り取る。刈り取ったコウゾは乾燥して硬化しないうちにコウゾ蒸しの作業に入る。コウゾ蒸しは荒皮を剝ぎ取るために、コシキとよばれる大型の蒸桶と鉄製の平釜を用いて蒸す作業で、かつては各家が住居付近に窯を築いておこなっていたが、現在は那珂川沿いに設けられている共有の蒸し場でおこなう。

蒸し場に運ばれたコウゾは長い繊維を採取するため、短く切りそろえたりせず、中央部を熱湯であたためて折りまげ、適度な分量に束ねてから下部を湯をはった釜の中に立て、蒸気がもれないように釜とコシキとの接触面に藁輪をおいてコシキをかぶせ、約二時間ほど蒸す。蒸し上がりはコウゾの青くさい臭いが芳香にかわるのが目安とされる。

取りだしたコウゾは水を均一にかけて急激に冷やし、皮を剝ぎやすくする。皮剝ぎはコウゾの樹皮を取る作業で、枝の下端から梢のほうに向け、荒い皮の部分と木質部とを直角にして剝ぎ取る。剝ぎ取った荒皮は灰汁（あく）で十分に煮てから木槌で叩き、籾（もみ）がらをまぶして手でもんだり、足でふみ、鬼皮とよばれる表皮をさらに取りのぞく。こうして剝いだコウゾの皮は那珂川の浅瀬に運び、一昼夜流水に晒したのち、水から上げて日陰に広げ、数日間凍らせる。こうすることで皮の繊維が軟らかくなるという。その後は小さな束にして軒下などにさげて乾燥させてから、木槌で叩いてさらに軟らかくする。

次に糸づくりの工程となる。糸づくりはカジウミとよばれる。軟らかくなったコウゾの皮を、二〜三ミリほどに裂いて細かくし、繊維と繊維をつなぎあわせ、親指と人差し指でねじるようにして、時間をかけて一本の糸に績（う）んでいく。績んだ糸は水にひたして湿らせてから、糸車にかけて撚（よ）りをかける。撚った糸はカセ車にかけ必要な長さに調整した後、ふたたび灰汁で煮て那珂川に運び二人がかりで洗う。このとき繊維のねじれを気にしながら水分をしぼり、硬い糸を真っ直ぐになるよう強く引きのばして米ぬかをまぶし、一昼夜天日で乾燥させる。こうしてでき上がった糸は糸枠に巻いて保管され、織りの作業をまつ。

織りの工程は、整経と地機（じばた）による機織りの作業である。整経台で経糸（たて）の長さと本数をきめ、筬（おさ）の目に糸を通して経巻具のチキリに巻きとってから、掛糸として木綿糸を経糸にかけて整経する。経糸はフノリをつけて滑りをよくし、足紐と腰の動きで綜絖をあやつって上糸・下糸を交互に開口させ、サシコシとよばれる杼で緯糸を通し、布組織を織っていく。

なお綜絖は織機の一つの部品で、緯糸を通す杼道をつくるため、経糸を上下に運動させる用具である。二枚のそれぞれの綜絖に経糸が通っていて、足を踏みかえると綜絖がそれぞれ上下し経糸が上下に動く。その間に経糸と交差させて緯糸を入れ、足を踏みかえて経糸を閉じ筬を手前に引き織っていく。経糸は切れやすいため、手元には短く績んだ糸を用意し、切れるとすぐつないで織りすすめる。

太布は着心地や保温性の面では麻や綿には劣るが、丈夫で長年の使用に耐えうる実用衣料として、もっぱら日常生活の中で使われてきた。仕事着をはじめ、穀物や弁当、山仕事の道具などを入れる袋、畳の縁などに使われたほか、和三盆糖のしぼり袋などにも利用されてきた。布としての性質は、織った当初は質感が粗いが、使いこむうちに繊維が軟らかくなって目が詰まるため、手触りもしなやかになり、色合いも白く、美しくなっていく。

楮和紙を糸にしてつくる紙布

太布は楮の繊維を一日糸につむいで、その糸を機にかけて布を織り上げていた。太布のほかに楮の繊維を布にする方法に、一度紙に漉いて、その紙を細く切断してから糸にして、その糸を機にかけて織る紙布がある。紙布は通気性にすぐれ、軽く、肌触りがよいうえに、丈夫であった。洗濯も可能であり、最高の織物であったといわれており、武家の裃をはじめとして夏の衣服地全般に用いられた。

紙布は宮城県の旧仙台藩などでつくられ、中でも白石城下（現宮城県白石市）のものが世に知られている。紙布の製法を宍倉佐敏はその著『和紙の歴史　製法と原材料の変遷』（印刷朝陽会、二〇〇六年）で、宮城県仙台地方での製造法を記しているので、これを軸としつつほかの資料もつけ加えながら紹介する。

仙台藩領では藩祖の伊達政宗が、楮（こうぞ）の栽培と紙漉きを奨励したので、領内の各地で製紙業が興った。中でも白石を含む刈田郡一円の産業となる。紙は生産量が多く、品質も最良という評価が定着していた。白石城主の片倉家は、紙布つくりを奨励したので、さまざまな技術改良がおこなわれた。紙布をつくる紙の原料は、品種名を虎斑（とらふ）とよばれるカジノキの雌株の樹皮が用いられた。和紙はカジノキとコウゾを原料として漉かれるが、昔からカジノキも楮に含められてきた。虎斑楮の繊維は長く、しなやかで、軟らかかった。

楮皮の蒸煮（じょうしゃ）は、炉端の木灰を桶に入れ湯に溶かし、その上澄み液を使った。灰の原木の種類によって性質がことなるので、煮損なうこともあった。蒸煮した白皮をザルに入れ流水にひたし、白皮を一本一本取り、指先で異物を取りのぞく。取り終わると白皮は手を丸めた大きさにして、叩き台の上にのせ、繊維を一本一本にほぐすため叩き棒で叩く。

叩き方にむらがあると紙もむらに漉き上がり、この地方でいうこごり（繊維の凝集物）が入る。幅一メートル、横と深さ六〇センチほどの桶に、叩いた原料ときれいな水を入れ、馬鍬（まぐわ）という道具を使って、桶の中をかきまわし、完全に単繊維にまでほぐす。残った異物や繊維束を拾い出し、桶の底にある水抜き穴に布袋をあて桶の繊維を袋に流しこむ。この作業を仙台地方ではざぶりという。

ざぶりの終わった原料ときれいな水を漉き槽に入れ、トロロアオイかノリウツギのネリを加え、流し漉きにする。くみ上げた原料液を何回も縦方向に流し、繊維を縦方向にそろえ、薄くても横に破れにくい性質にする。乾燥した紙は痛みや皺、破れなどのものを除き、厚さ、白さなどを選り分け、同じものをそろえていく。

紙を糸にしていくには、二つ折りにし、上下を少し残して細く裁断する。裁断した紙を広げると、上下を残して中だけが切れている。広げたあと縦に五つ折りにして紙を湿らせ、コンクリートブロックの上にのせ、手で静かにもむと糸状になる。これを紙もみ（「いともみ」ともいう）という。

次は糸績みで、紙もみをしたあと上下に残した紙を一本の糸になるように注意ぶかくむしり取る。上、下と交互にむしっていくうちに、だんだんと長く一本の糸になってくる。一枚の紙が終わり次の紙になったとき、端の部分を開いて人差し指の上に跨がせて、次の糸の端を中に入れ丸め込むとつながり、つづきの糸ができる。

こうして長い和紙の糸をこしらえ、長い紙の糸は糸車にかけてよりをかける。でき上がった糸を機にかけて、布に織っていく。経糸に木綿糸、緯糸に和紙を使って織った布を木綿紙布という。経糸に絹糸、緯糸に和紙のものを絹紙布という。経糸も緯糸も和紙の布を、諸紙布という。

宍倉佐敏は同書で紙布織りのはじまりは、大坂夏の陣で伊達政宗は片倉与十郎を先兵として真田軍と戦い、勝ち戦となったが、そのとき真田に「女や子供は助けてくれ」と頼まれ、片倉は遺臣やその家族を助けた。真田には古くから手しごとのたくみな伝統があり、和紙で投網の紐、わらじ、紙の草履など、さまざまな製品をつくりだしていた。この人たちが、紙を細い糸にして紙布を織りはじめたことから始まったとしている。
紙でつくった糸は、布を織るだけでなく、編んで器具の形をつくり漆をぬって固めた強靭で耐久性の高い弁当箱、水筒、陣笠、煙草入れ、椀などの生活用品をつくりだし、これらを紙長門（かみながと）とよび、町人たちは常用していた。

楮紙を貼りあわせた紙子

漉き上げた紙をそのまま布として利用するものに、紙子（かみこ）がある。紙子は古くは紙衣（かみきぬ）と書かれた。この変遷が江戸中期の有職故実家である伊勢貞丈著『安斎随筆』（故實叢書第一八、今泉定介・増訂故實叢書編輯委員会編、吉川弘文館、一九二九年）の巻五に記されているので、意訳する。

「紙子、布子、刺子――これらの「子」の字は、訓（よみ）を借りて用いるものである。実は「子」の字ではなく、「衣」の字で、「コロモ」を略して「コ」というもの。『源平盛衰記』や『今昔物語』には、「紙子」を「カミキヌ」と書いている。「キヌ」とは「衣」の字である」。

つまり紙衣（かみころも）とも紙衣（かみきぬ）ともいわれていたが、時代の経過により崩れてきて「かみきぬ」とはいわれなくなり、「かみころも」が略されて「かみこ」となり、よび名の通り「紙子」と記されるようになったというのである。

江戸時代の歴史家黒川道祐の著作で、山城国に関するはじめての総合的で体系的な地誌である『雍州府志』（貞享元年＝一六八四年刊）には次のように記されている。

紙衣――倭俗、糊に柿油少許を合し、白き強紙を続き、然して後柿油を塗り日に乾す。此の如くすること数度、其色自ら赤し、爾後晴天に一夜露泊するときは則色を発す。是に於て両手之を揉み和ぐ、是を以て衣服を製す。是を紙衣と謂ふ。又紙子と称す。寒気を禦ぐに便有り。洛下白川通四条辺に之を製す。中古清水坂の人も亦之を造る。是を清水紙衣と謂ひ又素紙子と称す。

紙衣のつくり方は、糊に柿渋を少しばかり合わせ、白く強い紙を貼り合わせ、そこにつくり置いた柿渋を塗って乾燥させる。このように数回くりかえすと、自然に赤くなってくる。それを晴天の一夜外で夜露にあてると、よく色がでる。このとき柿渋の臭気もぬける。これを両手で揉み柔らかくして、衣服に仕立て、紙衣といい、また紙子（かみこ）ともいう。

寒さを防ぐのに便利である。京の町では白川通りや四条あたりで、これをつくる。昔は清水坂の人もまたこれをつくり、清水紙衣といい、また素（しろ）紙子と称した、というのである。『雍州府志』は柿渋を塗って柿色にそめたいわゆる「渋紙衣」とよばれるもののつくり方である。そして色をつけないまっ白な紙のままのものは「白（素）紙子」とよばれている。

紙子は軽くて保温性にすぐれていた。はじめは修行僧の防寒着とされていたが、しだいに普及して防寒用の胴着や寝具によく使われていた。紙を貼り合わせてつくるので、簡便なところから多くの人に用いられた。『源平盛衰記』の後白河法皇の大原御幸の条（くだり）に、年老いた尼が紙子の上に墨染の衣をきている場面がある。戦国時代になると、戦陣の衣料として陣羽織、胴服などにつくられた。江戸時代になっても、紙子は貴賤をとわず一般に広く用いられていた。

紙の漉きかたは、紙布（しふ）の原料のばあいは繊維の方向が一定となり強度がたもてるように縦方向だけに漉くが、紙子の場合は繊維が十文字になるように漉くという違いがある。

和紙でつくられた紙子の衣装は、奈良東大寺の二月堂でおこなわれる修二会（俗にはお水取りといわれる）の練行衆の装束として用いられている。東大寺の紙子のつくり方は、まず和紙を揉みほぐす。次に揉みほぐした紙を竹の棒に巻きつけ、上から押し縮めて皺をつくる。この作業を表と裏と、それぞれ四、五回くり返す。柔らかくなった紙の毛羽立ちをおさえるため、紙に寒天を刷毛でひく。最後に端を糊でつなぎあわせて、反物にする。

でき上がった反物は、その年には使わず保管して、前年につくった紙子の反物で練行衆の紙衣をつくり上げる。東大寺の紙衣は、仏に奉仕する僧が着用するものなので、清浄でなければならないため、柿渋はひかず、紙だけの真っ白の衣である。古来より神聖とされた白紙の、いわゆる白無垢の衣である。それに紙衣が使われるのは、絹糸でないため蚕を殺すという殺生はないし、女人の手を煩わすことなく男手でもつくれたからである。

紙衣の材料としては特にねばり強い紙が必要なので、十文字漉きされ、繊維の絡みが強い美濃十文字紙など、上質で厚い和紙が使われた。

紙子は防寒着であるため、俳句では冬の季語となっている。

ためつけて雪見にまかる紙衣かな　　芭蕉
むかしせし恋の重荷や紙子夜着　　其角
あるほどの伊達仕尽して帋子（かみこ）かな　　園女
皺の手を膝に淋しき紙衣かな　　許六
二君には仕え申さぬ紙子かな　　内藤鳴雪

我死なば紙子を誰に譲るべき　夏目漱石

紙衣着て鳥獣戯画に入りけり　細田恵子

紙子（紙衣）は、江戸時代には文人や茶人に愛好され、いろいろな模様がつけられてきた。宮城県白石市でつくられた紙子には、大名絣、弁慶格子などの紋様が用いられていたという。

第七章　近世の楮紙郷と支配藩財政

わが国の紙漉きのはじまりは推古朝から

わが国の紙漉きのはじまりは通説では『日本書紀』（坂本太郎・家永三郎・井上光貞・大野晋校注、岩波文庫、一九九五年）巻第二十二・推古天皇一八年（六一〇）春三月の条（くだり）にある記事で、高句麗（こうくり）からきた僧・曇徴（どんちょう）がはじめた、とされている。

高麗の王、僧曇徴（ほうしどんちょう）・法定（ほうじょう）を貢上（たてまつ）る。曇徴は五経を知れり。且能（またよく）彩色（しみのものいろ）及び紙墨（かみすみ）を作り、併（あわ）て碾磑（みずうす）造る。

彩色とは絵具のことで、紙墨とは紙と墨、碾磑（みずうす）とは石臼のことである。

この条（くだり）がわが国の、紙製造に関するはじめての文献記述である。しかしわが国はここに至るまで長期にわたり中国文化・文明を吸収していたので、この記述以前にすでに紙の製法は伝わっていたと、江戸時代の学者屋代弘賢（ひろかた）や佐藤信淵（のぶひろ）らは論じている。また壽岳文章は『日本の紙』（大八州出版、一九四六年）で、推古天皇一八年以前に渡来した技術集団により、紙つくりがはじまっていたと推定する。岩波文庫版『日本書紀』はこの条を、「良質の紙の製法をこの時、高句麗から学んだ、意であろう」と注記している。
久米康生は『和紙文化研究事典』（法政大学出版局、二〇一二年）で、畿内に居住する渡来人は韓人系と漢人系の二つの系統がありその割合は半々で、漢人系に秦氏と漢氏の二つがある。古代のもっとも有力な技術集団であった。「紙つくりを始めたのは秦氏がより強い可能性をもっている。秦氏は蔵部の要職を占め、律令制のもとで造紙を管掌した図書寮に関係するものも多く、冬の農閑期に図書寮に上番して紙を漉く紙戸五〇戸は、秦氏の最大拠点である山背国が指定されている」という。

曇徴が紙や墨をつくったという記録より七〇年以前の欽明天皇元年八月、『日本書紀』は秦人・漢人らを召し集めて「国郡に安置めて、戸籍に編貫くる」とある。秦人や漢人を召しだし、戸籍を編集させたというのである。そのとき漢人の人数は記されていないが「秦人の戸数はすべて七〇五三戸なり、大蔵掾を以て、秦伴造としたまふ」としている。

戸籍とは、人民の名、年齢、家族関係などを一戸ごとに記載した帳簿のことであり、当然簿冊は紙で、そこに墨で必要事項を記すことになる。紙質の良否はともかくとして、朝廷の簿冊がつくられる程度の質を満足させる紙がつくられていたことが理解される。秦人の戸数が記され判明しているのだから、秦人のうち紙をつくる技術を持った人がおり、その人たちが簿冊にする紙をつくったと考えられる。

前の雁皮の章でふれたように、正倉院文書には紙の原料をしめす紙名に、麻紙、布紙（朽布紙）、穀紙（梶紙・加地紙・加遅紙）、斐紙（肥紙）、楡紙、檀紙（真弓紙）、杜仲紙、葉藁紙（波和良紙・波和羅紙）、竹膜紙、本古紙（本久紙）などがある。

このうちでもっとも多いものは穀紙で、穀はカヂノキのことである。紙名の中に楮の字はみられないが、わが国では古くからカヂノキとコウゾを同じものとしてあつかっている。カヂノキ（以下カジノキと記す）とコウゾは雑種の一方の親と子という関係にある。

カジノキやコウゾの樹皮を細く糸にしたものを「木綿（ゆう）」といい、これで白妙を織っていたことは、前の章でふれた。紙の材料である梶の木や楮、雁皮が記録にみえるのは、平安時代初期の律令の細則である『延喜式』からである。

『延喜式』の貢納される楮

『延喜式』巻第十三図書寮に、朝廷で使われる紙を漉くために必要な諸資材が書き上げられている。諸資材には、紙を漉く原料である紙麻（かみそ）、藁、絹、紗、簀（す）、調布、砥（と）、鍬、木連灰、莚（むしろ）、紙槽などたくさんの品目があがっている。

第一章と重複するが『延喜式』の紙の材料などについて、もう一度掲げる。朝廷では毎年二万張の紙を漉いていた。その材料として穀皮（かじひ）（楮および梶の木の樹皮）が一五〇〇斤（三一二キロ）、斐皮（ひひ）（雁皮の樹皮）が一〇四〇斤（二〇八キロ）を必要としており、諸国に貢納させている。紙の原料である楮の樹皮は、剝いだ皮をさらに蒸して表面の黒皮を取り去り、水に晒して白皮にしたもので、紙麻（かみそ）と記されていることもある。

穀皮（かじひ）つまり『延喜式』でいう紙麻（かみそ）を貢納させている諸国は、巻第二十二・民部下の年料雑物に記されている。

伊賀国（現三重県北西部）　紙麻五〇斤　　伊勢国（現三重県東部）　紙麻一一〇斤

尾張国（現愛知県西部）　紙麻　九〇斤
近江国（現滋賀県）　紙麻一一〇斤
出羽国（現山形・秋田県）　紙麻一〇〇斤
越前国（現福井県北部）　紙麻一〇〇斤
但馬国（現兵庫県北部）　紙麻　七〇斤
因幡国（現鳥取県東部）　紙麻　七〇斤
播磨国（現兵庫県西部）　紙麻二一〇斤
備前国（現岡山県南部）　紙麻　五〇斤
紀伊国（現和歌山県及び三重県南部）　紙麻　七〇斤

三河国（現愛知県東部）　紙麻　一〇斤
美濃国（現岐阜県南部）　紙麻六〇〇斤
若狭国（現福井県西部）　紙麻一〇〇斤
丹波国（現京都府中部及び兵庫県東部）　紙麻　七〇斤
伯耆国（現鳥取県西部）　紙麻　七〇斤
美作国（元岡山県北部）　紙麻　七〇斤
備中国（現岡山県西部）　紙麻　五〇斤
阿波国（現徳島県）　紙麻　七〇斤
讃岐国（現香川県）　紙麻一五〇斤

以上のように紙麻（かみそ）つまり穀皮（かじひ）は、二〇か国の貢納が定められていた。合計すると、貢納量は一八二〇斤（一一一六キロ）となる。国の中で最大の貢納量をもつのは美濃国（現岐阜県南部）の六〇〇斤（三六〇キロ）で、次は播磨国（現兵庫県西部）の二一〇斤（一二六キロ）、讃岐国（現香川県）の一五〇斤（九〇キロ）となる。この三か国の合計で九六〇斤（五七六キロ）となり、貢納紙麻（穀皮）の五二パーセントとなる。このほかの伊勢国一一〇斤、近江国一一〇斤、出羽国一〇〇斤、若狭国一〇〇斤、越前国一〇〇斤を合わせると一四八〇斤となり、全体の八一パーセントを占めることとなる。

これら九か国が、当時の穀皮の生産国だと考えて差し支えないであろう。しかし、穀皮をつくる梶の木や楮が、栽培されていたものか、自然に生育しているものかは不詳のままである。普通には、自然のものを採りながら一部栽培がはじまっていたと考えられる。

『延喜式』巻二十四・主計上は、雑税の一種としての中男作物（ちゅうなんさくもつ）で諸国にたいして製品の紙を納めるよう記している。中男作物には、貢納する数量は定められていない。貢納すべき諸国とは、山城国（現京都府南部）、丹後国（現京都府北部）、但馬国（現兵庫県北部）、因幡国（現鳥取県東部）、伯耆国（現鳥取県西部）、出雲国（現島根県東部）、石見国（現島根県西部）、播磨国（現兵庫県西部）、備後国（現広島県東部）、安芸国（現広島県西部）、周防国（現山口県東部）、長門国（現山口県西部）、阿波国（現徳島県）、讃岐国（現香川県）、伊予国（現愛媛県）、土佐国（現高知県）、大隅国（現鹿児島県東部）、薩摩国（現鹿児島県西部）という一八か国である。

また中男作物として穀皮（かじひ）を貢納する諸国は、筑前国（現福岡県北部）、築後国（現福岡県南部）、豊後国（現大分県南部）の三か国である。つまり中男作物として製品の紙を貢納する地域を現在の府県名でいうと、近畿地方では京都府と兵庫県、中国地方では鳥取県、島根県、広島県、山口県であり、四国地方では全域、九州では鹿児島県だけという地域である。さらに穀皮を納めるとされている県は、福岡県と大分県という九州北部の地域であった。

平安時代には『延喜式』にみるように、諸国から原料の楮皮や雁皮を貢納させ、中央で紙を漉いていた。紙の需要は地方の国衙（こくが）（国司の役所）にもあったし、公家たちも必要としていた。しかし紙原料の楮や雁皮の栽培がいまだおこなわれなかったため、原材料の供給からも紙生産数量に限界があるため貴重品であった。公家などの日記では暦や不要となった文書の裏側も利用されたし、反古（ほご）となった紙を漉きかえしたものも用いられた。

こんな事情は鎌倉・室町時代でも、ほとんど変わりなかった。紙の生産が各地方でさかんになり、全国的にも生産量がいちじるしくなったのは、江戸時代に入ってからである。

美濃国紙漉き地域とその発展

古代から現代にいたるまで連綿と紙漉きがおこなわれている地域はいくつかあるが、まず『延喜式』でもっとも多量の穀皮の貢納を命じられていた美濃国の紙漉きと原料の楮をみていくことにする。美濃市編・発行の『美濃市史　通史編上巻』（一九七九年）によれば、美濃国の紙漉きの起源は奈良時代にさかのぼるという。正倉院文書の「写経勘紙解」（天平九年＝七三七年）の中に「美濃国経紙一千巻」と記されている。さらに正倉院文書の中にある全国各地の戸籍の紙を調べてみると、美濃国のものは一段と良質であり、すでに製紙技術のすすんだ国であったことがわかるという。

岐阜県編・発行の『岐阜県史　通史編・近世下』（一九七二年）によれば、いわゆる美濃紙の生産地は、長良川の支流の板取川流域の牧谷と、同じく武儀川流域の武芸谷との二つの地域、すなわち濃尾平野の北限に位置する農山村の一帯である。近世の上有知（現在の美濃市の中心地）を東限として、それ以西の武儀郡のほとんどを占めている。またその外延として西側に隣接している山県郡の一部も含まれている。

紙が漉かれた地域は、味蜂間郡春日部里、本巣郡栗栖太里、山方郡三井田里と考えられている。中央の紙屋院とともに、各地の国府にも地方政治に必要な公用紙をつくる紙屋が置かれた。平安時代になってから美濃国の紙屋は、当時の美濃国府の所在地である不破郡垂井付近にあったことは確実とされてい

図 7-1　長良川畔の美濃市街地　ここは美濃紙のふるさとである（美濃市編・発行『美濃市史　通史編上巻』1979 年）。

る。

前にふれた『延喜式』巻二十二・民部下の製紙原料である紙麻の貢納量は、美濃国は六〇〇斤で、二番手が播磨国の二一〇斤であるから、他国より群を抜いており、もっとも多いものとなっている。これについて『美濃市史』は、美濃国は豊富な製紙原料を利用しての製紙業もさかんで、国府の紙屋だけでなく各地で紙漉きがおこなわれていたと推測している。

官営でも民間でも、紙漉きがさかんになる条件のところは、原料の楮が豊富で、谷が浅く清らかで、ゆるやかな川のほとりである。漉き上げた紙は長良川本流や支流の舟運で、上有知（こうずち）から岐阜へ、さらに遠くへ運ばれる便があった。こんな条件をもつ牧谷（武儀郡）、谷合筋（山県郡）、揖斐谷（揖斐郡）、根尾谷（本巣郡）などで、しだいに紙漉きがはじまっていった。美濃国では平安時代に年間一定時期だけ紙を漉く半農半工の生活形態ができたといわれる。

中世から文化の普及発展にともない紙の需要は増大し、各地の紙漉きはさかんとなったが、紙は貴重品で京都の貴族などの上流社会では、紙は贈答品とされていた。室町時代にはじまった『お湯殿の上の日記』の明応二年（一四九三）から天文五年（一五三六）までの記録に、美濃紙の名前がみられる。

美濃紙の名がとくに多くみられるようになるのは、文明年間（一四六九〜八七年）以降である。当時の美濃国守護土岐氏により国内の治安がゆきとどき、政策による産業開発によって諸国にくらべ裕福であったため、京の戦乱をさけて公家や禅僧が多く美濃にきて、美濃紙を手にする機会がふえたという事情もある。土岐氏は自国の産業としての製紙業の繁栄策を講じたので、製紙の中心地となった牧谷、武芸谷（むげだに）一帯の地方は経済的にも発展していった。

中世末期の日記類に記されている美濃紙の産地はそれぞれちがっていて、森下という紙は武儀郡中洞であり、薄白という紙は山県郡伊自良方面、白河という紙は加茂郡白川村といわれ、もっとも代表的な美濃紙・中折紙は牧谷・武芸谷を中心に漉かれていた。

美濃紙の生産発展により、美濃紙の主産地の牧谷と武芸谷が接触する大矢田に紙市が開設され、大矢田紙市として中世にはたいへん繁盛した。戦国時代末期、室町幕府の権威失墜とともに社寺による座の特権も失われたので紙座もおとろえ、大矢田紙市は廃絶した。紙市はなくなったが、紙生産は江戸幕府の基礎固めができ、江戸文化が興隆すると紙の需要は激増したのである。江戸幕府も各藩も紙生産の助長策をとったので、製紙業はさかんになり、その生産量も増大していった。

江戸時代中期になると美濃国における紙漉きの村々も増加した。元文三年（一七三八）に著された『美濃明細記』の土産の項に、美濃紙を漉く村々が次のように記されている。

美濃紙
武儀郡洞戸郷十九村、板取郷十三ヶ村、牧渓（まきたに）郷、大野、向島、乙狩、上野、長瀬、小泉、アラコ、

小倉、山県郡の内所々
本巣郡根尾、池田郡広瀬三村、可児（かに）郡村久々利、加茂郡加治田辺、土岐郡大富、アラマキ、郡上郡赤谷、神路、小駄良、須見、勝原等之を漉きて出す。

この記述について『美濃市史』は、当時の紙漉き村の状況を完全に記していないという。それによれば、牧渓郷とは牧渓八郷といわれる牧谷地区の八か村のことであるが、この記事の牧渓八郷名は少しちがっている。また武芸谷各村がまったく記されていない、という。

そこで同市史は、江戸時代中期以後に著された三つの著書などから、美濃国の紙の生産村数を掲げている（表7−1）。その著作とは宝暦六年（一七五六）編纂の『濃陽志略』と、寛政二年（一七九〇）ごろ編纂の『濃州徇行記』と、『新撰美濃志』などである。

表 7-1　江戸時代中期ごろの美濃紙生産村

郡	村数
武儀郡	39 村
揖斐郡	19 村
本巣郡	18 村
恵那郡	6 村
山県郡	3 村
加茂郡	3 村
土岐郡	4 村
安八郡	1 村
郡上郡	3 村
合計	96 村

現在の手漉き美濃紙の主産地となっている美濃市は、江戸時代には武儀郡の郡内であった。江戸中期の紙の主要産地である武儀郡には三九村あり、板取川沿岸および武儀川沿岸の各村のほとんどが紙を生産していた。現在の美濃市の市域に属する当時の村々は、前野、安毛、長瀬、片知、神洞、御手洗、上野、乙狩、小倉、蕨生、大矢田、半道、松森である。

前にふれた『岐阜県史』は、一八世紀初期の元文ごろには、紙漉き村の著しい地域集中がされ、その地域もとくに武儀郡の尾張藩領に集中していた。中でも牧谷地区が武芸谷地区をおさえて中心的地位にたっていたという。

美濃紙原料の楮産地

近世の美濃紙、とくに障子紙のおもな原料は楮であるが、美濃紙の主産地の牧谷（現美濃市蕨生）では、原料の楮はあまり生産されなかった。紙の生産地と原料の生産地は、異なっていた。美濃市は武儀郡美濃町から発展し、市制となった。近世武儀郡内で楮をたくさん生産したところは、長良川支流の津保川上流域にある津保谷で、楮は津保草といわれ牧谷地区の製紙業の大切な原料供給地である。津保谷とは、津保川上流域に所在する「保」のつく四つの村の総称で、武儀町と関市をへて現在は全域が関市となっている。

武儀郡の東側にあたる小瀬、上麻生、坂ノ東などの村々は、かつては紙漉きをおこなっていたが楮の栽培だけとなり、また慶長年間には圧倒的数量の紙漉きをしていた山県郡伊自良村でも楮生産ひとすじにかわっている。

江戸時代の後期に尾張藩士の樋口好古が記した地誌の『濃州徇行記』の津保谷の村々の記述をみると、上麻生村、金山村、桐洞村、篠洞村、神淵村、上之保村、中之保村、下之保村などは、どの村にも楮が栽培されており、「紙を製せず、楮皮を四方に売る」、「上有知へおくれり」などと記されている。また牧谷付近にあたる村々の上有知村、曾代村、上河和村、下河和村、片知村などの箇所には、楮は「少し作れり」と記されているていどで、ほとんど楮の栽培はなかった。

なお『濃州徇行記』は樋口好古が尾州全土および美濃その他の尾州領をことごとく巡行し、「郡村徇

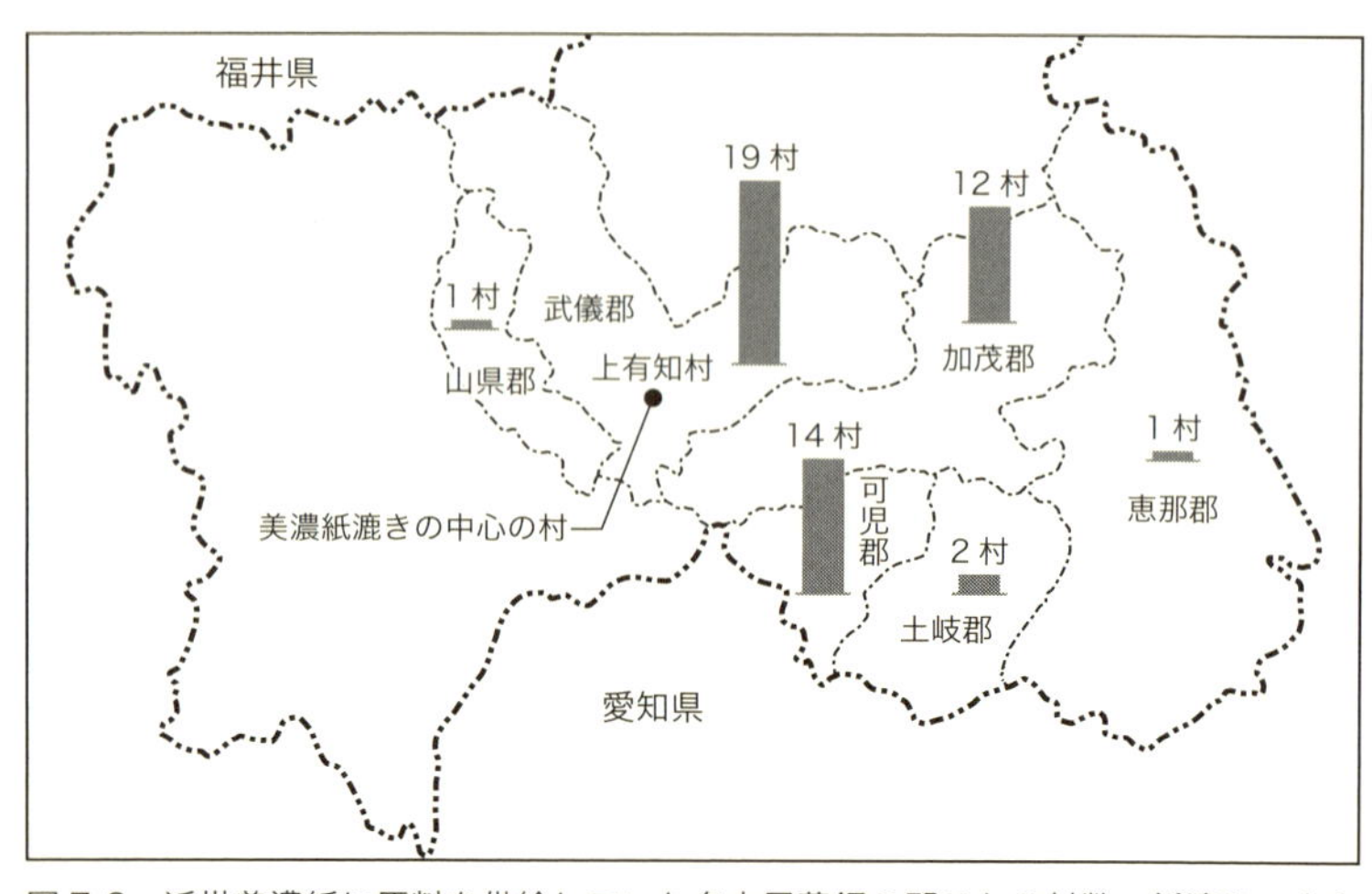

図7-2　近世美濃紙に原料を供給していた名古屋藩領の郡ごとの村数　紙漉きの中心の上有知村に近い武儀郡・加茂郡・可児郡で多く栽培されている。

行記」を編集したが、これが後にわかれて『濃州徇行記』と『尾州徇行記』となったものである。『濃州徇行記』は寛政年間に編集されたと考えられている。『岐阜県史』が『濃州徇行記』をまとめた美濃国の尾張藩領における楮の生産地は、六郡の四八か村にのぼっている。

山県郡　伊自良村

武儀郡　上麻生村、坂ノ東、金山、桐洞、上河和村（一町五反歩つくる）、下河和村（二反二畝歩）、片和村（四町歩）、板取村、上有知村など一九か村

可児郡　菅刈村、上田村、丸山村、中切村など一四か村

加茂郡　上蜂屋村、取組村、久田見村、和知村など一二か村

土岐郡　深沢村、細久手村

恵那郡　加子母村

加茂郡細目村の記載には、「木紙は当村隣郷苗木

辺り、信濃あたりより買よせて、岐阜、上有知(こうずち)へ売りつかわす」などとある。加茂郡も牧谷の楮の供給地であった。ここでいう苗木とは、樹木の若木のことではなく、岐阜県中津川市苗木にあった最小の城持ち藩である苗木藩のことで、加茂郡の一部を領有していた。楮皮を「信濃あたり」より取り寄せとされているが、苗木藩のあった中津川市は木曽川流域であり、その上流の信濃国域は木曽谷である。木曽谷の山々のほとんどは尾張藩の藩有林であったが、集落周辺のわずかな土地に楮が栽培されていたのであろうか。木曽谷での楮栽培量がなお足りなければ、木曽山脈の峠を越え、伊那谷地域にまで足を運ぶことになる。

上有知村には、各地から紙漉き原料の楮皮を集荷し、牧谷の各村へ売る楮問屋が一三戸あったとされている。上有知ではさまざまなものが商われたが、その中に楮や反古紙(ほごかみ)という紙の原料もあり、ここからは多くが牧谷方面へ売られた。その金高は、楮は年間おおよそ金四五五〇両ほどで、反古紙類は年間およそ金二四二〇両であった。この楮は美濃国内はもちろんのこと、他国からも集められたものであった。

前に触れたように美濃紙の紙漉きどころであった牧谷の村々では楮の生産が少なかったので、上有知代官所は紙原料確保の対策として、楮の栽培を奨励するため楮苗を配布し各村に対してその栽培を命令した。『美濃市史』は楮苗無料配布の資料として小野村文書を掲げているので、少し長いが引用する。数字は漢数字であるが、わかりやすく筆者が整理した。

木紙苗下され候覚

一　一五〇本　　小野村

一　一五〇本　西神野村
一　二〇〇本　神野村
一　二〇〇本　大野村
一　八〇本　川小牧村
右は先達て相触れおき候其村々願いの木紙苗頭書の通り御渡し相成るべく候間、明日明後日の内、陣屋へ請取人必ず差出すべく候、其節談ずべき儀も候間庄屋当人罷出ずべく候承知の上即刻順達致すべく候、以上

亥十月十九日

上有知陣屋

村々庄屋え

右の通り村々励みのため、無代にて下しおかれ候、猶此の余、村々において植増致し候様御談御座候、当村の内へ一五〇本下され植付け候人別左の通（一人一五本ずつの植えつけ人名は省略する）

乍恐御達し申上げ候御事

一　木紙苗　三〇本　川小牧村
一　木紙苗　一〇〇本　曾代村
一　木紙苗　一〇〇本　保木脇
一　木紙苗　五〇本　小野村
右は今般木紙苗御手当のため、私共村々へ下しおかれ、植込仰渡され候、ついては前願の通り植増

仕りたく存じ奉り候、よって御達申上候、以上

（文久三年）亥十月廿二日

曾代村庄屋　西脇伊助

保木脇村庄屋　代（以下略）

越前紙漉き地域と楮産地

越前国（現福井県）の手漉き和紙の歴史も古く、おおかたは雁皮の章で述べたが、楮については触れていない部分もあり復習する。越前国での古代からの紙漉き地は、越前国の国府（旧武生市・現越前市）に近い越前市の旧今立郡今立町五箇地区である。大化の改新により、越前国の大河川である九頭竜川の一大支流、日野川の流域にひらけた平野部に国府がおかれ、戸籍や計帳のため必要な大量の紙の供給源として五箇地区はその需要に応えていた。

『今立町誌』（今立町誌編さん委員会編、今立町役場、一九八二年）第一巻・本編によると、正倉院に現存する戸籍などを調べた安部榮四郎は「国印を押された地方の文書は、たいていその国の産紙と思われる。いずれの国も主として楮である」と記している。そして現存する越前関係の紙九種類を考証した齋藤岩雄は、三種類は雁皮で漉いた紙で、残り六種類は楮を用いた紙だとしている。古代の紙で楮が用いられたものを掲げる。

①　天平宝字元年（七五七）　越前国桑原庄所雑物並開田事

②　天平宝字二年（七五八）　（町誌に書類名の記載なし）

③　天平宝字三年（七五九）　越前国坂井郡施入帳
④　天平神護二年（七六六）　越前国足羽郡鷹山施入帳
⑤　天平神護三年（七六七）　越前国司牒
⑥　天暦五年（九五一）　越前国庄庄券足羽郡庁牒一張

室町時代の文明年間（一四六九～八七）以降の日記や記録類には、越前から京都へむかう貴族や僧侶たちの土産として、越前の紙が用いられていたことが数多く記されている。これらの紙は、斐紙（ひし）（雁皮を原料として漉いた紙）に類するもので、鳥の子・薄様・打曇（うちぐもり）であり、越前は鳥の子紙の主な産地であったことがわかる。

江戸時代に五箇村で漉く紙の主流となる奉書紙は、天正元年（一五七三）が初見とされている。天正九年から慶長五年（一六〇〇）ごろまでの約二〇年間、五箇の紙はこの地を支配していた佐々成政、丹羽長秀、木村常陸介など五人の領主に統制を加えられていた。天正・文禄（一五九二～九六）のころから、五箇の紙は奉書紙の名で代表されてきた。元禄期から生活文化の向上にともなって、漉き紙の種類も飛躍的に増加し、元禄・宝永年間（一七〇四～一一）にはおよそ八三種となっていた。寛文元年（一六六一）福井藩は幕府から藩札発行の許可をもらい、藩札の用紙として五箇では楮約七割、雁皮約三割の紙を漉いた。

五箇では福井藩だけでなく、江戸幕府の御用紙職の地位も得て、幕府のあつらえ物の奉書紙を漉き、納入するようになった。幕府御用の奉書紙の原料は楮である。前にふれた『今立町誌』は、安永五年（一七七六）に幕府の勘定所から「御用紙奉書の漉き方」について問い合わせがあり、そのときの口上書の口語訳したものを収録している。

五箇の三田村家では、幕府や福井藩の御用紙用楮は問屋のもっともよい楮を自由に抜き取る権限がゆるされていたので、いつも最良の楮を府中（現在の越前市武生）の問屋から抜き取った。よい楮が手に入ると、優秀な職人をこれにあて、まず上皮・二番皮までを全部とった三番の正皮を使い、入念に手をくわえ、紙漉きに最良の時期である寒前から旧暦の正月までに漉いた。御用紙以外の商いものの奉書では、御用紙とはまったく別あつかいで、紙漉きでは季節はずれの夏にも漉くし、原料の楮皮も二番の青皮から四番の皮まで使ったのである。

越前国最大の紙生産地である五箇（現越前市＝旧今立郡今立町五箇）での楮は、慶長三年（一五九八）の太閤検地では、五箇地域の一つ大滝村には紙畠が四筆あり反別は二反七畝（〇・二七ヘクタール）あり、ほかの畠とあわせて三五本の楮が記されている。また近くの「野岡山室村検地帳」には、畠一八筆であわせて七反三畝三歩（〇・七三三ヘクタール）に楮の木があると記されている。

寛永八年（一六三一）ごろの五箇では紙草は栽培されたものを買うか、同じ郡内の粟田部村や府中（旧武生市＝現越前市）の市で買い入れるのが通例であった。寛文七年（一六六七）には粟田部村で楮を買うことはよいが、野岡川（月尾川）よりむこうの野岡領（大阪城代土岐頼殿の所領地）で買うことは禁止された。しかしこのころになると、楮は若狭国（福井県西部）から移入していたようである。五箇の一つである新在家村の七左衛門が、寛文一〇年に楮皮を若狭国から脇道の糠浦（ぬかうら）に荷揚げしてとがめられている。

五箇で紙の生産量が増加するにつれて、福井藩は宝永七年（一七一〇）、領内の楮を他藩領内へ移出することを禁止し、他藩の領内からの移入はさかんにした。つまり福井藩領から楮皮は出さず、必要量の楮皮は他の領域からさかんに入れたのである。越前国には福井藩（越前藩）のほか、小浜藩、鯖江藩、丸岡藩、大野藩などの藩があり、他国の領主の所領もあった。

府中の楮皮問屋の紙屋久三郎ほか八人は、明和三年（一七六六）、越前国内の府中南部にあたる南条郡産の楮や、敦賀から河野浦に運ばれる楮を売買した。天保一〇年（一八三九）、南条郡大谷浦（現南越前町）は、裏山のおよそ一万貫（三七・五トン）の楮を、隣村の河内村に売りわたす契約をしているが、この楮は府中を通り五箇へ運ばれたと考えられている。大谷浦は敦賀湾に面した海岸の村で、背後には日野川河谷を隔てる高く険しい南条山地が横たわる。一万貫の大量の楮は、大谷浦背後のほとんどの山地に栽培されていたと考えられる。

越前国を東から西へと流下する九頭竜川本流の上流部にあたる大野郡で栽培された楮は、足羽郡大宮村（美山町を経て現福井市）から折立峠を通るコースと、東郷宿から五箇へという二つのコースで運ばれた。

若狭国（現福井県西部）や山陰地方に産した楮は、九頭竜川河口の三国湊から、九頭竜川と日野川を舟でさかのぼり、白鬼女（現鯖江市舟津）で荷物をおろし、五箇へと運ばれた。なお白鬼女は北陸道が日野川と交差する地点で、水陸交通の要衝であった。ここには白鬼女の渡しがおかれていたとともに、ここが内陸と河口の三国湊を結ぶ日野川水運の起点で、舟着き場がおかれていた。

福井藩では五箇村の楮の増産を図るため、文化一〇年（一八一三）楮株を他国より取りよせ村々へ売り植えつけさせる触れをだした。岩本村では三〇〇株の植えつけをきめている。また天保一二、一三年

（一八四一、四二）には岩本村で、楮苗一六三〇本を二六軒でひきうけている。

現福井県では五箇以外にも、紙を産するところがあった。坂井郡では、南楢原村、北楢原村、田谷村、四十谷村の四か村があり、明治五年（一八七二）には九五軒が紙漉きに従事していた。大野郡では、大野藩領内の笹俣村、中島村など七か村、郡上藩領内の市布村、荷暮など一九か村で合わせて二六か村で紙漉きがされていた。

丹生郡では平等村と上大虫村で紙漉きがおこなわれた。今立郡では、五箇村以外に下戸口村、野岡村、川島村、出口村、水海村、籠掛村などで紙漉きがされた。南条郡では府中、赤萩村、大良浦、瀬戸村などで紙漉きがおこなわれた。敦賀郡では、敦賀の鳥の子紙が有名である。遠敷郡では、名田庄村、湯岡村、桂木村、田村、和多田村、三重村、出合村で紙漉きがおこなわれていた。

萩藩蔵入地の山代紙郷と請紙制

周防・長門国（現山口県）における紙漉きは、山口県発行の『山口県文化史』（一九七七）によれば、大島郡、熊毛郡、都濃郡、前山代、奥山代、徳地、吉田、船木、前大津、奥阿武郡などの各宰判でおこなわれたが、その中で特に山代と徳地の紙が有名であった。

山代は錦帯橋で有名な岩国に河口をもつ錦川流域である玖珂郡北部を総称していたが、のちにその西北を前山代、東南を奥山代と称した。なお、宰判とは、江戸時代における山口藩の行政区分で、一八の宰判があり、宰判ごとに代官と大庄屋がおかれた。

山代地方の製紙開始には諸説あるが、室町時代の永禄年間（一五五八〜七〇）にはじまるとされる。

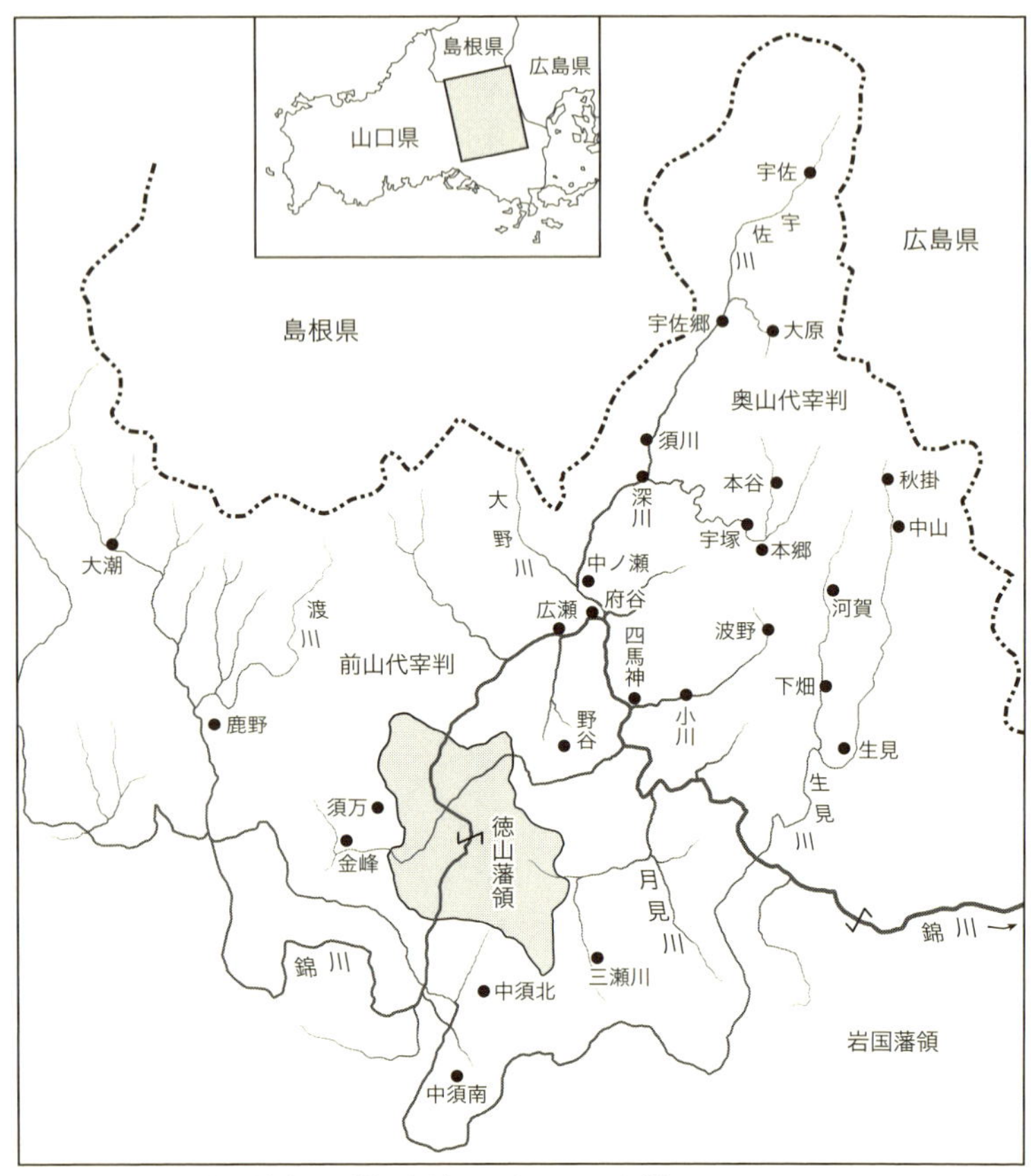

図 7-3　山口県山代地方で近世に紙漉きを行っていた村々

『錦町史』（錦町史編さん委員会編、錦町、一九八八年）は「山代温故録」から、波野村（旧本郷町＝現岩国市）に住む中内右馬之允（うまのじょう）が、永禄年間に安芸国吉田（旧広島県吉田町＝現安芸高田市）の紙販売家に泊まった。その家の主人から紙漉き技術をならい、帰宅して真楮（まそ）をもとめたが、容易に得られなかった。近里向山の四郎左衛門と根笠村（旧美川町・現岩国市）綴掛（つづらかけ）に真楮があるというので、一緒にでかけ二、三株を得て、これを波野村の桜畑に植えたところ、楮の生育に適合し年々繁茂し、しだいに楮栽培が広まり、近隣の村々はほとんど楮を植えるようになった、と記す。

また同町史は別に「地下上申」から、宇佐郷村（旧錦町＝現岩国市）の紙漉き技術は隣接の石見国（現島根県西部）鹿足郡の村から伝えられたとする。いずれにしても戦国時代末期の天正年間（一五七三～九二）には、山代地方に紙漉き技術がつたわり、紙が漉かれていた。

楮は山代地方の山野に適合しよく育った。また紙漉きには清冽な川水が必要だが、こちらも十分にあったので、山代地方は紙の生産にふさわしい土地柄であった。

防長二国を領有する毛利氏の治世下で、紙は米・塩とともに「防長三白」といわれ、萩藩の産業政策に組み込まれ発展していった。近世の紙の主要産地は山代地方および徳地であった。紙は山代が第一で、漉かれた紙は大坂に年々六万丸売られた。紙は二〇枚を一帖、一〇帖を一束、一〇束を一締（二〇〇〇枚）とし、六締を一丸（一万二〇〇〇枚）という。

江戸時代初期の寛永二年（一六二五）、萩藩（山口藩）は山代の検地をおこない、小物成（雑税）の課税対象として楮、茶、桑、漆などまで数え上げた。また山代に山口藩主からの知行地をもつ渡辺石見守広などの家臣に給地を返納させ、山代全体を御蔵入地（藩の直轄地）とした。家臣たちは替地を与えられた。さらに山口藩は翌寛永三年と五年に田畠貢租の究方と楮桴（楮の現在高の検出）をおこない、現存する楮の釜数に応じて請紙の高を算出し、これを山代全体の田畠にわりあてた。

寛永五年九月二一日、国元に在藩の藩主から山代御倉入地の究めが原権左衛門に命じられ、山代に派遣された。究めとは徹底的な調査のことで、すべてのことを明らかにする調べ方をいう。このとき山代地方の田畑に対して、藩内の他の宰判より異常に高く実収を無視した石盛がなされた。なお石盛とは、江戸時代、田畑の反あたり収穫高をしめす数のことである。これに税率をかけて課税する。検地のとき、田畑を上・中・下・下々の四等級に区分し、上田を基準に定めた各等級の反あたり収穫高を一斗で除してもとめる。

請紙制は、資金の前貸しで紙や原料の生産ノルマを義務づけ、民業の利益を実質的に萩藩が独占して他国に販売するもので、しかも市価が定額に達しなければ百姓に弁済を命じることができるという厳しい統制が加えられ、萩藩の巨大な利益を保証した。

御蔵入地の楮究が中心で、楮一釜の値段を銀三匁に定め、村々における田畠楮の石高の高低のむらをなくすように努められた。萩藩（山口藩）はこの楮究で、楮の課税を強化することをねらったもので、重大な決意をもって臨んでいた。

楮の単位には、把と釜が用いられ、紙を漉きだす量を基準として設定された木楮（伐採したままの楮）の秤量（秤で量ること）単位をさしていた。萩藩は寛永五年（一六二八）に木楮の長さ三尺五寸（一〇六センチ）、周囲五尺五寸（一六六・七センチ）の一括りを一把とさだめ、一〇把を一釜とした。承応二年（一六五三）には楮一釜を木楮三六貫目（一三五キロ）と改定し、楮三釜分で半紙一丸（一万二〇〇〇枚）を漉くとされた。

木楮一釜分を蒸して甘皮を剥ぎ、苧楮六貫目（二二・五キロ）がえられた。苧楮とは楮の甘皮を剥ぎ乾燥させたもので、他の地域では黒皮ともいう。一〇月ごろ伐採した木楮を煮釜にいれ、二時間ほど蒸したのち取りだして直ちに黒皮を剥いで乾燥させる。木楮のよし悪しで異なるが、木楮三六貫目から苧楮は約六貫から六貫七〇〇匁が得られたという。

山代地方の石高の変遷を『山口県文化史』は、「はじめ山代の石高は五三〇〇余石にすぎなかったが、抄紙の業が起るにおよんで次第に開け、慶長年中（一五九六～一六一五）には約三・八倍の約二万石、貞享（一六八四～八八）検地では一一・一倍の五万九〇〇〇石となり、そのうち二万三〇〇〇余石が楮石であった」と記している。山代地方の税収の基礎額は慶長から貞享までの約一〇〇年間に三万九〇〇〇石も増加していた。そのうち楮栽培とそれから漉きだす紙が稼ぐ収入が米の石換算で二万三〇〇〇余石と、増加分の約四割の額に達していた。

『山口県文化史』は「山代温故録」を引用して元禄一〇年（一六九七）のころは「人民日々に繁盛して人数通計二万九〇〇〇人に余り、民家六〇〇〇軒に余れり、この内にて紙を漉ける家二六九〇軒余なり」と繁盛ぶりを記している。そのころ半紙六〇束（一万二〇〇〇枚）を一丸として約三万丸（三億六〇〇〇万枚）を産し、二万丸を大坂へ輸出額と定め、米につぐ重要な財源となったと記している。

萩藩財政窮乏と山代紙郷の抵抗

藩役人の徹底調査のため、究をのがれようとする者はその一類が処罰され、究によって逃散する農民がでたらその村の庄屋、畦頭、五人組の責任を問い、さらに山代の村々全体の庄屋の連帯責任として処罰するという、厳しいものであった。なお逃散とは、農民が領主の誅求に対する抵抗手段として、他領に逃亡することをいう。藩の命令にそむく者の入牢はもちろんだが、反対に藩の究に対して世話を焼いたり、御馳走をするなどの協力者には褒美を与えるなど、アメとムチの政策をおこなった。

図 7-4　山代地方の主要集落の一つである広瀬村

山代地方の住民たちが逃散するところは、地つづきの石見国津和野藩領の鹿足郡内であった。『津和野町史　第三巻』（沖本常吉編、津和野町史刊行会、一九八九年）は、周防国山代地方の住民が、逃散してくることについて次のように記している。

「津和野領吉賀・星坂村の隣村は、寛永以来、毛利藩（萩藩）切っての特に厳しい最初の「請紙制度」をしいた地域（山代地方のこと）に属しており、紙漉きでは農民を震え上がらせていたところである。その結果は山代百姓たちの逃散となって津和野領にひそかに逃げ込み、匿われてきた札つきの出ている村でもある。毛利藩からの逃散は承応以後も続き、その地域は（長門国）阿武郡では須佐・弥富・萩と拡大した。ことに阿武郡地方は津和野藩主が吉見氏であった時代は、津和野藩領であったため、親類縁故の関係が深く複雑で、双方で追放罰をうけても効果は薄かった。その一つの例に、田野原に楮を植えつけた慶安四年（一六五一）の秋、周防国玖珂郡（奥山代宰判）宇佐郷村の百姓新兵衛が、妻子を連れて三人で走り、領境を越えて石見国鹿足郡注連川村の五郎兵衛のところへ逃げこんだ。このことを宇佐郷村庄屋九郎兵衛が探知したのは年を越して四月のことである。」この逃散事件については、津和野藩と萩藩の間で、往復書状による折衝が長くつづいた。

萩藩（山口藩）では、寛永七年から楮一釜につき三斗一升の根石を盛りつけ、これを畠石と同様とみて石貫銀を賦課し、さらにその上に紙漉船役銀を課して三重課税とし、石高引き上げのための、山代の住民たちにとって不当な課税方法をおこなったのである。

前述のように、萩藩は寛永五年（一六二八）の楮究のとき、木楮の長さ三尺五寸（一〇六センチ）で周囲五尺五寸（一六六・七センチ）の束を一把、一〇把を一釜とさだめ、名請け人と楮の紙数を公簿に書き上げた。この楮の数を御帳面楮という。さらに承応二年（一六五三）秋におこなわれた楮杯のときより、木楮三六貫目（一三五キロ）を一釜とあらため、以後はこれが踏襲された。御帳面楮をかかえている者は、その分だけ紙を漉かなければならず、自分で紙を漉かない場合は代金を出して別人に紙を漉いてもらった。現在ある楮が御帳面楮に記された数量を満たさない場合は、不足分は時価で楮を買ってきて渡すことになっていた。

天候などによって楮のでき具合は毎年ちがい、御帳面楮の通りに紙を漉くことができない。大庄屋、御恵米方や算用師などが作柄をききながら、村々をまわり実地を見分し銘々が作柄はどれくらいか評価して勘場にだし、代官所がその数値をもとに検討して楮の作柄を決めた。これを歩通といい、御帳面楮に歩通をかけて請紙数を算出した。

元禄一〇年（一六九七）、山代の楮は九万一四七〇釜であったが、すでに楮の衰退のきざしがみえていた。翌一一年、山代楮方役増野定慶は楮栽培を奨励し紙漉き業を盛んにしようとして、百姓六三二〇余戸に対し戸ごとに一〇株の楮の植えつけを命じ、これを五把無楮と名づけた。また子どもの出生時には祈禱の初穂料として一株、死亡時は菩提の布施料として二株植えることとし、これを三株楮と称した。一戸三株でも山代地方全体では、九〇〇〇釜となり、三〇〇〇丸の半紙ができた。

これらの楮には、課税を免除し、地元での自由な売買を許したので楮の産額は一時大いに増加した。宝永四年（一七〇七）には八万七二七〇釜余の楮から紙が漉かれていた。

楮は山地での栽培のため、その後猪や鹿の食害がはなはだしくなったことと、藩の財政逼迫につれて課税を重くしたため楮栽培と紙漉きはしだいにおとろえ、弘化年間（一八四四〜四八）には三万一〇〇〇余釜、漉いた紙は一万三五〇余丸に減少した。

年代が前後するが山代では半紙二万三三〇〇丸余を漉くと、銀三九九貫目余が山代に入り、山代の住民たちの生活の維持向上も可能であった。ところが宝永七年（一七一〇）、萩藩は藩士救助銀として大坂で銀八〇〇貫目を借銀し、抵当に山代紙三七〇〇丸をあて、一二パーセントの利息をつけ、山代地方の百姓が五年間分割払いするとされた。山代で漉く地下（じげ）紙の主要部分が藩の借銀払いにあてられたのである。

山代では、藩の借銀三七〇〇丸は本銀一七七貫目に五割の利子銀をつけ、計二六五貫五〇〇目として、紙で大坂に返済した。山代の百姓の手に入るべき一七七貫目余の五年分八八五貫目余は、萩藩が一〇か年賦で山代百姓に返済する約束であったが、藩財政が苦しくて実行されなかった。山代百姓にとって地下紙代銀の減少は大きな痛手であり、山代での紙漉きが衰退していく要因となったのである。

萩藩の請紙仕法は半紙一丸の御仕入銀は四〇匁と定められ、銀と米で支払われた。米は相場で支払われた。延宝三年（一六七五）以前の米の価格が安い時代には銀一〇〇匁につき米三石（五四〇リットル）替えであったが、延宝三年は二石六斗（四六八リットル）で、前にくらべ約一三パーセント減であった。享保になり銀相場が狂いはじめ、米をはじめもろもろの物価が高騰し、楮や紙も高く売れるようになったが、藩の紙の御仕入銀は固定されていた。それで藩への紙の売値は下落し、そのうちの米の支払い部分も享保初年（一七一五）には一石七斗（三〇六リットル）替えとなり約四三パーセントの減少をみた。山代百姓にとっては、二重の損失であった。

享保三年（一七一八）三月、①地下紙の売上代銀を百姓にわたすこと、②公納紙以外の紙は百姓に自由に漉かせること、③御仕入銀は楮相場で支給すること、④菰付銀は百姓に下ろすこと等、七項目の要求を掲げて山代地方に百姓一揆がおこった。このときの百姓一揆は、享保四年（一七一九）分から銀一〇〇匁で米二石替えとすることだけで決着させられた。そして山代の楮はおとろえ、紙は皆済できなくなり、百姓たちの困窮ははなはだしくなった。

享保一七年（一七三二）には山代地方の楮に、害虫による虫枯れが発生して壊滅的な被害をうけ、餓死者や流民（りゅうみん）（故郷をはなれてさすらう人々）が続出し、紙の生産業は一挙に衰退した。人手不足のためか、このころから猪や鹿が繁殖して楮を食いあらし大きな被害となった。享保末ごろの山代は、集落は全滅し廃村同然となり、紙の質は落ち、大坂での山代紙の名声も地に落ちた。

萩藩は諸種の手立てを講じ、ようやく山代の紙漉きが復活しかけたが、天保二年（一八三一）七月二六日、連年の重い課税に苦しむ百姓たちによる山口・三田尻の二つの宰判の一揆を契機に、各地に一揆が広まった。また、同七年は凶作で不穏な空気がながれ、翌八年も不作のため山代地方に再度の一揆がおこるという混乱の中で、山代の紙はますます衰退した。

萩藩では公簿より一万三三一二釜余も不足する楮の回復のため、楮苗一五〇万本を植えもどすこと、弘化三年（一八四八）には楮苗一〇〇〇本につき銀一匁の苗代と米一斗の畑開き飯米、米二升の補修米を補助することにした。冬や春先の雪の中でも老若にふさわしい仕事として楮の植えつけがされ、天保・弘化（一八三〇〜四八）には合計一五〇万本となった。

山口県の山代地方における請紙制度は、萩藩の財政が三白（米・塩・紙）の三つに等しく負担させるのではなく、山代地方の楮とその紙に頼るという全国的にみても特殊な租税負担の形態であった。明治五年（一八七二）九月二日に請紙制度は廃止された。

津和野藩を潤した楮紙

石見国の紙漉きは「石見半紙」といわれ、現島根県西部の周防・長門国と接している津和野藩と浜田藩の領域で主におこなわれてきた。津和野藩の紙は『津和野町史』によると、万葉時代の歌人柿本人麻呂がこの地で紙を漉かせたとの伝承をもち、室町時代の文明年間に津和野地方の青原村と柳村で漉かれた紙が禅宗僧の記録に残されているという。柳村は旧日原町の地内で現在は津和野町となっており、楮の良種である真楮（まそ）に恵まれた地域で、この地方の紙漉き発展に大きな役割を果たし、早くから知られたところである。

慶長六年（一九〇一）津和野藩主となった坂崎出羽守真盛（大坂夏の陣で千姫を救出したことで知られる）は、藩内で漉かれる紙の質が粗悪なので、これを改良するため吉賀（よしか）下領の大庄屋澄川与助に命じて肥前国（現佐賀県・長崎県）や豊後国（現大分県南部）から、良質の楮苗木五万本を買い入れて、領内の鹿足郡などに植えさせた。その結果は期待通りにはいかなかったが、これを契機に津和野藩領内に製紙がさかんになったのは事実である。

坂崎氏は断絶し、そのあと元和三年（一六一七）、因幡国（現鳥取県東部）鹿野から亀井氏が入城し、領国四万三〇〇〇石を支配した。二代藩主亀井茲政の時代の正保三年（一六四六）、財政立て直しのため採用された多胡主水真益は、慶安四年（一六五一）に吉賀上領の田野原村（現吉賀町）や各地に楮を植えさせるなど、製紙の増産につとめた。これを機会に一もうけを企んだ城下の商人には、権力を介入して抑圧するなど適切な手をうつ政策をおこなった。万治元年（一六五八）ごろには、吉賀地方（上領組、下領組）だけで年産五〇〇丸（六〇〇万枚）の紙を漉きだすようになった。

なお津和野藩の紙は、二〇枚で一帖、一〇帖で一束、一〇束で一締、六締を一丸とよび枚数では一万二〇〇〇枚である。普通の農家では一年に約五〜六丸つくっていたといわれているので、枚数にして六万枚から七万二〇〇〇枚の紙を漉いていたといわれている。

百姓たちが漉いた紙は、野中村、七日市村、広石村、津和野城下の商人が買い集め、一丸につき銀三匁の口銭を上納し、大坂方面へ出し莫大な利益を上げはじめた。多胡主水は紙商人たちに相応の金額を与えて権利を召し上げ、紙は大坂へ直送し倉庫に保管し売りさばく津和野藩の紙専売制をはじめた。これにより藩の財政は潤うことになったのである。

元禄九年（一六九六）村方の申し出により、紙を年貢米の代わりに上納することになった。紙の種類には、地楮紙、御買紙、前銀返上紙、米立御買紙、御礼紙、差上紙などがあった。いずれもその由来があり、年代の違いもあるが、上納紙増徴のため請紙化されたものである。

地楮紙は元禄九年にはじまり、各自の所有地からの楮で紙を漉き、紙は年貢米にかえて上納するもので、後には買い入れた楮で漉く紙であっても、年貢米の代替え上納は一般にこうよばれた。紙一丸の代

図 7-5　道ばたの傾斜地に生育している野生の楮

米は、はじめは領内の西分で六斗五升、東分で六斗三升であった。御買紙は、元禄一〇年から地楮以外の楮をよそから仕入れて漉き、藩で買い上げてもらう方法であった。

　享保九年（一七二四）から米紙の貢租額は、延宝二年（一六七四）から享保八年までの五〇年間の平均収納額にさだめられ、以後明治四年（一八七一）の廃藩置県までの約一五〇年間ほとんど変更されることはなかった。

　その間、紙の価格は高騰しても領内では同一の交換率で、津和野藩は割りつけ額の限度まで強制的に徴収した。この制度は藩の財政をうるおしたが、百姓側の利益は少ないうえ損害も大きかった。百姓は疲弊し、紙生産は減少、上納に事欠くようになっていき、この制度維持はしだいに困難な状態となったのである。

　良質紙をつくるには原料楮が良質でなければならないので、六日市町編・発行の『六日市町史　第二巻』（一九八八年）によれば津和野藩は文化一二年（一八一五）に郡奉行から各庄屋へ次のような通達をだしている。

　　楮の作り方達示（カタカナをひらかなで表記）

　楮苗作り立の儀、前々より仰せ出され一統承知の通りに候。右苗の儀は紙職根本第一の品に候えば、此の上庄屋ども忽（ゆるが）せ無く気を付け世話致し、人別随分出精、年々怠り無く作り立て、村々何程の辻、

植付け候段、得と詮議を遂げられ毎年相届け申さるべき事

庄屋たちは百姓たちがおこたりなく、楮をつくるように指導し、毎年どれだけの楮を植えつけたかをよく調べて報告するようにと、郡奉行は申しつけたのである。

津和野藩での紙は藩財政の重要な収入源であったために、前に述べたように専売制としており、これに支障のないように厳重に取り締まっている。前に触れた『六日町史』は天保七年（一八三六）一〇月一八日に藩の表用人から紙楮売買禁止の「触」の文書を記しているので、一部省略して必要な部分を掲げる。

一　御領分の紙楮他領へ売り出し申す間敷事。

　附、御領分にても証文無く売買仕る間敷並に御受紙皆済これ無き内、店売り堅く停止（ちょうじ）の事。

一　他領より入込候て紙楮を買い得候商人は、一夜の宿も貸す間敷候。

一　楮苗植付けの儀は年々油断無く、追々作を増し候様いたすべく候。

　但し、他所売りは一切停止の事。

　右の趣堅く相守り候、若し心得違いのやから之有るに於ては急度（きっと）迷惑仰付けられ候条在中のものへ手堅く申し付けられ候。

第一条は、藩内の紙や原料の楮を他領に売り出してはならない。つけ加えとして藩内でも許可なく売買してはいけないし、御受紙を皆済しないうちは店に売ってはいけないこととする。

第二条は、他領から入りこんで、津和野藩領で紙楮を買っている商人には、一夜の宿も貸してはならない。

第三条は、楮苗は年々植えつけてふやしていくようにするが、他所へ売ることは駄目だとする。そして心得違いのものは、きっと処罰するという、厳しいものであった。

広島藩の楮紙増産と紙の収支

広島藩は広島県西部の安芸と備後国（芸備ともいう）を領有していた。芸備での和紙生産の開始時期はさだかでないが、藩主が浅野氏となった江戸時代初期には、周防国境に近い山間地の佐伯郡や山県郡を中心に、沼田、高宮、安芸、賀茂、豊田、三次、三上、恵蘇、奴可、世羅、御調郡など、ほぼ全域にわたって広く紙生産が展開していたと、広島県編・発行『広島県史　近世Ⅰ　通史Ⅲ』（一九八一年）は述べている。

広島藩の紙は、佐伯郡厳島で雁皮による特殊な高級紙が漉かれた。そのほかの地域での紙原料は山間の各地で生産される楮がおもに使われ、雁皮や三椏もまぜて使われた。雁皮は安芸郡をはじめ佐伯、高田、沼田、豊田、世羅郡で生産され、庄原（現庄原市）などで漉かれた奉書紙も雁皮に楮をまぜてつくられていた。製紙作業に必要な糊の原料のトロロアオイも、山県郡や佐伯郡をはじめとして各地で栽培されていた。

楮は一般に農耕に適さない山中のやせ地、不毛の礫土でもよく生育し、肥培管理にもあまり手がかからなかったため、山すそや田畠の間の空き地、堤防などを開墾、あるいは茶園などの間作として広く植えつけられた。また江田島、蒲刈島、倉橋島などの瀬戸内海の島々の山畑でも多く栽培された。紙はこれらの原料を用いて漉かれたが、その作業は操作が比較的簡単で、婦女子でもでき、習熟しやすい小規模家内工業であったから、山村農家の副業としてはかっこうの仕事として広くおこなわれた。

文政初年の広島藩の紙漉き村数

佐伯郡　多田、津田、玖島など　三二村　山県郡　加計、戸河内、穴など　一三村
沼田郡　吉山、阿戸、大塚など　一〇村　高宮郡　勝木、今井田、飯室など　六村
高田郡　向山、志路、有留など　六村　恵蘇郡　下原、川北、濁川など　五村
世羅郡　徳市、伊尾、戸張など　五村　三谿郡　吉舎、川内、辻など　四村
三次郡　香淀、大山、門田など　四村
甲奴郡　木屋、田総　二村
豊田郡　善入寺　一村
三上郡　庄原（柳原）　一村
このほか安芸郡、賀茂郡、奴可郡、御調郡でも漉かれていたが村名は不明

江戸時代における広島藩の紙の生産量の推移を前にふれた『広島県史』は、藩全体のおおよその傾向をしめすものとして、山県郡の生産高を例として掲げている（表7－2）。

この表のように貞享以降は増加をつづけ享保末には一つのピークに達し、以後は漸減するが再び上昇し、文政二年には五九〇〇丸（七〇八〇万枚）となり最高額に達する。これを境に、天保期

表 7-2　安芸国山県郡の紙の生産量の推移

年　次	生産量（丸）
貞享　4 年（1687）	1534
元禄　2 年（1689）	1794
宝永　3 ～享保 10 年（1706-25）	4035（年平均値）
享保 12 年（1727）	2814
同　20 年（1735）	5616
元文　元年（1736）	5360
同　2 年（1737）	4480
同　3 年（1738）	4290
文政　2 年（1819）	5900
文政 13 年＝天保元年（1830）	4835
天保　8 年（1837）	2248
同　9 年（1938）	1500（推定値）

から大きく減退していく。この傾向は広島藩の紙や楮に対する統制政策と関係していると『広島県史』はいう。広島藩では浅野氏の入封以来、紙や楮の生産や販売は、百姓にまかせていたが、正保三年（一六四六）に「御紙方」をもうけて増産と統制にのりだした。つづく慶安・承応のころから紙漉き百姓に楮仕入れ銀の前貸しをおこない、積極的に紙の増産をおこなうとともに、漉きだした紙は村ごとに庄屋に集荷させ、検査のうえ強制的に買い上げる統制策を取りはじめた。

大坂に設けた紙蔵では紙の需給状況をみはからい、紙漉き百姓に漉かせる紙の種類と量を決め、それを各村の紙漉き百姓にわりあてる。原料の楮もすべて藩が買い上げ、紙漉き人に交付する。必要量の楮がなお不足するときは、他郡や他国産の楮まで買いこんで支給した。漉き上げた紙は、すべて藩に買い上げられた。

広島藩の紙専売制が確立・強化されるにつれ、紙漉き百姓に対する藩からの生産割賦額は増大し、山県郡紙漉き一三か村では享保一〇年の四〇三五丸（四八四二万枚）が同二〇年には一・七四倍の七〇四〇丸（八四四八万枚）と大幅にふえた。そのため材料の楮は地元産だけでは間にあわず、他郡や石見国（現島根県）方面まで買いあさらなければならなくなった。とくに飢饉にあたっていた享保一七、八年以降は不作のため楮の買いつけ価格は高騰して入手がむずかしく、同二〇年には割りあてられた額を大きく下まわる五六一六丸（六七三九万枚）の紙しか納入できないありさまであった。

この時の山県郡一三か村の収支は、

藩の前貸し仕入れ銀一三二貫九二九匁

納入紙の藩買上代銀一四四貫五六七匁から

納入不足紙代銀二八貫四七〇匁を差し引かれる

以上の差引をすると、村は一六貫八三二匁の赤字となった。

このときはさらにこれまでの未進銀が一九一貫余もあった。紙漉き村の百姓たちは再生産できる余地はまったくない状態におかれたのである。紙漉き一三か村が利用すべき楮は入手難のうえ、買いつけ価格の高騰、収益の悪化など、苦しい状況のもとで生産増強ばかりを紙漉き百姓は強いられた。紙漉き村の百姓たちは、藩に対してたびたび嘆願をおこなった。

享保三年(一七一八)、広島藩全域で百姓一揆が勃発したとき、紙漉き百姓たちも同調した。佐伯郡では紙方役人が、他の所務役人や頭庄屋とともに襲撃の対象とされている。紙や楮の専売制強化と収奪に対する積年の不満や抵抗が一気に爆発したものといえると『広島県史』は分析している。貞享以来増加をつづけた紙生産も、享保末年(一七三六)を一つのピークに、以後は減少していったのである。

土佐藩詳細な楮畑検地を実施

土佐藩(高知藩)は中世のころから楮や紙と深い関わりをもっていた。初期の土佐藩の楮は太布(たふ)の原料で、楮から漉いた紙は紙子(かみこ)の材料という程度の認識であった。これらは農村の自給品で、せいぜい藩内の需要量がつくられるに過ぎなかった。太布は楮皮の繊維を糸にして織った布のことで、紙子は厚くて丈夫な和紙に柿渋をぬり、乾燥させ、もんで衣類に仕立てたものである。太布は夏着および仕事着に、紙子は冬の防寒着とされていた。

近世になり武士たちが城下に住んで都市生活者となり、文化的な生活を営むようになった結果、紙の

図 7-6　野生の楮の幹の様子　3 本の左側のものは枝もなくまっすぐに伸びている。

需要が膨大な量にふくれ上がった。土佐藩では、近世初期と中期には浦方（漁業および海運業）が藩財政に大きく寄与していた。宝永四年（一七〇七）一〇月四日、東海道沖から南海道沖を震源域として発生した巨大地震にともなった津波で、土佐の太平洋岸は大被害をうけた。これが浦方依存であった土佐藩財政（藩政）の転換をうながした。

宝永七年、土佐藩は楮の検地をおこなった。このとき以後、幕末の万延元年（一八六〇）の廃止まで、ほとんど一五〇年つづいて楮や紙は土佐藩の専売商品として取り扱われ、御蔵紙制が生まれたのであった。高知城下の特権商人の創意によって中国筋から紙漉きを雇い入れ、技術を導入し、土佐藩における紙漉きを開始した。海岸地方の津波による荒廃に苦しんでいた藩は、元禄以来すでに山方の茶や紙を把握しようとしていた。土佐藩は高知城下の商業発展をもくろんでいた商人たちの仕事を国産方役人の管理にうつし、正徳四年（一七一四）に紙の専売制である御蔵紙制を設けたのである。

高知県編『高知県史　近世編』（高知県文教協会、一九六八年）は、「宝永七寅暦十一月十五日、楮本野取幷御用紙小割」と表題された楮畑の検地帳をのせているので、紹介する。なお数字は読みやすいように筆者が整理した。

シタノサコ（筆者注・字名、以下同じ）

一　楮本　四七株　　　　　　　　曾右衛門

　内　一四株　上　　　一二株　中　　　二〇株　下

ヤシキ・大サコ共

一　楮本　一八本　上　　　　同人

二口

〆楮本　六五本

　内

三三株　上　一株に二二匁二分（筆者注・生産量）　此の貫匁七一〇匁

一二株　中　一〇匁二分　此の貫匁一七〇匁　　二一株　下　一一匁　此の貫匁　二三〇匁

此の貫匁　一貫一一〇匁（筆者注・曾右衛門の楮草総生産量）

小中折　一束一長（筆者注・楮草に見合う藩買上紙）

このように個人ごとの詳細な調査の集計は、「宝永七年長瀬村楮本数御改就仰出御指出扣」の長瀬村惣分に「楮本数　三万三一五〇株」、楮草生産高「四六〇貫一一匁四分」として集計され、これに対する御用紙の割りあては「四〇六束」となった。

土佐藩は鷲が獲物をねらうように、個人ごとに詳細に、強力に紙を捕らえたのである。いったんはこのように捕らえられていたが、享保七年（一七二二）には割りあて紙の高が「六五〇束」と、二四四束も増大したのである。

土佐藩の紙の生産は順調に発展し、重要国産物として藩では注目された。それにはいくつかの重要な条件があった。一つは気候が温暖なうえ広い山の畑に恵まれ、原料の楮や雁皮の生育が良好で生産量も豊富であったこと、二つ目に秋や冬の乾燥気候が紙漉きに適していて、農閑期の百姓の作間余業つまり副業として採用できたこと、また紙漉きの仕事が小規模であったため、百姓屋一戸単位の副業として普及しえたことである。

天明期の史料によると紙漉きは、設備資金として米一石（一八〇リットル）、運転資金も米一石、半年の収益も米一石と、みなほぼ同額であった。吾川郡の神谷村では、小作人まで紙漉きをしていたように、紙漉き階層は本百姓から小作人までの範囲に広がっていた。土佐藩の紙はもともと太布や紙子作製のためのもので、百姓の自給品を出発点とした伝統があった。土佐藩の紙漉きの奨励も、百姓たちの伝統の上にたったものであったから、効果が発揮されたのである。

土佐藩楮紙以前の太布と紙子

土佐藩で綿が栽培され、木綿の衣類の自給が可能になるのは江戸時代の延享から宝暦期だといわれている。それまでの衣類は楮繊維で織った太布や、楮紙の紙子が用いられていた。

『高知県史』は、史料『土佐国物産説』の「太布」の項を引用し、太布は「長岡郡豊永郷大砂子村の産」だといい、ついで「此の郷中に限らず、すべて国中の山の民はもっぱらこれを製す」と、土佐国のほとんどの地域で、四国山脈の中で生活する人々のほとんどは、太布をつくっていたことをあげている。

太布のつくり方は、冬季に山野に生育する楮を取り、皮を剝いで、灰汁（あく）で煮る。それからていねいに洗い、黒皮を取り去り、寒い夜戸外に出して凍らせ、さらに乾燥させて繊維をほぐして績(う)み、糸車でよりをかけてかせ糸にする。かせ糸をはずし、灰をまぜて煮る。そのごきれいに洗い、引き伸ばしてしぼり上げ、米ぬかをふりかけ、縮まらないように重りをつけて干し、長手にかけ枠にくり移し、またこれを延べ筬(おさ)に入れ、機(はた)にかける。こんにゃく芋の糊を織る前に引いてから織る。織り上がった布を衣服にするときは、もういちど煮て軟らかくして用いる。

図 7-7　収穫してきた楮の束　太布にするにはこれを蒸して皮を剥ぎ、灰汁で煮る。さらに繊維をほぐして績むという作業が必要である（根尾村編・発行『根尾村史』1980 年）

山の民はこの太布をもっぱら常服とし、垢がつくと水洗いをすればよく、糊をつける必要はない。酒しぼり袋、砂糖押し袋、米袋、茅たたみの縁、風呂敷の類に用いると、他の品物に劣ることはない。また藍を染めつけ、もみだして染物とすることもできる。さらに太布には精巧なものもあって、布のようだというが、この品は他所でつくられる。また緯糸(よこいと)に藤の皮の糸を使ったものがあるが、これは下品である。

太布の産出量の総計は詳らかでない。山の民はもっぱらこれを着て、余れば他国に輸出する。その増減は詳らかではないが、元治元年（一八六四）にはおよそ六〇〇〇反あまりだという。時価は、中等の上品はおよそ六二銭五厘余である。

幕末に記された『土佐国物産説』によれば、幕末や明治初年にも山間地ではなお衣料として使われている。別の書物によれば、宝暦のころは土佐郡本川村寺川などの山間地では晴着も太布製の衣服が多かったようである。このように太布は晴着としても遅くまで山間部では着られていたが、一般的には元禄期前後で太布から紙子へと変わっていった。

土佐の紙子は、山間部の住民ははじめは柿渋を塗ることを知らなかったので、白紙を連ねて衣として、寒さを防いでいた。元禄期より六〇年前までは、津野山紙子といって渋で染めて衣とし、みな糊づけして売りにだしていた。元禄のころ紺屋町の津野屋所兵衛という人が長浜の御すくひ紙子を毎年受けあい、七〇〇枚、八〇〇枚におよぶほどの仕立て紙子を藩の郡方へ売っていたとのことである。

このように土佐国の紙子は、元禄ころが全盛期であった。宝永年間に御蔵紙制が実施され、紺屋町の紙子にも統制がおこなわれ、紙は上方での販路が重要となったのである。

土佐藩の楮栽培奨励と収奪

土佐藩の山方では、雑穀——自給作物の栽培なので、年貢はしばしば石代金納となるため藩は商品作物導入の必要があった。野中兼山は「本山掟」で、「茶・楮その他年貢の便に成るべく木は植えるべく申し、用に立たず木一本も植え申す間敷候」とあって、百姓たちは年貢のたよりとなる茶や楮は植え、役に立たない木は一本も植えるな、と明快な指導をしていたのである。商品作物の奨励ではまず茶が成果を上げた。楮は太布や紙子、および書写用の紙の増大によって、楮の栽培・生産は大きな刺激をうけた。楮草の生産は茶よりも容易であり、栽培も簡単であったので楮もまた急速に伸びた。

史料で土佐藩の楮植えつけ奨励の努力がわかる文書は、高知県編・発行の『高知県史　民俗資料編』

（一九七七年）収録の享保一五年（一七三〇）五月二三日づけの「薬種其外諸生育国産物式書之事」で、土佐藩から中村（現四万十市中村）より有永（土佐清水市有永）迄の村々庄屋衆中にあてたものである。一九か条あり、楮は第一一条に記されているので意訳する。

　里方（平野）の畠に楮をつくることは、地味が山分とちがって肥え地なので農業の方を多くする。また紙漉きをならうことに疎く平野部の畠に楮を植えることは利益をわきまえていないと察せられる。それにより今年より楮苗を残し、村々の畠地の高（祖税額）の員数にしたがって、これを植えつけるよう申しつける。庄屋、年寄、組頭などはあつくこれを引き受け、楮のつくりようの大概の別紙にしたがい、つくり方に粗末のないようにすること。

　ただしおおかたはその村々の畠高の四分の一ばかりの地面に楮づくりを申しつけ、一坪に楮二本のつもりをもって、一反に六〇〇本植えつけられるはずであるが、一反（三〇〇坪）のうちに一坪に六本あて植えるときは一〇〇坪を楮畑とし、二〇〇坪はほかのものを作づけするようにすべきである。しかれば楮は三か年は用いられないものなので、免高（祖税基準額）のうち三分の一を控除すべきところであるが、免高のうち六分の一あて三か年の間控除する。四

図 7-8　楮が栽培されている四国山地の集落　高知県仁淀川町長者地区の古城山、寺野、竹谷の風景。急傾斜地に畑地がみえる（仁淀川村史編纂委員会編『仁淀村史』仁淀村、1980 年）

か年目より楮の品質の上中下を改めたうえ、楮代銀高の内六分（六〇パーセント）は藩に召し上げ、四分（四〇パーセント）は百姓の取り分となること。

この文書をみると、栽培の奨励ではなくて、命令である。楮は植えてから三か年は生育期間で、楮畑に存在しているだけで利益を生まない産物であるから、本来三年間は租税を免除すべきものであるにもかかわらず、土佐藩は六分の一は税とする。また四年目から楮が切れるようになれば、その代銀の六〇パーセントは藩が召し上げ、残り四〇パーセントが百姓の取り分であると、定めている。六公四民という高い税率である。

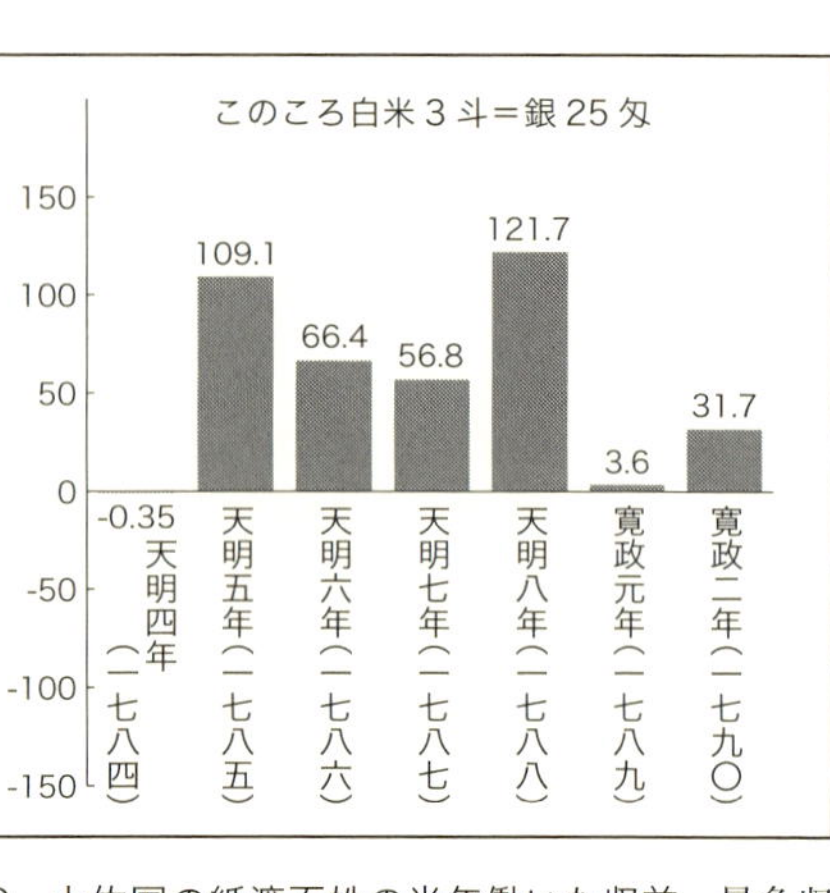

図 7-9　土佐国の紙漉百姓の半年働いた収益　最多収益の年でやっと白米１石５斗の稼ぎにしかならない。

明和のころには土佐では地主制が進行し、小作人には耕作権の保証もなく、加治子米未納には家財道具の売り立ても強行された。耕作百姓のもとめた活路は作間余業の商品生産で、土佐藩の商品代表である紙であった。紙は楮畑の検地にともなう御蔵紙制で藩にすべてが把握され、ついで宝暦一〇年（一七六〇）に漉いた紙の一部は平紙として百姓の手もとに残されたが、明和年中に再開された国産方仕法により平紙は問屋の支配にまかせられていた。

土佐国の百姓たちの紙漉き経営の収支を『高知県史』は、『植田家文書』所収の「紙仕入萬覚帳」から計算している。それによれば、売上高から仕入れ銀を差し引いた残高、いわゆる収益を次のように掲げている（表7－3）。

『高知県史』はこのころの白米の価格を、白米三斗は約銀二五匁としている。それから比較してみると、作間余業なので期間は半年・六か月となる。六か月間あくせく汗水たらして紙を漉いて、白米三斗以上の収益があったのは天明四年から寛政二年までの七年間で四年だけである。飢餓におちかねない稼ぎを、藩と問屋が貪ったのである。

表7-3　土佐国の百姓たちの紙漉き経営の収支

年　次	収　支
天明　4年（1784）	マイナス　0.35匁
同　5年（1785）	プラス　109.14匁
同　6年（1786）	プラス　66.43匁
同　7年（1787）	プラス　56.80匁
同　8年（1788）	プラス　121.65匁
寛政　元年（1789）	プラス　3.57匁
同　2年（1790）	プラス　31.67匁

土佐国での紙の生産地は食料の豊かな平野部の農村ではなく、四国山地の焼畑による耕作地帯であった。取るものをすべて取られた焼畑地帯の紙漉き百姓は、世に紙一揆とよばれる一揆をおこした。天明飢饉のさなかの天明七年二月一六日、伊予の久万地方に接した吾川郡池川村・用居村の百姓たち七〇〇人ばかりは、藩の紙政策に抗議し、伊予国松山藩にたよって久万地方菅生山へ逃散（ちょうさん）という一揆をおこしたのである。池川紙一揆ともいわれる。

土佐藩は同年三月二日、国産改会所を廃止して、藩へ納入する以外の紙（平紙）の自由取引を認めた。

第八章　楮栽培の普及と近年の衰退

『農業全書』にみる楮の栽培法

和紙原料の楮は、はじめは野生のものから採取していた。戦国期の騒乱がおわり、世の中が平和になり、文化がさかんになるにつれ、紙の需要は多くなった。野生からの供給では需要が満たせなくなり、栽培がはじまったのは江戸時代からだといわれている。

紙漉きに関わる書物はいろいろあるが、原料の楮の栽培技術書は、江戸時代の元禄一〇年（一六九七）、江戸期三大農学者の一人である宮崎安貞が著した『農業全書』（貝原楽軒刪補・土屋喬雄校訂、岩波文庫、一九三六年）巻之七・四木の類・第二楮がはじめてのものである。楮の品種や栽培法がきわめて懇切ていねいに、注意すべき事項が述べられているので整理し、意訳しながら紹介する。また大和国吉野と周防国の栽培事例も掲げられている。『農業全書』は江戸時代農業発達の基礎となった農書だと評価されている書物である。

楮には品種がいろいろあり、葉の切れこみが深いものを楮といい、切れ目のないものを構（こう）というと字書にみえるとまずいう。なお構とはカジノキのことである。品種には、黒ひょう、おぶち、つづりかき、白ひょう、青ひょう、鯰尾（なまずお）、日高という七種を掲げている。

黒ひょうは厚く軟らかくて白い樹皮をもっており、おぶちは枝が長く伸び、いさぎよく、白くて厚い樹皮をもっている。この二種類は、上紙（じょうかみ）を漉くのによろしい。つづりかきは、おおかたの土地においてはほかの品種より栄える（繁茂する）もので、周防国（現山口県東部）ではもっぱらこの種を栽培し、他の楮よりも栄えるという。楮を栽培するためには、土地のよい悪いにしたがってふさわしい楮を考えて選んでつくることだという。

図 8-1　野生の楮の幼木　葉は三つに大きく切れ込んでいる。

近ごろ諸方で楮が利益を生むものだと聞くが、植える土地を選ぶということを知らない。みだりに楮を植えて、大きな人力を費やし財を失ったところが多いという。これはみな楮が土地を選ぶということを知らないためである。

山畠などの肥えたところ、少し岸が高く牛馬で耕作できないところ、穀物をつくるところの畔（あぜ）などは少し植えてもはなはだよく生長し、その利益はほかのものが及ばないものである。楮は苗を仕立てるのに、挿し木ではおおかた根がでないものであるが、つづりかきは肥え地に適期にさせば七、八割は活きつくことがある。

苗の仕立て方は、冬の一月、二月、三月のとき、若い楮の栄えた根を掘りだし、箸の太さ以上のものを三〇センチ程度の長さに切り、畠の畦に六〜九センチ間隔で深く頭を六センチくらい出して植える。藁などで日覆いをしておく。四、五月にほとんど残らず芽を出す。除草をし、肥料を与えれば、よく生長するものである。

楮を植える法は、山畠でも、平地の畠でも、他のものを一緒につくらずに楮だけを植える場合は、おおよそ縦・横とも間を一〜一・二メートルに一本あて植えること。

楮の皮を剝ぐときには、かぶせる桶の丈に合わせて一メートルか七五センチかの長さに、よく切れる鎌で切りそろえる。釜の上に楮の束をおき、桶をかぶせて、よく蒸す。よく蒸し上がると香りが激しくなる。よく蒸し上がった楮は、切口の皮が三センチくらいむくれ上がる。いまだむくれ上がっていない楮は、蒸れていない。よく蒸し上がった楮は、数人がかりで、手早く皮を剝ぐ。一にぎりを一把とし、一方をそろえて結わえ、竿にかけて乾燥させる。

大和国吉野の楮の植えつけは、土地の肥えたところがよいのはもちろんであるが、日あたりの悪いところは楮にも悪いという。楮苗の細根が多いものを一〇月から正月および二月の間に、木末をとめて長さを三〇センチ程度にする。畠の岸または畠の中で作物を栽培するところは開けて、一筋ずつ、木のならびは九〇センチ程度で、二筋あるいは三筋植えるときは、木と木がかさならないように、たがいちがいに植える。乾燥した皮は、一束を三貫目（約一一・三キロ）にして商人に売り渡す。値段は年により少し高下するが、おおよそ銀二〇匁につき楮皮一二、三貫目（四五キロから四八・八キロ）となる。

周防国の人の説では、楮を植える土地はよく肥えた土が望ましいが、どんな土でも人糞尿を施してやしない、穀物をつくるように手入れをしてやれば、穀物の利より過分に増すものである。彼の地では楮を植える畠では、穀物を二番にして楮の方にもっぱら力をそそいでつくるので、他所にはないほど厚い利が得られるという。麦をつくる畠に楮を植えて、麦に人糞尿を多く与えれば、楮もともに栄えて両方に利分がある。楮ばかりをもっぱら栽培しても、さほどのことはない。公私二重の徳分があるので、この上ない有益な作物だという。

ここまでが、楮の栽培法を事例をあげながら説明したものである。さらに『農業全書』は楮を栽培すると得られる利益を述べ、楮栽培を推奨するのである。

「また楮は多くの効能あり。四木の内にて桑に次ぎてなくては叶わぬ物なり」と、まずいう。楮には多くの効能つまり効用があって、四木（茶、楮、漆、桑）の中で、養蚕（ようざん）に必要な桑の木についで、なくてはならないものである」と評価している。

第一は紙に漉かれ、貴賤の日用の書状や記録など用途ははかり知れない。葉は煎じて茶として飲用すれば諸病をなおし、若葉は菜として食用となり、古株を湿地にうめておけば食用茸が発生する。また楮皮から着物（太布（たふ）や紙子（かみこ）のこと）をつくり夜着とすれば軽く暖かで、貧家の助けとなるなど、かれこれその徳はならぶものがない霊木であるとする。

楮は尺地（三〇センチ四方）ほどのところがあれば、上の不要のものを刈り捨て、一株でも植えておくこと。古人がいうように、植えてさえおけば自然に太り栄え、尽きることのない生物の徳がえられる。楮は用途も多く、植える土地も多い。五穀をつくれない岩のはざまの石礫地で、他のものがつくれないところでも、楮にふさわしいところが必ずあるものだから、心がけて選び植えること。しかしながら、高山や北向きで風のはげしいところには植えないこと。たとえ土地がよく肥えていても、風が強くあたるところは、はなはだよくない。

楮は農業の益になると説く

江戸時代に著された農書で天保一五年（一八四四）、江戸期の三大農学者のひとり大蔵永常著作の『広益国産考』（土屋喬雄校訂、岩波文庫、一九四六年）は『農業全書』とならんで重要な農書と評価されている。大蔵永常はこの書で、商品・貨幣経済機構が農村へ浸潤するにともなって、しだいに農業経営様式が変化をうけつつあった江戸時代後期の百姓たちに対して、貨幣収入をふやすのに直接役立つような徳用作物の栽培と、砂糖、蠟、紙、藺莚などの製造・加工の技術を興すこと、すなわち農業の多角的経営をなすべきことを特に主張している。大蔵永常は『広益国産考』一之巻・総論の冒頭において、次のようにいう。

> 夫国を富ましむるの経済は、まづ下民を賑はし、而て後に領主の益となるべき事をはかる成るべし。第一成すは下にあり、教ふるは上にありて、定まれる作物の外に余分を得ることを教えさとしめば、一国潤ふべし。此の教ふるといふは、桑を植え養蚕の道を教え、あるひは楮を植えて紙を漉かしめ、或は路傍塘堤丘陵原野に櫨樹を植えて蠟を搾り、（以下略）

永常は国を富ませるためには、まず下の領民を賑やかに（繁栄）させ、その後に領主が益となることを図りなさいという。下の領民つまり百姓は貢納作物の米、麦、豆類のように定まった作物以外に、桑を植え、蚕を飼い、楮を植えて紙を漉くなどの工夫をするようにと、本業である稲作以外の収入源をつくることを薦めている。現実には永常が説くこととは逆に、前章で述べたように領主は百姓を富ますことより、まず自分の藩の利益を重視し、百姓に楮を栽培させ、紙を漉かせ、安い代銀で買って、藩の専売品として利益をむさぼったのである。

「国産となるべき物を左にあぐ」として、まず紙をあげ「かみの国産になりて夥しきは、中国半紙、西国の半切杉原、四国の諸紙、美濃、よしの、名塩、越前の美紙、其外挙げてかぞへがたし。みな所の産物として其益少からず」とし、ついで楮をあげている。楮のことは、かぞとも、かごともいう、とする。「楮は右の紙をすく苧である。山の畠あるいは下畠の段々畑の岸ぎわ、または不毛の地を開墾して植えておけば、農業の益となる物なので作るべき」であると、栽培の必要性を説いている。

『広益国産考』五之巻は「楮」の項を設けくわしく述べているので、意訳して紹介する。

楮は畑の境、山畑などの片方が下りとなっている所につくると土留めとなるもので、年々植えかえるものではない。切株から芽を出し、秋にいたるまで生長し、麦を蒔くころは藁で枝を括り上げて巻けば格別作物栽培のときの仕事のじゃまにはならない。

西国の山ぞいの村で田畑五〇石高をもつ百姓は、楮皮の干したもの一〇〇把位は収納している。なお五〇石高とは、いまでいう標準課税額のことで、米五〇石を生産できる田畑を所有していることをいう。高持ちとは、税をかけられる財産を持っていることである。この五〇石に対して藩は五分（五〇パーセント）なり六分（六〇パーセント）なりの税率をかけて、貢納を命じたのである。

楮皮一把五貫目（約一八・八キロ）、一把の価格銀五匁とみても銀一貫五〇〇匁となる。平地の村でも、畑の四面に植えて利益をえられるものである。この楮には種類が多く、優劣があるので、苗のすぐれたものを選んで植えることが必要である。

そして「楮之種類」として九州で植える楮に、おぶちょ（上クラス）、丸葉（中クラス）、白梶、目高

（下クラス）、黒へを（下クラス）、白へを（下クラス）、青へを、なまずを、という八種類を掲げ、それぞれの種類を簡略に解説している。別に摂津国木ノ部で苗を仕立てて九州、中国四国あたりへ送る楮の種類を次のように掲げている。

一　赤楮　木肌赤く、木立細く、葉も細く、きりこみなく、皮もうすし。
一　黒楮　大体おぶちに似て葉の切れこみ深く長くのび、正味多し。平地に植えてよろし。
一　真楮　石州にては専ら用ふるよし。一名つづらかけといへり。
一　高楮　紙の性少しあしけれども木至て長く伸びるなり。たねをとりて蒔く木なれば、分根して苗をこしらふるにおよばず。

これ以外にも種類あり。

そして「駿州由比宿より興津の間、さつた峠の山などに三椏（みつまた）といへるものを植えて、倉沢其の外にて紙を漉きいたすなり」と、三椏の栽培と製紙についても触れている。

『広益国産考』七之巻「豊後国日田郡産物の事」の項に、日田郡（現日田市を中心とした周辺）の年貢地以外の山野や畑の畔にできた産物を掲げているので、紙と楮を取りだして紹介する。

豊後国日田郡の年貢地以外の地からの産物

一　紙類　凡（およ）そ　四五〇〇丸（注・紙一丸は一万二〇〇〇枚）
代凡そ　銀五〇〇貫目　此の金八三三〇両一歩ト五匁　但し一両銀六〇目
一　楮皮　凡そ　三〇〇〇抱（わ）　但し一抱五貫目
代凡そ　銀六〇貫目　此の金一〇〇〇両

但し一郡にての出来高凡そ二万三〇〇〇抱のうち、二万抱は紙に漉きたて、残りの三〇〇〇抱、他国へ出し候

年貢地は検地により田畑〇反〇畝のように、田畑ごとに米麦栽培地が決められているので、それ以外の地に植えるとその収穫量は耕作する百姓のものとなったと現在の人は考えるであろうが、領主は年貢地以外であっても作物を栽培していれば決して見逃さないで税を課していた。丸々百姓の利益にはならないが、少しは手元に残ったであろう。

江戸期の紙郷と楮の栽培地

近世になり紙は公家、僧侶、武士など上流階級の人々の記録資材から発展し、紙を用いる階層は町人にまでおよび、日々の生活を営むうえで欠くことのできない生活資材の一つにまで普及するに至った。紙の原材料の楮栽培は、ほぼ全国的に普及していたのである。

江戸時代の農学者佐藤信淵（のぶひろ）は、紙は「一日も無くては叶（かな）わざる要物」と『経済要録』の中でいう。紙の需要の高まりとともに、各地に紙漉き村の集合体ともいえる紙郷が生まれた。とくに西日本の諸藩が、紙の販売利益を藩財政にくり入れるため専売制をとり、紙の増産をはかってしきりに奨励したため、有力な紙郷が育っていった。紙郷が消費する楮皮は、その藩でほぼ自給できる体制がほとんどの藩でととのえられていた。

紙漉きはどこでも営めるわけではない。紙漉きには大量の水を必要とし、その水は泥気がなく清らかなことが必須で、小石混じりの川底をもつ山川（谷川）のほとりがふさわしい環境であった。別の面で

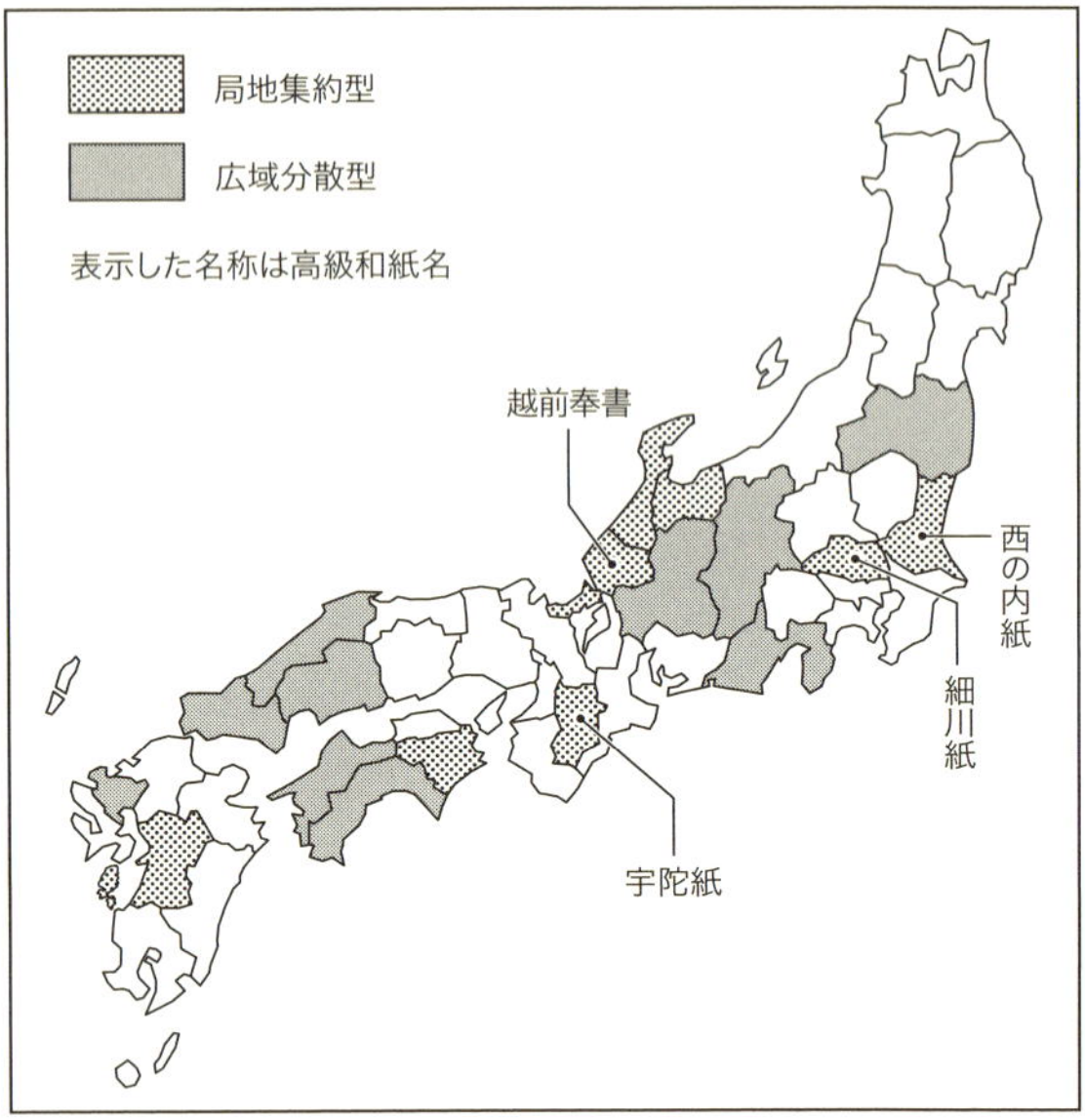

図 8-2　近世における紙郷の類型ごとの県分布

みれば、水田稲作に適さない山間地が紙漉きの適地となり、焼畑など山地農業で食料をつくり、山仕事の収入や紙漉きで生活する百姓たちは貧しかった。紙漉き材料の楮を購入する資金もなく、仕事の原料はほとんど藩や紙商人からの供給に頼った。紙漉きの集団化つまり紙郷の形成は、藩や紙商人の考え方や政策が大きな要因だったのである。

久米康生は『和紙文化研究事典』（法政大学出版局、二〇一二年）で、「近世に請紙(うけがみ)制というきびしい専売制のもとに、上方紙市場に圧倒的な優位を保った西中国地方の周防・長門国（山口県）、石見国（島根県）、安芸国（広島県）などには全郡に紙郷が広がっていた。土佐国（高知県）や伊予国（愛媛県）もほとんどの藩が専売制をしき、その半紙は江戸末期に周防・長門産紙に迫る勢いを示したが、土佐では農民の生産意欲をかきたてるように平紙(ひらがみ)の自由販売を許すという政策も巧みに運用している」と、専売制と紙郷生成の関わりを述べている。なお平紙とは、決められた藩の納入数量を越した余分の紙で、百姓が自由に処分することができた紙のことである。

そして久米は、紙郷の分布を次の二つに区分している。

局地集約型では、紙郷のあるところは狭い範囲にかぎられている。茨城、埼玉、富山、石川、福井、奈良、徳島、熊本などの諸県の紙郷はこの型である。この型の紙郷では、西の内紙（茨城県）、細川紙（埼玉県）、越前奉書（福井県）、宇陀紙（奈良県）など高級紙を主として産する。広域分散型では、紙郷のあるところが広い地域に分散している。山口、広島、島根、高知、愛媛、佐賀、岐阜、長野、静岡、福島などの諸県の紙郷がこの型である。分散型は紙漉きの数が多い。

それぞれの紙郷で用いる原料の楮は、ほとんどは紙郷周辺の地域から供給されたのだろうと普通は考えるが、前の章の越前紙でみたように、遠く山陰産の楮も供給されていた。楮はほとんど全国で栽培されていたので、近くに紙郷のない場合は、仲買人の手をへて遠国まで運ばれていたようであるが、需要供給がどうおこなわれていたのか不詳である。

上方紙市場の大坂に西日本の周防、安芸、石見、土佐、伊予などの国から輸送された紙は、海野福寿の「蔵紙と脇紙」（『地方史研究』九巻三号『大阪商業史資料　第十三巻』）によれば元禄三年（一六九〇）には一六万七五九〇丸に達していた。当時の紙漉きの原料は楮皮がほとんどである。木楮三六貫（一三五キロ）くらいが一釜で、三釜で紙一丸（一万二〇〇〇枚）がつくられた。木楮はだいたい普通畑一反（〇・一ヘクタール）で四・六釜分（六二〇貫）が収穫できるから、紙一丸は一・五反歩（一五〇アール）の楮畑からとれたものといえる。

これから計算すると、元禄三年に大坂の紙蔵に送られた紙の背後には、二万五一三八町歩という広大な楮畑が存在することになる。さらに安永年間には大坂に四五万丸の紙が送られたといわれるので、楮畑は二万二五〇町歩に増大している。楮の栽培地は、穀物が栽培できないような場所につくられるので、通常の耕作地以外の岸や畦畔で、さらには焼畑地が植えつけ地となったであろうと考えられる。楮畑の一つ一つの面積は狭小であるが、広大な地域に広がっているので、寄せ集めると大きな面積となるのである。

周防山代地方の楮栽培と紙漉き

周防国（現山口県東部）錦川流域の山代地方の楮の栽培法を、『錦町史』から紹介する。山代では室町時代の永禄年間に、根笠村（旧美川町・現岩国市）の綴掛で中内与左衛門が真楮を発見、この楮を発見地の地名から品種名を綴掛という。真楮は楮の優良種で、葉が長く、切れ込みが深く、樹皮は紫色をおびたものと、赤褐色をおびたものがあり、前者を黒真楮といい後者を赤真楮という。山代で栽培されていた楮の種類に、次のものがあった。

高苧　石見国の高角（注・高角とは現島根県益田市高津町のことである）に多く産し、古苧畑に植えるとよくできる。上に長く伸び、皮なし紙に用いる。

つづりかけ　中楮で、木の色は青っぽく、高くのびる。

青苧　下楮で、木の色は黒赤で横にのび、葉の切れ込みは深い。

谷渡し　下楮で、木色や葉の形は青苧と同じで、長く横にのびて、先が地につく。

大苧　下楮で木色や葉の形は青苧と同じで、たけは短い。

ひらかせ木　下楮で、太く、鼠色の木色。

楮の植え継ぎや増殖に必要な苗は、古くは古株の根からでる若芽をとって苗にしていた。後には春に苗を植えつける時、残っているひこ根を掘り出して、長さ三〜四寸（九〜一二センチ）くらいに切り、畠にみぞをきり、それに四〜五歩（一・二〜一・五センチ）の間隔でひこ根を一本ずつ並べ、土をかけて肥料をほどこしておくと、ひこねから芽がでて、翌年の春に苗とした。

苗は銭八〇文につき五〇〜六〇本、高値の年で四〇本、安いときで七〇本であった。ひこねも一貫目（三・七五キロ）が銀六匁内外で売れ、苗の生産もかなりの収入になった。

畠での苗つくりは、はじめは萩藩の収奪の強化として百姓に不人気で、苗つくり百姓に米を支給して奨励しなければならなかったが、その有利さが知られるにつれ、奨励米なしでもしだいにつくられるようになった。

楮は一坪に五株、一反に一五〇〇株植えた。一株の本数はつくる人の好みにより多少があった。萩藩の指導では四本か五本を一株に植えさせた。株が繁れば枝がなく、麻のようによく伸びてすべ（茎）がよく、疎であれば枝がよくでてすべが悪かったが、樹齢は長くもった。

楮株が古くなると繊維とならない赤皮（あかひ）ができ、この部分は削除して用いなければならなかった。したがって、楮畑は楮の株を次つぎと、植え直していく必要があった。

楮は入梅以後、梅雨時に雨がよく降ると生育がよい。夏の旱魃（かんばつ）では山地に植えた楮はできがよいが、石ころの多い土地の楮は日痛み（日焼け）する。夏に雨が多いと葉はよくしげるが、楮のできは悪く皮が薄い。一〇月に楮を切り、長さ三尺（九〇センチ）ないし三尺五寸（一〇六センチ）、直径二尺（六〇センチ）くらい、目方六貫目（二二・五キロ）を一把にして、六把を大縄で縛り、煮釜に入れ、高さ四

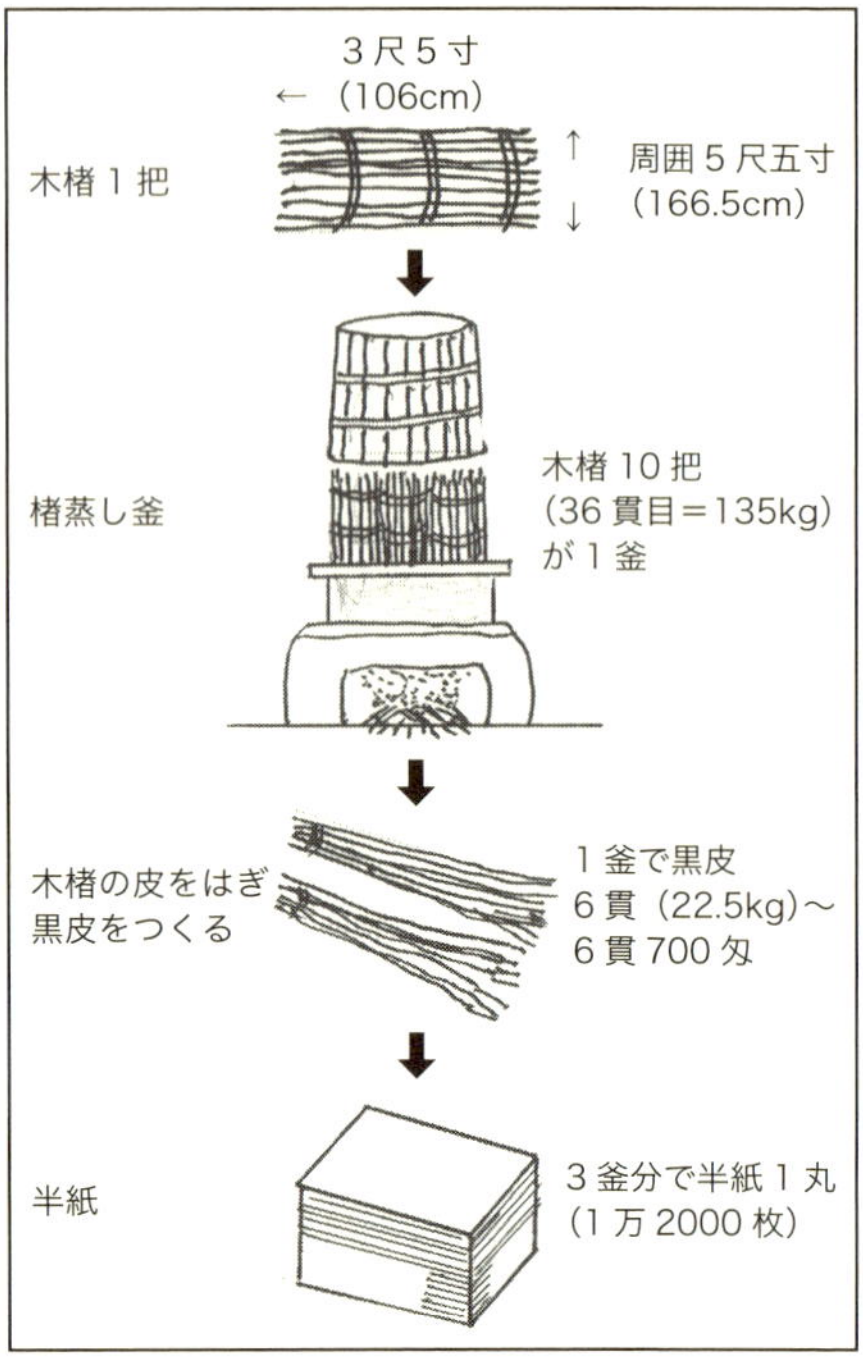

図8-3　萩藩の山代地方の楮究めの単位

尺（一二〇センチ）ぐらいの桶をかぶせて蒸す。蒸し上がった楮はすぐ黒皮を剝ぎ、三日ほど日に干しておこ苧（そ）（黒皮）をつくった。

この黒皮を川につけ踏んで軟らかくし、一本ずつ刃のない小刀で外皮をそぶりのけ、二日間日光に曝（さら）し、再度川に一日晒し、黒み傷のある部分をのぞき、一釜に白苧二貫五〇〇匁（九・四キロ）ばかり入れ、桐の灰汁（あく）を入れて煮沸して漂白した。皮をとった楮がらは箸として用いたり、焚きつけ用として重宝がられ、錦川河口の岩国の町へも搬出した。

山代地方は紙の産地であり、ほとんどの者は楮を植えていたが、全員が紙を漉いていたわけではなかった。判明している分を掲げると、

元禄一〇年（一六九六）は六二五〇軒のうち紙漉きの家二六九〇軒（四三パーセント）

宝永三年（一七〇六）は五九三九軒のうち紙漉きの家三〇四三軒（五一パーセント）

嘉永三年（一八五〇）は八八四一軒のうち紙漉きの家一四七四軒（一七パーセント）

であった。紙漉きのさかんな宝永期には百姓の半数は紙を漉いていたが、幕末には二〇パーセントに満

たないほどに減少している。

江戸時代に石見国美濃郡遠田村（現島根県益田市遠田町）に居住していた国東治兵衛の著作で、寛政九年（一七九七）刊行の『紙漉重宝記』（『日本農書全集　第五三巻』農産加工四、農山漁村文化協会、一九九八年）は、石州半紙に関する文献である。楮の栽培の獣害についても触れているので抜き出し紹介する。

楮は猪や鹿の大好物なので、食われないようにすること。山奥に楮を植えて猪や鹿の害をふせぐには、猪や鹿を撃ちとり、楮畑のそばに埋めておくと猪や鹿がこないし肥料にもなる、北国の人が話していたが、正しいかどうかわからない。

『楮園改良新書』（『明治農書全集　第五巻』特用作物、農山漁村文化協会、一九八四年）は現在の佐賀県三養基郡基山町（旧基山村）の飛松忠四郎が明治二二年（一八八九）に著した楮栽培に関する書物で、これまでの書には施肥と虫害駆除はないので紹介する。

楮の肥料を与えるのは移植時には油粕が一番で、一坪（三・三平方メートル）に九合（約一・六リットル）の割合。これと同じくらいよいのは堆肥で、植え穴の下に九センチほど敷き、一坪に半荷。次に人糞尿は一坪に五升（九リットル）を、植え終わってから水で五倍に薄め、三坪に一荷。二回目は四倍に薄め、三回目は三倍に薄める。肥料を与えると収量が増加するばかりでなく、樹皮の質が強厚で品質のよい繊維となる。

楮の害虫は、根切り虫、カミキリムシ類、鉄砲虫、アブラムシである。カミキリムシ類は、木の皮を食いあらし卵を産みつけ、卵が孵化した幼虫が木の幹を食害する。夏土用に発生するのでよく気をつけ、木に食いこむとき必ず虫糞がでるので、小刀でその部分を割れば虫がでてくるので捕殺すること。根切り虫は株傍の土中におり、早朝あるいは夕方に見回れば芽を食害しているところがみつかる。鉄砲虫は容易に捕まえられないが、夜中楮園の近くで火をたけば飛んできて焼け死ぬ。アブラムシは木全体につくので、藁で幹などをこすり殺す。

昭和初期の福井県の紙と楮生産地

福井県の昭和初期は、冬季一二月から三月までほとんど積雪のため、野外の仕事はなく、農山村の多くは副業により生計を助けなければならない状況である。製紙業はこのような地における唯一の副業といって差し支えなく、いったん不況となればその疲弊は察するにあまりある。こんな村に対する適当な振興策を講じて、経済更生の実を上げようとして富田武雄は昭和一二年（一九三七）七月福井県の和紙生産地を調査し「福井県の和紙と其の振興対策」（雑誌『山林　第六七一・六七三号』大日本山林会、一九三八年）として発表している。

それによると、昭和初期には紙の生産額は増加傾向をたどっているが、製紙地および手漉き製造場、その職工数はむしろ減少している。これは比較的大規模に製紙をするところ、主として機械漉きをするところの数量は毎年増加しているが、山村方面の製紙地は事業を縮小し、あるいは全廃したところがあるためである。

福井県における製紙地は一市二町九村であって、昭和一一年においての年産額は洋紙一一一三万九二九六封度（ポンド）（約五〇五二・七トン）、和紙一〇七万二〇三八貫（約四〇二〇トン）で、洋紙のほうの生産量が多い。

福井県下の紙の生産地（昭和一一年時）

洋紙　武生町、熊川村

和紙　岡本村、武生町、粟田部町、敦賀市、中名田村、大安寺村、西谷村、下宇坂村、上庄村、宅良村、五箇村

紙の生産地のうち武生町のみは、洋紙も和紙も生産している。機械漉きによる紙の生産地は武生町、粟田部村、熊川村、手漉きのみの紙生産地は大安寺村だけで、他の村は手漉きと機械漉きの両方がおこなわれている。

製紙地を使う原料別に区別してみると、次のようになる。

バルブのみを使用するところ　武生町、粟田部町

楮のみを使用するところ　西谷村、上庄村、宅良村、五箇村

屑紙のみを使用するところ　敦賀市、下宇坂村

楮・屑紙を使用するところ　大安寺村

バルプ、古雑誌を使用するところ　熊川村

楮、三椏、古洋紙を加えるところ　中名田村

楮、三椏、雁皮、千草、マニラ麻、パルプを使用するところ　岡本村

福井県では昔から楮のみの和紙が生産されていたのであるが、これらのものは時代の波におされ、しだいに衰え、一部のものはやむを得ず廃業した。一部は三椏を使い、あるいはパルプ、屑紙、マニラ麻、

表 8-1　昭和 11 年の福井県町村別和紙生産高

町村	生産高（貫）	トン換算	備考
岡本村	53 万 7330	2015	原料・三椏、楮、雁皮、千種、マニラ麻
武生町	32 万 9828	1236.5	パルプのみの和紙
粟田部村	12 万	450	パルプのみの和紙
敦賀市	846	3.2	屑紙のすきかえし
中名田村	2 万 8267	106	原料・椹、三椏、洋服地見本貼帳、屑紙
大安寺村	6020	23.3	原料・楮、屑紙
西谷村	2878	10.8	原料・楮
下宇坂村	1120	4.2	原料・屑紙
上庄村	264	1	原料・楮
宅良村	50	0.2	原料・楮
五箇村	30	0.1	原料・楮
合計	102 万 7038	3851.4	

千種などを混用し、局面の打開をはかった。また一部は従来の和紙をすて屑紙の再生へと走った。残された一部のもののみが、昔ながらの製品にすがり、余命をたもっている状態である。

なおマニラ麻とは、バショウ科バショウ属の植物で、丈夫な繊維が採れるため、繊維作物として経済的に重要である。分類上は麻の仲間ではないが、繊維が採れるところからもっとも一般的な繊維作物である「麻」の名がつけられている。フィリピンで大規模に栽培されている。また千種とは、なにものなのか不詳だが、紙に漉かれるものなので桑皮や稲藁を総称したものであろうか。

表８－１に示したように楮のみが原料で紙漉きをしているところでは、生産量が少なくなっている。

福井県下の楮の需給関係

楮は福井県の和紙とは切り離せない関係にあって、昭和一一年ごろ衰微している製紙地のほとんどは、昔ながらの楮だけを原料としているところである。福井県における昭和一一年の楮生産高二万四三七四貫（九一・四トン）のうち県内で販売されるものおよび自村での消費量は二万三〇二四貫（八六・四トン）、移出量は

表 8-2　昭和 11 年の製紙地の楮・三椏消費量

地名	県外移入量（貫）	県外買入先	県内購入量（貫）	県内買入先
岡本村	11 万 0000	鳥取・京都・岐阜	4000	県下各地
中名田村	6 万 2500	京都・島根	1500	口和田・奥名田・和田・佐分利各村
			8000	自村
西谷村	4000	石川	1787	主として大野町
	500	岐阜	1283	自村
大安寺村	549	石川	500	芦見村その他
上庄村	390	石川その他	390	自村
宅良村			167	自村
五箇村			100	自村
合計	17 万 7939		1 万 7727	

一三五〇貫（五・〇六トン）である。県内販売されるものの中に、さらに転売されて県外に出るものも若干みられる。昭和一一年における福井県全体の楮の消費量は一九万五六六六貫（七三三・七トン）、そのうち移入量は一七万七九三九貫（六六七・三トン）で、全消費量の九一パーセントは移入によるものである（表８－２）。

もっとも需要の大きい今立郡岡本村（旧今立町＝現越前市）は一一万貫（四一二・五トン）は鳥取県、京都府、岐阜県から移入したものを用い、四〇〇〇貫（一五トン）を福井県内の各地から集荷して用いている。二番手の遠敷（おにゅう）郡中名田村（現小浜市）は六万二五〇〇貫（二三四・四トン）を京都府と島根県から移入し、一五〇〇貫（五・六トン）は福井県内の口名田村、奥名田村、和田村、佐分利村などの地元若狭地方の村々から仕入れている。また自村産のものを買い入れて紙漉きをしている村に、中名田村、西谷村、上庄村、宅良村、五箇村という五つの村があり、その量は九九四〇貫（三七・三トン）となる。

福井県における楮の栽培面積などを、富田武雄の報告書から掲げると次頁の表８－３のようになる。

この表のように楮栽培の推移をみると、明治三八年には四七五

表 8-3　福井県下の楮栽培の推移

年次	作付面積（町歩）	収穫高	トン換算
明治 28 年（1895）	不詳	3 万　738 貫	115.3
同　33 年（1900）	不詳	11 万 9517 貫	448.2
同　38 年（1905）	475	21 万 9995 貫	825.0
同　43 年（1910）	331	10 万 7629 貫	403.6
大正　4 年（1915）	191	5 万 3043 貫	198.9
同　9 年（1920）	187	7 万 2822 貫	273.1
同　14 年（1925）	111	5 万 5727 貫	209.0
昭和　5 年（1930）	99	4 万 1719 貫	156.4
同　10 年（1935）	69	2 万 1016 貫	78.8

町歩という大きな面積であった。この時代は和紙の生産量も多く、これら和紙製造の需要量も多かったため、大きな作づけ面積となっていた。ところがこの年を最大にして以後は和紙生産量の減少とともに次第に漸減し、昭和一〇年の作づけは最大年の一五パーセントにまで落ち込んでいる。結局楮の栽培と生産は、山村における和紙製造と命運をともにしていたということができる。

福井県下では楮の需要がすこぶる大きいにも関わらず、このような現象がみられるのは、要するに大需要地と生産地の密接な連携がとられていないから、生産者の販売と、需要者の買い入れが齟齬をきたしているのである。楮需要の大部分を占める岡本村は福井県下全消費量の五八パーセントを占め、したがって移入量の六二パーセントがこの村で使われているが、県内産の楮は全量の二二パーセントを占めるにすぎない。

昭和初期の福井県下の楮栽培の収支

昭和初期の福井県の楮生産地は大野郡と遠敷（おにゅう）郡で、三椏は丹生（にゅう）郡と遠敷郡である。福井県は九頭竜川支流の日野川の流域界となる中山峠、木の芽峠、栃ノ木峠の稜線をもって、嶺北地方（越前地方）と嶺南地方（敦賀市と若狭地方）とに区分される。つまり楮は嶺北地方の九頭竜川本流・上流部にあたる大野郡と、嶺北地方の海岸部にあたる丹生郡で生産される。嶺南地方の遠敷郡では、楮と三椏が同じ地域で栽培されている。

前に触れた富田武雄は、楮栽培の経済的効果を大野郡西谷村と遠敷郡中名田村を代表に、三椏は丹生郡殿下村を代表に選び、調査している。なお大野郡西谷村は昭和四〇年（一九六五）九月一五日、「四〇・九風水害」により全村が壊滅的な被害をうけ、一旦は復興への話が進むがダム建設が決まり、非水没集落も含め全村民が集団離村することが決定され、昭和四五年六月三〇日限りで廃村となり、翌日全村が大野市に編入され、西谷村は消滅した。

西谷村は岐阜県境の両白山地に抱かれた山深い山村集落で、楮の栽培は道べり、堤防、畠のすみ、または一部桑畑に混植されて栽培されていた。手入れは粗放で、収穫量も比較的少なく、栽培地は各所に散在しているところから、収穫にはわりあい手間が必要であった。西谷村は積雪の関係から春植えとしており、翌々年の秋第一回の収穫があり、それ以後は毎年収穫をあげることができる。

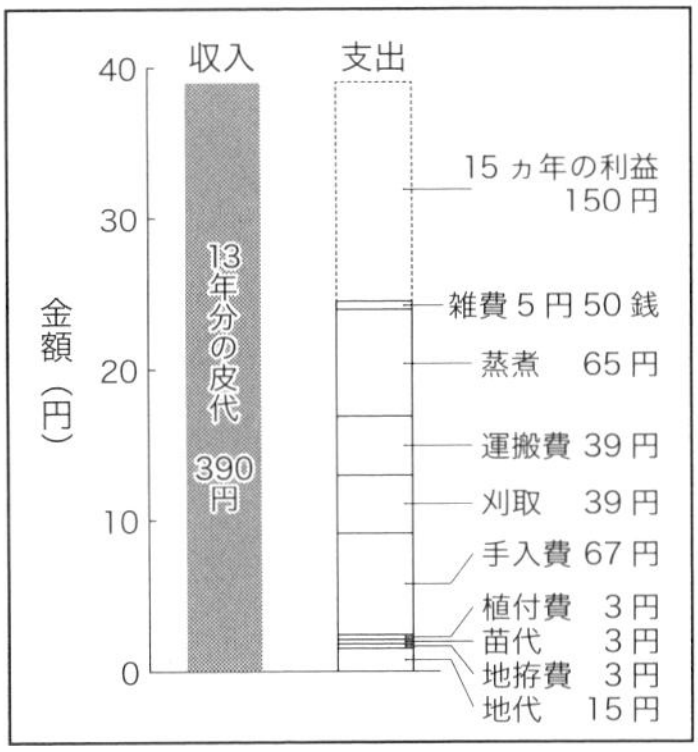

図8-4　昭和初期の西谷村の楮栽培の収支構成（反あたり15か年分）

遠敷郡中名田村は現在の小浜市の南西域にあたり、東西に細長く、周囲は延々と波行した山地で区画され、地域のほとんどが山地の農山村である。中名田村の楮栽培は主として畑でおこなわれ、集約的であり、収穫に手間もかからないが、畑地利用のため地代相当を見込む必要がある。中名田村での収穫は、植えつけの翌秋第一回、以後毎年収穫することができる。

昭和初期の楮黒皮の値段は変動がいちじるしく、従来四円ないしは一四円の間を往復していたが、最近は暴騰して二〇円に達している。なお中名田村の収支計算の詳細は省略するが、一反あたりの支出合計四四〇円、収入（黒皮年平均三五貫、一四年分四九〇貫、一〇貫あたり一二円五〇銭）六一二円五〇銭、差引収益一七二円五〇銭となり、一年平均に直すと約一一円五〇銭の利益となる。

男大人一人一日の日当が一円とされているので、ここでは一年で一一日半分の日当にあたる収益が得られた勘定になる。

昭和初期の西谷村の楮栽培反あたり収支計算

【支　出】

一　地代　反一円　一五年分　一五円

一　地拵費　男三人　単価一円　三円

一　苗代　五〇〇本　一本六厘　三円

一　植付費　男三人　三円

一　手入費（除草・中耕など）毎年男四・五人　一五年分　六七円五〇銭

一　刈取　男三人　一三年分（平均毎年名枝一五〇貫、一人一日五〇刈取）　三九円

一　運搬費　同右　（同右）　三九円

一　蒸煮、剝皮、乾燥、束作り　毎年男五人　一三年分　六五円

一釜四〇〜五〇貫蒸煮、一日五〜六釜、蒸煮中に前に蒸煮したものを剝皮、乾燥、束作りなどをする。燃料は剝皮した枝を使うので別に見込まない。

一　雑費（器具損料その他）　五円五〇銭
計　二四〇円

【収　入】
黒皮年平均二五貫、一三年分三二五貫　一〇貫一二円　三九〇円

【差引収益】
一年平均一〇円の収益となる（一五〇円を一五年で割る）　一五〇円

【備　考】
① 生枝より採れる黒皮の収量は、生枝の六分の一程度である。
② 生枝一〇貫目あたり相場九〇銭内外
③ 人件費はすべて男に換算して反あたり収支を計算した。

このように粗放な楮栽培をおこなっている西谷村では、一反あたり一五年間の支出は二四〇円であり、収入は一五年間で三九〇円、差引一五年間の収益は一五〇円、平均一年あたり収益一〇円となる。男一人一日の日当が一円とされているので、一〇円の収益とは男一人の一〇日分の日当となる。現金稼ぎの機会がほとんどない山村においては、それ相当の稼ぎになっていたのであろう。しかし、労働の強度にくらべると驚くほどの利益率の低さである。

戦後の楮栽培地と楮供給量

戦後楮は森林から生産される産物つまり林産物と考えられ、農林省林野庁が所管する産物であった。

林業の特殊な形態の一つとみられていた。林野庁林産課長の片山佐又著『技術経営　特殊林産』（林業大系第二冊、朝倉書店、一九五二年）から戦後間もない時代の楮の生産地やその利用面をみていこう。

楮の品種は多数あるが、いまだ統一された品種分類はされていない。学者により、また地方によってさまざまな分け方をしているが、主な品種と思われるものとして、麻葉（あさば）、要楮（かなめかじ）、高楮（たかそ）、帽子冠（ぼうしかむり）、黒楮（くろかじ）、真楮（まそ）、梶楮（かじそ）という七種をあげている。

七種といっても、麻葉は真楮の別名であるから、実際には六種である。麻葉（真楮）の繊維は細長く軟らかくて、しかも強靭で光沢があり、品質優良である。高楮の木は強健であるが、繊維の品質が不良なためあまり栽培されない。帽子冠は東北地方とくに宮城県下に多く栽培され、繊維が強靭で紙布に適している。黒楮は樹勢強健で栽培は容易であるが繊維は粗剛である。梶楮は生長はよいが樹皮の精製の歩留まりが悪く、繊維は強いが艶が悪く品質も劣る。

楮の苗木養成法に、分根法、挿木法、取木と株分という三つの方法がある。挿木法以外は従来からおこなわれている方法である。近年林業試験場の研究により、挿木で容易に苗木が養成できることがわかった。苗木の大量生産に適している。

和紙工場は楮と三椏をそれぞれ別にしているところと、地方により二つを併用しているところがある。和紙工場の現状は全国に一五一六工場あり、一か月に白皮を消化する能力は一一五万四〇〇〇貫（四三二七・五トン）である。

昭和二六年（一九五二）における和紙の主な用途ごとの需要量は、温床紙三〇〇トン、傘紙六〇〇トン、障子紙一八四〇トン、襖紙二二五トン、楮紙三七五トン、改良紙二二五トン、インク止紙一五〇トン、チリ紙一九〇トン、その他一〇七〇トンであるが、木材パルプ、三椏、桑皮などと混ぜて製紙する場合が多い。和紙の種類別における楮皮混合歩合は、表8－4の通りである。この当時においても和紙原料の生産量は、需要の半分にも満たない状態である。

こうして比較してみると同じ紙の種類であっても、機械漉きの方が楮の混合割合が少なくなっている。また楮皮一〇〇パーセントの紙もあったのである。

表8-4　楮皮混合歩合別の和紙の種類

楮皮(パーセント)	パルプ(パーセント)	漉き方	種類
30	70	機械漉き	障子紙
50	50	手漉き	障子紙・楮紙・鳥子紙
60	40	手漉き	図引紙
		機械漉き	特殊薬用紙
70	30	手漉き	温床紙
		機械漉き	温床紙・食品袋・傘紙・仙貨紙
80	20	手漉き	傘紙
100	0	手漉き	漆漉紙
		機械漉き	チリ紙・楮紙原紙

昭和初期のわが国の楮皮（乾燥した黒皮）の生産量は一万五〇〇〇トンであったが、その後木材パルプの生産に圧倒され、年々減少し、昭和二五（一九五〇）、六年ごろはその三分の一程度となっている。楮皮の生産は高知県がもっとも多く全生産量の三分の一を占め、ついで熊本、佐賀、愛媛、島根、徳島、長野の各県である。昭和二六年ごろにおいて楮皮生産のさかんな町村は次の通りである。

福島県　伊達郡伊達崎村（現桑折町）
茨城県　久慈郡諸富野村・上小川村（両村とも現大子町）
岐阜県　吉城郡河合村（現飛騨市）
和歌山県　海草郡上神野村（現紀美野町）
岡山県　真庭郡美和村（現真庭市）
山口県　熊毛郡大和村（現光市）、三丘村、高水村、勝間村（三

村とも現周南市）

愛媛県　宇摩郡上山村、新立村（両村とも現四国中央市）
高知県　香美郡槇山村、上韮生村、西川村（三村とも現香美市）
長岡郡本山村、吉野村（両村とも現本山町）、大杉村、東豊永村（両村とも現大豊町）
土佐郡森村、地蔵寺村（両村とも土佐町）、大川村（現存）
吾川郡小川町、上八川村（両村とも現いの町）、池川村、名野川村（両村とも現仁淀川町）
高岡郡佐川村（現佐川町）、別府村（現仁淀町）、東津野村（現津野町）、越知村（現越知町）、
須崎町（現須崎市）
佐賀県　小城郡北山村（現佐賀市）、値賀村（現玄海町）
東松浦郡入野村（現唐津市）
熊本県　球磨郡北山村（現玉名郡玉東村）、渡村（現球磨村）
鹿児島県　宮之城町、求名村（両村とも現さつま町）、上東郷村（現薩摩川内市）

このように一一県三九町村を掲げている。中でも高知県が一九町村と、ほぼ半ばを占めている。

昭和二五年一二月一六日、優良な物資の確保を目的として、農林水産物の種類、原材料、成分、品質などを全国的に統一する規格として日本農林規格が定められた。その中で楮も「こうぞ日本農林規格」として定められた。

「こうぞ日本農林規格」は種類を、黒皮、みざらし（未晒）、さらし（晒）の三つに区分し、量目は五貫または三貫とし、種類ごとに等級を一等、二等、三等、等外の四区分とした。また、等級ごとに長さ、

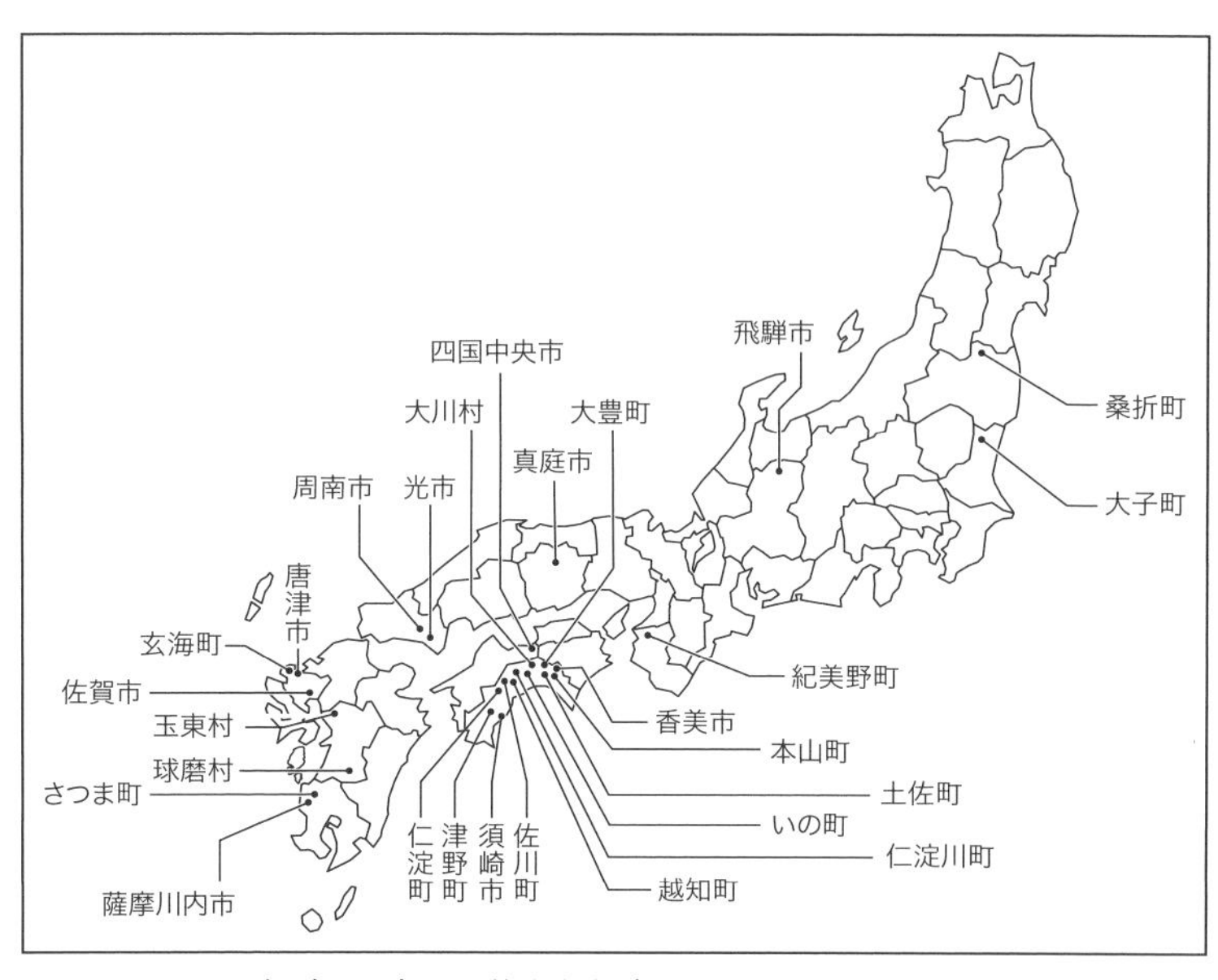

図8-5　昭和26年（1951）ごろ楮皮生産がさかんであった町村（現在の地名で示す）

水分含量、外見や雑物の混入状態などについてその標準を定めたのである。

注目される和紙と楮供給事情

平成二六年（二〇一四）一一月二七日「和紙　日本の手漉和紙技術」がユネスコの無形文化遺産に登録され、推古天皇の時代以降およそ一四〇〇余年にわたって連綿とつづく伝統工芸に光があたっている。しかし、和紙という製品やそれを漉き上げる技術には光があたったものの、和紙の原料を育成・供給する面はどうなのであろうか。

近年の楮の生産量を日本特産農産物協会の「特産農産物に関する生産情報調査結果（平成二四年度）」によると次頁の表８－５のようになる。

昭和四〇年（一九六五）度の楮の栽培面積二四九〇ヘクタール、黒皮換算量三一七〇ト

表 8-5　楮の年度別生産動向

年度	面積 (ヘクタール)	黒皮換算生産量 (トン)
昭和 40 年度	2490	3170
同　50 年度	701	843
同　60 年度	296	419
平成 02 年度	203	240
同　10 年度	120	151
同　15 年度	81	90
同　20 年度	59	50
同　21 年度	57	46
同　22 年度	33	40
同　23 年度	84	91

ンであったものが、平成二二年度には面積三三ヘクタール（一・三パーセント）、黒皮換算量四〇トン（一・三パーセント）にまで減少したのである。翌二三年度には前年にくらべ倍増しているが、その理由ははっきりしない。また同協会の平成二四年度楮生産量上位五県と、楮の生産地は表８－６のようになる。

長尾雅信は高知県の楮生産を実態調査し「和紙原料の流通状況とその諸課題」にまとめて、『新潟大学　経済論集　第一〇二号』（新潟大学、二〇一六年）に発表している。それによれば、高知県は「温暖な気候で風通しよく、南向きの日照のよい、排水性に優れた土壌をこのむ楮の栽培に最適の地であった」という。

高知県で栽培される楮は傾斜地の畔（くろ）にこんにゃくと一緒に栽培され、斜面がくずれるのを防ぐ土留の役割を果たす。また楮はこんにゃくに施される肥料をもらい、夏の強い日差しに弱いこんにゃくは楮の葉かげで日射を防いでもらうという。

高知県の楮栽培地は、いわゆる嶺北の四国山地の地域で、地域は水系により三つにわけられる。東に流れ徳島県にそそぐ吉野川流域では本山町、大豊町、土佐町、

表 8-6　平成 24 年度楮生産量上位五県と生産地

県	黒皮生産（トン換算）	主な生産地
高知県	20.3	いの町、本山町、大豊町、土佐町、仁淀川町など
茨城県	10.6	大子町、常陸太田市
宮崎県	9.5	日向市
新潟県	5.5	長岡市、柏崎市
岐阜県	4.2	美濃市

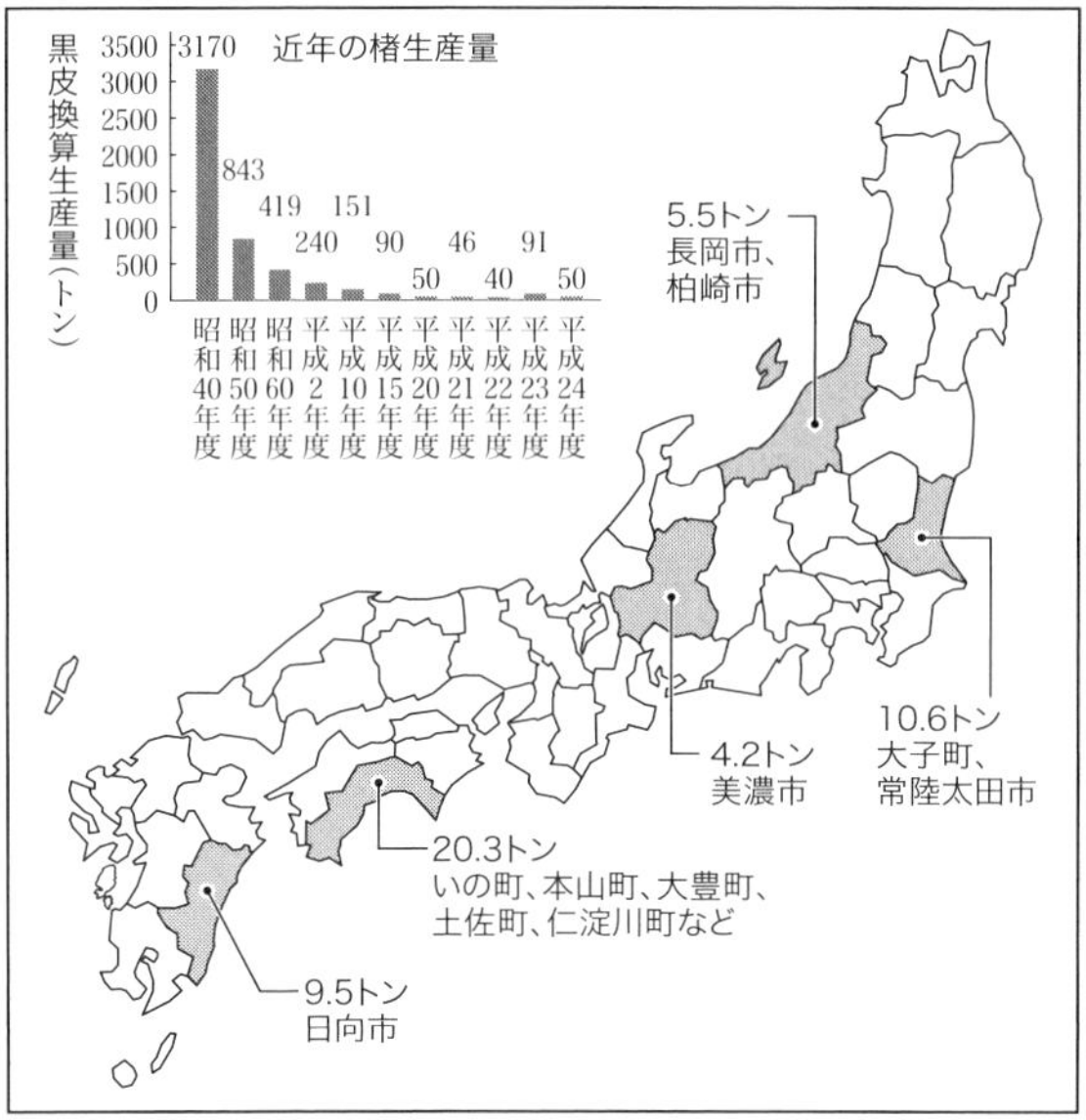

香美市などの市や町、南に流れ太平洋にそそぐ仁淀川流域では、いの町、仁淀川町、津野町、越知町などの町、西部の四万十川流域の楮栽培は一時衰微していたが黒潮町で復活しつつある。吉野川水系の楮は強靭な障子紙に適し、仁淀川水系の楮は均質なのでタイプライター用紙などに用いられた。

高知県内の手漉き和紙の業者は、これまでは県内一〇町村から生産される楮を用途により使いわけてきたが、今は量の確保がむずかしくなったという。楮生産が減退した理由として、和紙需要の縮小がまずあげられるが、楮栽培地の立地条件、生産者の高齢化、楮皮の販売価格の低迷、獣害の増加などがあげられる。

図 8-6　近年の楮生産量と平成 24 年度の楮生産量上位 5 県

楮栽培者の高齢化と少ない楮収入

高知和紙の主産地であり、高知県産楮の主産地でもある、いの町の楮生産者の実態を調査した田中求は「和紙原料生産を巡る山村の動態――いの町柳野地区の事例」（『林業経済研究　六〇巻二号』林業経済学会、二〇一四年）で、同町柳野地区の楮栽培者は一五名で、年齢は六五歳から八五歳、平均年齢は七八歳になるという。

日本特用林産振興会のネット記事「和紙

――文化財を維持する特用林産物４」によれば、東日本の良質楮の産地である茨城県大子町大沢地区の楮生産戸数は四〇戸で、そのほとんどが七〇歳代で後継者はほとんどいないという。楮の皮をむくために結束した生木の束を蒸す作業があるが、束ねる材料が番線（針金）だと繊維が傷むため葛蔓（くずつる）を使う。それを集めるだけで一日仕事になるという。

楮は山地の傾斜地に栽培されているため、収穫後の長くて重い枝の束を運ぶ運搬車は入れにくく、一〇キロを超える楮の束を人が担いで斜面を上り下りするという重労働に高齢者は耐えがたくなっている。また収穫にあたっても株を痛めないようにチェーンソーは使わず、人力で鋭利な鎌などを使い丁寧に切り取っていくことが必要である。高知県での楮栽培は、収穫時以外はほとんど人手をかけない。栽培地は零細で、一軒の楮栽培農家の生産量は多くても五〇貫（一八七・五キロ）といわれ、販売額は一五万円ほどで、労働のわりにかせぐ収入はほんのわずかである。

日本経済新聞電子版の平成二七年一月一日号の「無形文化遺産「和紙」コウゾを自ら生産するワケ」は、「コウゾの生産者はどんどん減っている。コウゾの売り上げが労力に見合わないためだ。高知県手すき和紙協同組合の報告によれば、茎から剥いだ「黒皮」とよぶ状態で、コウゾの価格は一〇貫（三七・五キロ）あたり約三万円（二〇〇九年時点）。生産量は規模が大きいところでも一〇〇貫を超える程度という。つまりどんなに頑張っても売り上げは三〇万円そこそこにしかならない。今や作り手は高齢者ばかりになってしまった」と、高知県いの町の現状をルポしている。

同紙はまた、いの町で清帳紙といわれる和紙を漉くため、自ら原料の楮を栽培している尾崎製紙所（尾崎家）の楮の収穫現場を取材している。製紙所の代表幸次郎氏は六三歳。楮は太さ三センチだが高さは三メートルを超える。その茎に手をかけて手前にしならせ、根元に鎌をあてがい、しなった幹の反発を利用して斜めに一気に引いてスパっと切断する。手の中の茎から小枝をはらうと茎一本の作業はおわり。その作業を次つぎとこなしていく。注意するのは茎を傷つけないこと、皮剝ぎのときに傷で作業能率が落ちるからだ。

また茎は斜めに切る。平らだと水がたまり、翌年の生育に響くからである。ちゃんと切った株からは、翌年同じくらい茎がのびる。ここの株はもう一〇数年使っている、場所によっては一〇〇年から一五〇年もつ株もある、と尾崎氏はいう。

最年長で九〇歳（二〇〇九年）の茂は次つぎと鎌をふるい、妻の宮子（八〇歳）も、幸次郎の妻（五八歳）も、次女（三〇歳）も楮を刈り、束ねる。各自が楮を刈り、自分が刈った楮を、膝で押さえつけて紐できつく結束する。夕方、畠の楮は刈りおわり、そこかしこに一つ一〇キロの束がころがっている。それを幸次郎と娘の二人が肩にかつぎ、畑の間をぬっている傾斜がきついうえに狭い坂を下り、坂下の道路端に止めた軽トラックまで運ぶのだ。尾崎家は親子三代が力をあわせ、夏は米をつくり、冬は紙を漉くというかつては日本中の紙漉き農家でみられた姿である。

図 8-7　山口県玖北農協の「こうぞ・みつまた黒皮加工場」に集積された楮の黒皮　手間のかかった楮皮だが、売り払い価格は 1 キロ 4000 円ぐらいの低価格である（錦町史編さん委員会編『錦町史』錦町、1988 年）。

楮畑の野生猪と鹿の食害

楮栽培者の意欲を減退させる原因に、野生獣による食害がある。加害獣は、鹿、猪、猿である。全国的にこの三種の野生獣により、楮畑が荒らされる被害があいついでいる。田中求は「和紙がつなげる人と森」（『森林環境　二〇一七』森林文化協会、二〇一七年）の中で、「コウゾについては、その芽立ちや葉がイノシシやシカ、サルの食害に遭いやすく、とくに五、六月の芽立ちを食べつくされた株は枯れてしまうことが多い。高知県では平成二二年（二〇一〇）頃からイノシシ、シカ、サルによる食害が深刻化し、栽培をあきらめた地域まで生じている。那須コウゾの産地で県境に近い茨城県大子町では、平成二四年頃から福島県側から増え広がったとみられる、イノシシやイノブタによる食害が発生しはじめ、コウゾがほぼ全滅するような畑まで生じており、栽培者のやる気を大きく削いでいる」と述べている。

平成二六年（二〇一四）の「全国手漉き和紙青年の集い」新潟大会でも「楮栽培の鹿による食害」として、和紙業界の重要テーマの一つとして採り上げられた。高知県の山間部の楮産地では楮畑の半分が食害によって失われた農家もあるという。

環境省の平成二三年度の推計では、全国の鹿生息数（北海道を除く）は二六一万頭で、二〇二五年度には五〇〇万頭を超えるといわれている。猪も平成二三年度には八八万頭になっている。鹿は楮の葉や茎を好んで食べ、猪はミミズを探して土を深く掘る習性があるため、楮の根を痛めてしまう。

岐阜県森林研究所の岡本卓也は研究所が所在する岐阜県美濃市および「こうぞ生産組合」と協同して高品質な楮の栽培技術を研究している。その調査地に野生獣による被害が発生したので、痕跡調査と自動撮影カメラを設置して調査をおこない、「コウゾと野生獣害（と和紙）の話」と題して『森林科学七七号』（岐阜県森林研究所、二〇一六年）に掲載している。調査の結果、鹿は楮の成長期である六月から七月に当年枝を複数回にわたって採食していること、猪は九月ごろに収穫できる大きさの当年枝をくわえ、引き倒し、引きちぎって採食していることがわかった。猪による当年枝の欠損行為は、その品質や生産量の減少に直結している。

高知県黒潮町佐賀地区拳ノ川若山の楮は若山楮とよばれ、明治時代には県下一の質のよさを誇っていたが、近年衰退していた。その若山楮を復活させようと、黒潮町佐賀北部活性化推進協議会の人々が平成二一年から楮の栽培に取り組んでいるが、ここでもシカ、イノシシの食害にあっている。

二年目の平成二二年の報告では、「一年目とちがいやり方がわかってきたところで、昨年の二〜三倍の収穫量を期待していたところ、猪にくらべ想定外であった鹿が楮栽培地にあらわれはじめた。四方八方へ広がる枝を束ねてしばるなど、食害対策に四苦八苦したが、やはり期待した収穫量にとどかず、地域に自生する楮を集め増量させた。しかしながら、周辺にたくさんの若山楮が自生していることが再認できた」と報告している。

三年目の平成二三年には「すこしずつ面積を増やし、斜面の自生楮だけでなく、畑にも栽培することにして、周辺の自生楮の根を五〇本ばかり植えたが、猪に半分以上掘り起こされてしまった。鹿対策に高さのあるネットを張ったが、鹿は現れなかった。猪のウリ坊たちが斜面から楮の木をボキボキ折りながら転がり落ちたあとがみつかった」と報告している。

黒潮町で若山楮を栽培しそれで紙を漉いているハレハレ本舗さんの「紙漉つらつらブログ」に、若山

図 8-8　奈良公園の鹿　野生の鹿は、集団行動で大好きな椿を食い荒らしてしまう。

椿の猪や鹿による被害の実態が記されているので引用する。平成二五年（二〇一三）七月二三日の記事である。「一年で一番暑い今日は……。若山椿の『椿の生えていない畑の草刈り』でした。三年前に開墾して耕して移植したんですが、猛烈なイノシシの掘りまくりでどでかい株も掘り起こされてすっ飛ばされたのです。（中略）一見すると乾いていそうな畑ですが、下はかなり湿っているのです。だから耕してしまって、イノシシにはミミズの宝庫となり結果椿がとばっちりを受けたのです。ネットを張ることもできなかったので、そのままにしてたら、生き延びた株は鹿に食尽されていきます。お陰様で一本も椿がいません」。

平成二五年七月六日の記事は、椿畑の鹿による食害について記している。

「新たな試練が翌年から始まる。鹿などおらんという黒潮町にあって、椿大好きな鹿のターゲットになりはじめたのだ。最初の年は判らなくていろんな人に聞けども、『イノシシだね』である。京都の紙漉さんに写真をみてもらって、『残念だけど鹿です』と……。いくら騒いでも『鹿はいない黒潮町』信仰は揺るがない。賞も取った『若山椿』の映像をとってくれた上田君が私の『悲鳴』を聞きつけて梅雨の冷たい雨の中二千株を縛り上げたのが二〇〇九年。（中略）

翌年『鹿が出るから！』とネットを買うも皆『鹿なんかおらん～』と一メートルの高さに張る。言う事聞かないおんちゃん達にじれてもどうにもならない。大金を投入しての若山椿に翌年から鹿の被害が出始めて昨年はもう死守するだけでヘトヘトになる。せっかくの二メートルの高さのあるネットを一メートルに張ってあるのを全部引きあげる。（中略）

今日一年ぶりに入るとそこここにある楮は全部根から出た若芽。この一四年間与え続けてくれた株はどれもとことん食尽されて土塊のような固まりになっていた。（中略）堅く口を閉ざした様な楮を見るにつけ……。山からだけでなく、川からも上がって来て鹿特有の細い獣道が縦横にあるのを見て……。借金して鉄柵張ってもここはどうにもこうにも死守できない。せめて株を堀越（ママ）して移植しようかと思ってたのも、もう無理。（中略）沢山の沢山の友達に助けられての一四年間の楮畑。ひとまず、さようならします」。

最近の楮皮の生産流通状況

戦後和紙をとりまく状況が大きくかわり、住宅では木造の日本建築が減少しコンクリート製の集合住宅が増加したことにより、障子や襖（ふすま）などの和紙需要が減少した。経済の不況から低価格のものを求める消費志向となり、和紙生産者はコストダウンを図るため外国産原料を使用するようになり国内産原料の需要が減り、価格は低下した。地形的に不便な場所を栽培地とする楮なので、原料生産者の高齢化で体力的な限界による生産意欲の減退という流れをこれまでたどってきていた。マイナスの循環におちいりかけているのである。

かつては全国的に栽培されていた楮も、近年では高知県、茨城県、宮崎県、新潟県、岐阜県などに限定されるようになり、高知県を除いて県内で自給できる地域は限られている。

和紙の生産コストをきりつめるために導入された外国産楮は、昭和五〇年（一九七五）にタイ国産のものが導入されたのがはじまりだといわれる。きっかけは、昭和二〇年代半ば以降原料が紙漉き地域内で自給できないところが増え、高知県が主要供給地として位置づけられていた昭和五〇年と同五一年に連続して高知県を台風がおそったことにある。台風の大風にもまれて不作となり価格が上昇したため、価格対策としてタイ国産楮の輸入拡大につながったといわれる。

当時、国産の優良楮は一キロあたり二〇〇〇円であったが、タイ国産は一キロあたり二〇〇〜三〇〇円であったという。輸入がはじまったころのタイ国産の楮は、アルカリ性の強い苛性ソーダで煮ても不純物が除けないくらいの粗悪な品であった。そのごわが国の和紙関係者の現地指導もあり、採取方法や加工方法に改良が加えられ、昭和六〇年（一九八〇）ごろには品質の向上が図られた。

前に触れた日本特産農産物協会によるとタイ国産楮は、現在では現地でパルプ状に加工されたものが一キロあたり一五〇〇円程度で購入されており、国内の器械漉き和紙のほとんどでこのタイ国産楮が使われている。国内産の最高級品クラスの白皮状態の楮が一キロあたり四〇〇〇〜四五〇〇円なので、価格的にもタイ国産楮が優位である。タイ国産の楮で紙を漉いても書道用紙や伝統的な上質和紙としては使えないが、もともと木材パルプを混入していた機械漉きの障子紙や厚紙などではさしつかえないようである。しかし、タイ国産楮も現地の資源が不足しつつあり、一部ベトナムからタイ国経由で輸入されるとの情報もある。

また平成五、六年（一九九三、九四）ごろにはフィリピンに、近年になって中国に日本楮の優良苗をもちこんで栽培がおこなわれている。山東省で生産される楮の品質は、日本国内のものと同じくらいの品質だといわれ、中国産楮の中には国産楮の最優良品とされる那須楮に匹敵する品質をもつものもあるという。中国産楮を導入した当初は価格が国内産のものより低価格であったのでコスト低減に貢献していたが、一九八〇年代以降中国においても工業化がすすんだ影響から、山東省の人件費は中国全土平均より高い傾向となっており、今後はさらに高まることが考えられる。

前に触れた長尾雅信は、南米パラグアイ産の楮の輸入について述べている。「パラグアイには楮の優良産地として知られた福岡県八女地方の楮を、同地出身者が一〇年前（平成一八年ごろ）より移植し、栽培指導をおこなっている。パラグアイは南米だが四季のある国で、気象条件は日本と似ているため楮の育成・栽培には適しているといわれる。パラグアイの農業をささえてきた日系移住者も栽培に関わり、市場関係者から品質は日本国内産に近くなりつつあると判断されている。しかし、この楮と日本の和紙市場を結んでいるのは、個人だという。この個人とのつながりが平成二七年に途絶え、日本の窓口であった高知の原料商にパラグアイ楮は入ってこなくなった」。

最高級那須楮栽培の現状

和紙原料の中で最高級原料とされているものに那須(なす)楮がある。那須楮とは、茨城県西北部で栽培される楮のことをいい、白皮（白楮）にまで加工されており、地元では単に「コオズ」とよんでいる。茨城県奥久慈地方で生産される那須楮は、前にふれたようにユネスコ無形文化遺産に登録された「石州半紙」（島根県浜田市）、本美濃紙（岐阜県美濃市）、細川紙（埼玉県小川町・東秩父村）の紙漉きに使われており、日本はもとより世界が認める質の高さをもっている。

江戸時代、常陸国（現茨城県）北部で生産される楮も和紙も、鬼怒川の舟運を使って江戸へ移送するため、下野国那須地域（現栃木県那須烏山市周辺）に集積されたところから、「那須」の地名が冠されて流通するようになった。

八溝山地西側の栃木県那須郡域も和紙の産地で楮を栽培していたが、楮生産量の大部分は茨城県域で産出しており、現在では常陸大宮市と久慈郡大子（だいご）町でのみ楮を栽培し、紙に漉かれているにすぎない。一九九七年の文化庁の「国指定文化財等データベース」の詳細解説によると、「この地域は茨城県北部に位置し、西は栃木県に、北は福島県に境を接する。この地域の和紙生産は、江戸時代以前に始まったといわれ、以来現在に至るまで専業として、あるいは農間の副業として生産がおこなわれてきた。この地域では西の内紙などの生産とともに、紙の原料である楮の栽培がおこなわれている。特にこの地域で生産される楮は那須楮とよばれ、品質の優れた楮として知られており、現在でも用いられるほか、本美濃紙や越前奉書の原料としても用いられている」と那須楮が優れた和紙原料であることを述べている。

この地域で優良楮が生産できる理由を、「常陸大宮市ふるさと文化で人と地域を元気にする事業」実行委員会という長い名前の委員会のホームページは、「大子町頃藤（ころふじ）を中心とした常陸大宮市北東地域（盛金・家和楽・諸沢等）と大子町南東地域（西金・大沢等）は山間部に位置し、楮がもっとも生長する夏季の昼夜の気温差が大きいために、生育が適度に抑えられて、絹にもたとえられる繊維を得ることができる」と、楮の生育地の気象条件に負うことが大きいと分析している。

しかし別の資料によれば、奥久慈地方は水はけがよくて土地がやせているため、楮の栽培に適しているという。そしてこの辺りは冬になってもめったに雪が降らない北限にあたっており、積雪によって株がやせてしまう前の、十分に株に栄養が残った状態で切り取ることができる。また那須楮の繊維は、楮の中では比較的長く、光沢があるため良質な原料とされているという。

那須楮産地の大子町では、楮生産の最盛期の昭和二五年（一九五〇）ごろは加工した白皮の生産量は年間四五万トンあったという。大子町にある五〇～六〇戸の楮生産農家は七〇～八〇歳代と高齢化が顕著になり、現状のまま放置すると楮生産者が絶えるおそれがでてきた。そこで後継者不足の深刻な楮生産者農家は平成二八年（二〇一六）一一月二三日、「大子那須楮保存会（斎藤邦彦会長）」を設立した。今後は、町や和紙産地と協力し、後継者育成や加工技術の継承などに取り組み、「大子那須楮」の名称でブランド化をめざすと、翌日づけ毎日新聞（地方版）は報道している。

産直新聞社 web「さんちょく新聞」の特集「伝統工芸とそれを支える一次産業　その2　和紙の原料　楮」は、大子那須楮保存会の斎藤会長を訪ね、楮生産者とそれを利用する和紙漉き職人が交流をはじめたことを報告している。

大子町の五〇軒ほどの楮生産者たちは高齢者なので、育てた楮をみな斎藤会長宅に持ち寄り、一連の加工をおこなって出荷している。斎藤会長は「一軒だけではできない仕事だからね、近所の人や、和紙の研究をしている大学の先生、和紙漉き職人さんなんかにも手伝ってもらっているよ」という。数年前までは楮生産農家と紙漉き職人の間には、それぞれ二重に問屋が入っていたため、両者が顔を合わせたり直接話をする機会はまったくなかった。

保存会結成のとき、加工楮はこれまで問屋を通していたが、直接に和紙漉き職人に出荷することにした。中間マージン部分がカットされ、農家の収入が増やせるようになった。生産者と利用者の直接交流から、斎藤会長は「自分がつくった楮を、どんな人がどんなふうな紙につくっているのがわかるのはうれしい。直接評価を貰えるのもありがたい」という。情報交換で「どういう楮が求められているかを聞けるようになったし、昔なら捨てるだけだった茶色の皮の部分も欲しいなんていわれた。以前じゃそんなのまったくわからなかったことだ」と。

楮の加工や、根切り（収穫）作業などのときに、紙漉き職人が大子町を訪れ、それらの作業を体験するようになった。「もっと単価が下がらないか」と頼まれることもあった楮の価格も、「これだけ大変な作業なら、値下げなんて頼めない」といわれるようになった。

斎藤会長らも美濃市に出向いて紙漉きを体験させてもらったりしている。交流することで、「こっちも手仕事、あっちも手仕事」と、互いの技術を認めあい尊敬しあい、その苦労を思いあうという、すばらしい関係性が生まれている。

参考文献

第一章

佐竹義輔・原寛・亘理俊次・冨成忠夫編『日本の野生植物　木本Ⅱ』平凡社、一九八九年
国史大事典編集員会編『国史大事典　一一』吉川弘文館、一九九〇年
黒坂勝美・国史大系編修会編『新訂増訂国史大系第二六巻　延暦交替式・貞観交替式・延喜交替式・弘仁式・延喜式』吉川弘文館、一九六五年
久米康生『和紙文化研究辞典』法政大学出版局、二〇一二年
関彪『雁皮聚録』丸善、一九四〇年
今井久男・石川福次郎「雁皮調査報告書」関彪『雁皮聚録』丸善、一九四〇年
八坂書房編・発行『日本方言植物集成』二〇〇一年
大槻文彦『新編　大言海』冨山房、一九八二年
上原敬二『樹木大図説　三』有明書房、一九六一年
牧野富太郎『牧野新日本植物図鑑』北隆館、一九六一年
新村出編『広辞苑　第四版』岩波書店、一九九一年
山岸徳平校注『源氏物語』岩波文庫、一九三八年
武田祐吉校訂『拾遺和歌集』岩波書店、一九三八年
「宗長日記　下」塙保己一著『群書類従　第十八輯』群書類従完成会、一九三二年

静岡県編・発行『静岡県史　資料編一一　近世三』
内田旭「修善寺紙に関する資料」静岡県郷土研究会編『静岡県郷土研究　第七巻』国書刊行会、一九八二年
日下部兼道・北西敏二「雁皮とその人工栽培資料」雑誌『山林　第六七五号』大日本山林会、一九三九年

第二章

野口英昭『静岡県樹木名方言』静岡新聞社　一九九五年
宍倉佐敏『和紙の歴史――製法と原材料の変遷』印刷朝陽会、二〇〇六年
柘植清「駿河半紙と雁皮紙」静岡県郷土研究会編『静岡県郷土研究　第六巻』国書刊行会、一九八二年
楳原寛重「雁皮栽培録」・「続雁皮栽培録」関彪『雁皮聚録』丸善、一九四〇年
今井三千穂「ガンピ」『林業技術者のための特用樹の知識』日本林業技術協会、一九八三年
今立町誌編さん委員会編『今立町誌』今立町、一九八二年
文化庁国指定文化財等データベース「越前和紙の製作用具及び製品」二〇一四年
成子佐一郎「雁皮紙」滋賀県『滋賀県指定無形文化財調査報告書第一冊　雁皮紙・金箔』一九六八年
滋賀県栗太郡編・発行『栗太郡志　巻の三』一九二九年
魚澄惣五郎編『西宮市史　第二巻』西宮市役所、一九六〇年
有坂隆道編『西宮市史　第五巻資料編二』西宮市役所、一九六三年
市川莉子「八重山の紙――青雁皮紙」吉田竹也・戸田結子・近藤安里編『二〇一一年南山大学人文学部人類文化学科フィールドワーク（文化人類学）報告書Ⅰ1・Ⅱ2』南山大学人類文化学科、二〇一二年

第三章

片山佐又『技術・経営　特殊林産』朝倉書店、一九五二年

静岡県編・発行『静岡県史　資料編一一・近世編三』一九九四年
後藤清吉郎「和紙の旅」望月董弘・後藤清吉郎・神村清・四方一瀰編『ふるさと百話　第八巻』静岡新聞社、一九七三年
静岡県編・発行『静岡県史　通史編四　近世二』一九九七年
御殿場市史編さん委員会編『御殿場市史　八　通史編上』御殿場市役所、一九八一年
身延町誌編集委員会編『身延町誌　第六編』身延町、一九七〇年
笠井東太『西嶋紙の歴史』西嶋手すき紙工業協同組合、一九五七年
清水市史編さん委員会編『清水市史　第一巻』吉川弘文館、一九四五年
小学館編・発行『日本大百科全書（ニッポニカ）』一九九四年
平凡社編・発行『世界大百科事典　第二版』二〇〇九年
富士市・富士宮市・柴川町編・発行『広報ふじ平成一〇年　七二三号』一九九八年
白糸村編・発行『白糸村誌』一九二〇年
大蔵永常『広益国産考』土屋喬雄校訂　岩波文庫、一九四六年
古島敏雄「解題」農山漁村文化協会編・発行『明治農書全書　特用作物』一九八四年
瀧正古「三椏栽培録」「増補三椏栽培録」岡光夫・大石貞男・佐々木長生校注・執筆『明治農業全書五　地方棉作要書・大麻栽培法・藺草栽培法・楮園改良新書・増補挿図三椏栽培録・煙草栽培録（略）』農山漁村文化協会、一九八四年

第四章

増田勝彦・大川昭典・稲葉政満「藩札料紙について」雑誌『保存科学　三七号』東京文化財研究所、一九九八年
白石亜細亜丸「三椏増産の思い出」雑誌『紙パ技協誌　第二六巻第一一号』紙パ技術協会、一九七二年
窪田雄司・渡辺夏実「日本銀行券と和紙――山口県の三椏」『山口県金融風土記』日本銀行下関支店、二〇一六年
日本特用林産協会のブログ「和紙――文化財を維持する特用林産物三」

日本特産農産物協会のブログ「和紙原料に関する資料」
武田総七郎『実用特用作物　下巻』明文堂、一九四二年
中野尚夫・水島嗣雄「岡山県の山間地方にあった焼畑農業について」『日本作物学会中国支部研究収録　二九号』一九八八年
真庭郡教育会編・発行『真庭郡誌』一九二三年
富村史編集委員会編『富村史』一九八八年
西粟倉村史編集委員会編『西粟倉村史』西粟倉村、一九八四年
愛媛県史編さん委員会編『愛媛県史　地誌Ⅱ（中予）』愛媛県、一九八四年
愛媛県史編さん委員会編『愛媛県史　地誌Ⅱ（東予東部）』愛媛県、一九八八年
諏訪貴信「ミツマタ　高知県伊野町・吾川村」雑誌『現代林業　一九九〇年二月号』林業改良普及協会、一九九〇年

第五章

日本特産農産物協会ブログ「特産農産物に関する生産情報調査結果（平成二四年度）」
平井松午・豊田哲也・田中耕市・萩原八郎・木内晃「三好市『旧東祖谷山村』における土地利用の変化」『阿波学会紀要』阿波学会、二〇〇七年

第六章

深津正・小林義雄『木の名の由来』日本林業技術協会、一九八五年
倉野憲司校注『古事記』岩波文庫、一九六三年
坂本太郎・家永三郎・井上光貞・大野晋校注『日本書紀』岩波文庫、一九九四年
佐々木信綱編『新訂新訓　万葉集』岩波文庫、一九二七年

吉野裕訳『風土記』東洋文庫、一九六九年
上田正昭「杵築大社の原像と信仰」雑誌『東アジアの古代文化　一〇六号』大和書房、二〇〇一年
西宮一民校注『古語拾遺』岩波文庫、一九八五年
大野晋・佐竹昭広・前田金五郎『岩波古語辞典　補訂版』岩波書店、一九九〇年
日立デジタル平凡社編・発行『世界大百科事典　第二版』一九九八年
薗田稔・橋本政宣編『神道史大事典』吉川弘文館、二〇〇四年
辰巳正明・城崎陽子監修・國學院大學研究開発推進機構日本文化研究所編『万葉神事語事典』國學院大學、二〇〇八年
伊東博『万葉集全注　巻第一』有斐閣、一九八三年
文化庁国指定文化財等データベース「阿波の太布製造技術」
宍倉佐敏『和紙の歴史　製法と原材料の変遷』印刷朝陽会、二〇〇六年
伊勢貞丈『安齋随筆』故実叢書第一八　今泉定介・増訂故実叢書編輯委員会編　吉川弘文館、一九二九年

第七章

美濃市編・発行『美濃市史　通史編上巻』一九七九年
岐阜県編・発行『岐阜県史　通史編・近世下』一九七二年
山口県編・発行『山口県文化史』一九七七年
錦町史編さん委員会編『錦町史』錦町、一九八八年
沖本常吉編『津和野町史　第三巻』津和野町史刊行会、一九八九年
六日町編・発行『六日町史　第二巻』一九八八年
広島県編・発行『広島県史　近世一　通史三』一九八一年
高知県編『高知県史　近世編』高知県文教協会、一九六八年

第八章

宮崎安貞著・貝原楽軒刪・土屋喬雄校訂『農業全書』岩波文庫、一九三六年
海野福寿「蔵紙と脇紙」会誌『地方史研究　九巻三号』「大阪商業史資料第十三巻」地方史研究協議会、一九五九年
国東治兵衛「紙漉重宝記」『日本農書全集　第五三巻　農産加工四』農山漁村文化協会、一九九八年
飛松忠四郎「楮園改良新書」『明治農書全集　第五巻　特用作物』農山漁村文化協会、一九八四年
冨田武雄「福井県の和紙と其の振興対策」雑誌『山林　第六七一・六七三号』大日本山林会、一九三八年
長尾雅信「和紙原料の流通状況とその諸課題」『新潟大学　経済論集　第一〇二号』新潟大学、二〇一六年
田中求「和紙原料を巡る山村の動態――いの町柳野地区の事例」『林業経済研究　六〇巻二号』林業経済学会、二〇一四年
田中求「和紙がつなげる人と森」『森林環境　二〇一七』森林文化協会、二〇一七年
岡本卓也「コウゾと野生獣害（と和紙）」『森林科学　七七号』岐阜県森林研究所、二〇一六年

あとがき

和紙とは、日本で昔からの製法により、手漉きでつくられる紙のことをいう。洋紙にたいする言葉で、別に「わがみ」ともいわれる。広義には、手漉き紙に風合いを似せた機械漉き紙を含めることもある。

和紙の原料としては、本書で述べた雁皮、三椏、楮という三種類の樹木の樹皮のほかに、麻、稲藁、桑、竹、木材パルプ、綿、ケナフ、芭蕉、藺草、オクラ、バナナ、パイナップル、小麦、大麦、砂糖黍、玉蜀黍、ココヤシ、藤、榀の木、葛、葭なども紙にされる。近年はタイ楮、フィリピン雁皮、マニラ麻などの輸入原料の使用量も増加している。和紙となる原料は、これほど沢山の種類の繊維であり、古代にはこれらのほかに、衣類の繊維をほぐして紙に漉かれたこともあった。

本書は手仕事の器用な日本人が紙の漉いてきたこれほど多種類の原料の中で、近年までもっとも重要な原料とされていた雁皮、三椏、楮という三種類の樹木と、日本人との関わりを探ったものである。しかも、それぞれの生育地から伐採、皮を剝がされるまでの段階を主とし、一部紙漉きのところまで触れた箇所もあるが、ほとんどは原木と剝がされた樹皮までの段階で留めた。

樹皮から種々の手を経て、紙が漉き上がり、でき上がった製品については、これまで諸氏が述べられているので、ほとんど触れることはなかった。第一次産業である農業と林業にたずさわってきた筆者としては、第一次産品と人々がどのような関わりをしてきたのかをみたかったためである。

そうはいいながら、雁皮については農業の合間に里山の薮くぐりをし、ころ合いの雁皮を根ごと引き抜く感触や、鎌で根元を切断する感触などについての当事者の感想は得ることができなかった。農家の人で、雁皮採りをした経験のある人は、付近の里山にはどこに行けば雁皮が生えていて、どのくらいの大きさなっていることくらいは把握している。やみくもに里山という里山を歩きまわって、雁皮を探すことなどほとんどない。

近年まで雁皮紙を漉く紙漉き屋が、仲買の人に雁皮の調達を依頼すると、どこからともなく、必要量をもってきていた。それは、仲買人が農家の人に雁皮が欲しいといえば、すぐに山へ採りにいっていたことを物語っている。

雁皮は栽培が難しいと昔からいわれており、筆者も本書でそのように述べているが、実際には雁皮栽培を成功させている文献もあるので、工夫すれば栽培は可能なのであろう。栽培しても、それから皮を剝ぎ、白皮にまで仕上げた製品の価格がペイするかどうかで、栽培者が実際にたずさわるかどうかが決まる。

三椏の栽培地については現職のとき、森林調査で各地の山地を歩いていたとき、四〇年生前後の杉林の林床に谷川から中腹へかけて、三椏が生えているところをみた覚えがある。どこの地域だかすっかり失念していたが、先日NHKが「モモンガの好物はスギの花粉」という番組で、鳥取県智頭(ちづ)町芦津の杉林に生息しているモモンガ(ムササビ)の一年間の生活ぶりを放送していた。その中でちらっと杉林の中で、黄色な花をつけた三椏の姿を映した。そのとき、昔みた三椏と杉林の様子を思い出した。智頭町でも因州和紙の原料として、三椏を栽培していたのだった。

現職のとき杉林の三椏をみたときは、間作（かんさく）といって、杉を植林して大きく育つまでの間、杉と杉の間に三椏を栽培しているのだと理解していた。そんなところもあったのだろうが、三椏を紙幣用原料として大量に供給している岡山県や四国山地の各県のほとんどは、自家用食料確保の焼畑農業の中で、換金できる唯一の作物として位置づけられていたことが、本書を執筆する段階で理解できた。

そして三椏は嫌地現象といって、長年同一の場所で栽培していると、生育障害をおこすので、数年程度しか連続して栽培できない樹木である。それだから数年おきに畑にする場所を変える焼畑農業には都合のよい作物であった。焼畑農業者が若いうちは順調に栽培面積が確保されていたが、次第に年齢をかさねるとともに、山地集落の若い人たちが稼ぎに都会へ移動していったので住民は減少し、集落はいわゆる過疎となった。

三椏栽培地の焼畑は、急峻な山奥であり、三椏を伐採し、束ね、荷造りしても、人力による以外には麓の集落まで運搬する手段はない。急峻な道なき道を、重量物の三椏の束を運ぶことは困難になり、焼畑農業者は三椏栽培をやめざるを得なくなった。四国の脊梁山地で焼畑が急速に営まれなくなったのと、三椏栽培が減少した時期とはほぼ重なる。

楮の栽培地も常設の畠に栽培される作物ではなく、畠や田の畔や、その周辺に栽培され、土砂崩れを防止する役目をもたされていた。三椏よりはいくぶんか集落の近い場所に栽培されていたが、栽培地の面積が小さく、地形は急峻で道は人が歩くのがやっとという狭さなので機械類が入らず、伐採した楮の束を運びだすには、人手によらなければならなかった。そのため、山間集落の過疎化と、住民の高齢化で楮の栽培をほとんどの人がやめていった。

冬の寒い時期に伐採、運搬、蒸し、皮剝ぎを戸外でおこない、さらに剝いだ皮の表皮を削り取り白皮の製品に仕上げるのも、冬のさ中に戸外で水を使う作業であった。これら重労働に見合う価格で販売できれば、楮栽培者たちは楮栽培を継続してきたであろう。

楮のみならず、雁皮も三椏も、都会の人の想像を絶するほど安価である。需要供給まかせの価格である。いや、紙漉きが漉いた紙が安くしか売れないので、紙漉きは原料購入に経費を掛けられないのである。

和紙は日本が世界にほこる伝統文化財と、為政者たちは口ではいう。けれども、伝統文化財の和紙も原料供給が途絶えると、外国から似た原料を購入することになる。それで漉いた紙が、伝統ある和紙だと世界に向けていえるであろうか。原料供給者やそれを使って紙を漉き上げる紙漉きの人たちにも、為政者として相応の助成をするべきであると考える。まだ間に合うので、早急に配慮してほしい。

楮紙の生産地いわゆる紙郷は、集中している地方と、分散している地方がある。紙郷の分散する地方では、紙漉きと原料の楮栽培者はほどんどの場合同じであった。その地方を領有していた広島藩、萩藩、高知藩などの領主は、紙を藩の収入源と考えて専売制とし、栽培されている楮を一本一本数え上げ、漉き上がる紙の数量を算出し、一定量の紙を藩に納入する仕組みをつくり上げていた。不作のときにも納入紙数は変わらなかった。楮一本まで数え上げられている紙漉きは、藩庫に入れる銭をかせぐだけの歯車とされたのである。耐えきれず百姓一揆もおこされ、一時はよくなったが、いつしか元の木阿弥となっていた。

和紙の原料木である雁皮、三椏、楮という三種類の樹木が、われわれと関わってきたいきさつをようやくまとめ上げることができた。主として西日本地域に偏っており、東日本には手をのばす余裕がなかった。調査不十分の点が多々あると思う。

多くの資料を参考にさせていただいたが、それぞれの資料の著者の方々に深く感謝申し上げる。また本書が法政大学出版局のご配慮により出版できたことを、併せて御礼申し上げます。

平成三〇年八月一日

有岡　利幸

著者略歴

有岡利幸（ありおか としゆき）

1937年，岡山県に生まれる．1956年から1993年まで大阪営林局で国有林における森林の育成・経営計画業務などに従事．1993～2003年3月まで近畿大学総務部総務課に勤務．2003年より2009年まで（財）水利科学研究所客員研究員．1993年第38回林業技術賞受賞．
著書：『森と人間の生活——箕面山野の歴史』（清文社，1986），『ケヤキ林の育成法」（大阪営林局森林施業研究会，1992），『松と日本人』（人文書院，1993，第47回毎日出版文化賞受賞），『松——日本の心と風景』（人文書院，1994），『広葉樹林施業』（分担執筆，（財）全国林業改良普及協会，1994），『松茸』（1997），『梅Ⅰ・Ⅱ』（1999），『梅干』（2001），『里山 Ⅰ・Ⅱ』（2004），『桜 Ⅰ・Ⅱ』（2007），『秋の七草』『春の七草』（2008），『杉Ⅰ・Ⅱ』（2010），『檜』（2011），『桃』（2012），『柳』（2013），『椿』（2014），『欅』（2016）（以上，法政大学出版局刊），『つばき油の文化史』（2014），『栗の文化史——日本人と栗の寄り添う姿』（2017）（以上，雄山閣刊），『資料 日本植物文化誌』（2005），『花と樹木と日本人』（2016），『樹木と名字と日本人』（2018）（以上，八坂書房刊）．

ものと人間の文化史 181・和紙植物

2018年9月15日 初版第1刷発行

発行所 一般財団法人 法政大学出版局
〒102-0071 東京都千代田区富士見 2-17-1
電話03（5214）5540 振替00160-6-95814
組版：秋田印刷工房 印刷：三和印刷 製本：誠製本

ISBN 978-4-588-21811-8

⚜ ものと人間の文化史

★第9回梓会出版文化賞受賞

人間が〈もの〉とのかかわりを通じて営々と築いてきた暮らしの足跡を具体的に辿りつつ文化・文明の基礎を問いなおす。手づくりの〈もの〉の記憶が失われ、〈もの〉離れが進行する危機の時代におくる豊穣な百科叢書。

1 船 須藤利一編

海国日本では古来、漁業・水運・交易はもとより、大陸文化も船によって運ばれた。本書は造船技術、航海の模様の推移を中心に、漂流、船霊信仰、伝説の数々を語る。四六判368頁 '68

2 狩猟 直良信夫

人類の歴史は狩猟から始まった。本書は、わが国の遺跡に出土する獣骨、猟具の実証的考察をおこないながら、狩猟をつうじて発展した人間の知恵と生活の軌跡を辿る。四六判272頁 '68

3 からくり 立川昭二

〈からくり〉は自動機械であり、驚嘆すべき庶民の技術的創意がこめられている。本書は、日本と西洋のからくりを発掘・復元・遍歴し、埋もれた技術の水脈をさぐる。四六判410頁 '69

4 化粧 久下司

美を求める人間の心が生みだした化粧―その手法と道具に語らせた人間の欲望と本性、そして社会関係。歴史を遡り、全国を踏査して書かれた比類ない美と醜の文化史。四六判368頁 '70

5 番匠 大河直躬

番匠はわが国中世の建築工匠。地方・在地を舞台に開花した彼らの造型・装飾・工法等の諸技術、さらに信仰と生活等、職人以前の独自で多彩な工匠的世界を描き出す。四六判288頁 '71

6 結び 額田巌

〈結び〉の発達は人間の叡知の結晶である。本書はその諸形態および技法を作業・装飾・象徴の三つの系譜に辿り、〈結び〉のすべてを民俗学的・人類学的に考察する。四六判264頁 '72

7 塩 平島裕正

人類史に貴重な役割を果たしてきた塩をめぐって、発見から伝承・製造技術の発展過程にいたる総体を歴史的に描き出すとともに、その多彩な効用と味覚の秘密を解く。四六判272頁 '73

8 はきもの 潮田鉄雄

田下駄・かんじき・わらじなど、日本人の生活の礎となってきた伝統的はきものの成り立ちと変遷を、二〇年余の実地調査と細密な観察・描写によって辿る庶民生活史　四六判280頁 '73

9 城 井上宗和

古代城塞・城柵から近世代名の居城として集大成されるまでの日本の城の変遷を辿り、文化の各領野で果たしてきたその役割を再検討。あわせて世界城郭史に位置づける。四六判310頁 '73

10 竹 室井綽

食生活、建築、民芸、造園、信仰等々にわたって、竹と人間との交流史は驚くほど深く永い。その多岐にわたる発展の過程を個々に辿り、竹の特異な性格を浮彫にする。四六判324頁 '73

11 海藻 宮下章

古来日本人にとって生活必需品とされてきた海藻をめぐって、その採取・加工法の変遷、商品としての流通史および神事・祭事での役割に至るまでを歴史的に考証する。四六判330頁 '74

12 **絵馬** 岩井宏實
古くは祭礼における神への献馬にはじまり、民間信仰と絵画のみごとな結晶として民衆の手で描かれ祀り伝えられてきた各地の絵馬を豊富な写真と史料によってたどる。四六判３０２頁 '74

13 **機械** 吉田光邦
畜力・水力・風力などの自然のエネルギーを利用し、幾多の改良を経て形成された初期の機械の歩みを検証し、日本文化の形成における科学・技術の役割を再検討する。四六判２４２頁 '74

14 **狩猟伝承** 千葉徳爾
狩猟には古来、感謝と慰霊の祭祀がともない、人獣交渉の豊かで意味深い歴史があった。狩猟用具、巻物、儀式具、またけものたちの生態を通して語る狩猟文化の世界。四六判３４６頁 '75

15 **石垣** 田淵実夫
採石から運搬、加工、石積みに至るまで、石垣の造成をめぐって積み重ねられてきた石工たちの苦闘の足跡を掘り起こし、その独自な技術の形成過程と伝承を集成する。四六判２２４頁 '75

16 **松** 高嶋雄三郎
日本人の精神史に深く根をおろした松の伝承に光を当て、食用、薬用等の実用の松、祭祀・観賞用の松、さらに文学・芸能・美術に表現された松のシンボリズムを説く。四六判３４２頁 '75

17 **釣針** 直良信夫
人と魚との出会いから現在に至るまで、釣針がたどった一万有余年の変遷を、世界各地の遺跡出土物を通して実証しつつ、漁撈によって生きた人々の生活と文化を探る。四六判２７８頁 '76

18 **鋸** 吉川金次
鋸鍛冶の家に生まれ、鋸の研究を生涯の課題とする著者が、出土遺品や文献・絵画により各時代の鋸を復元・実験し、庶民の手仕事にみられる驚くべき合理性を実証する。四六判３６０頁 '76

19 **農具** 飯沼二郎／堀尾尚志
鍬と犂の交代・進化の歩みとして発達したわが国農耕文化の発展経過を世界史的視野において再検討しつつ、無名の農民たちによる驚くべき創意のかずかずを記録する。四六判２２０頁 '76

20 **包み** 額田巌
結びとともに文化の起源にかかわる〈包み〉の系譜を人類史的視野において捉え、衣・食・住をはじめ社会・経済史、信仰、祭事などにおけるその実際と役割とを描く。四六判３５４頁 '77

21 **蓮** 阪本祐二
仏教における蓮の象徴的位置の成立と深化、美術・文芸等に見る人間とのかかわりを歴史的に考察。また大賀蓮はじめ多様な品種とその来歴を紹介しつつその美を語る。四六判３０６頁 '77

22 **ものさし** 小泉袈裟勝
ものをつくる人間にとって最も基本的な道具であり、数千年にわたって社会生活を律してきたその変遷を実証的に追求し、歴史の中で果たしてきた役割を浮彫りにする。四六判３１４頁 '77

23-I **将棋I** 増川宏一
その起源を古代インドに、我国への伝播の道すじを海のシルクロードに探り、また伝来後一千年におよぶ日本将棋の変化と発展を盤、駒、ルール等にわたって跡づける。四六判２８０頁 '77

23–Ⅱ 将棋Ⅱ 増川宏一

わが国伝来後の普及と変遷を貴族や武家・豪商の日記等に博捜し、遊戯者の歴史をあとづけると共に、中国伝来説の誤りを正し、将棋宗家の位置と役割を明らかにする。 四六判３４６頁 '85

24 湿原祭祀 第2版 金井典美

古代日本の自然環境に着目し、各地の湿原聖地を稲作社会との関連において捉え直して古代国家成立の背景を浮彫にしつつ、水と植物にまつわる日本人の宇宙観を探る。 四六判４１０頁 '77

25 臼 三輪茂雄

臼が人類の生活文化の中で果たしてきた役割を、各地に遺る貴重な民俗資料・伝承と実地調査にもとづいて解明。失われゆく道具のなかに、未来の生活文化の姿を探る。 四六判４１２頁 '78

26 河原巻物 盛田嘉徳

中世末期以来の被差別部落民が生きる権利を守るために偽作し護り伝えてきた河原巻物を全国にわたって踏査し、そこに秘められた最底辺の人びとの叫びに耳を傾ける。 四六判２２６頁 '78

27 香料 日本のにおい 山田憲太郎

焼香供養の香から趣味としての薫物へ、さらに沈香木を焚く香道へと変遷した日本の「匂い」の歴史を豊富な史料に基づいて辿り、我国風俗史の知られざる側面を描く。 四六判３７０頁 '78

28 神像 神々の心と形 景山春樹

神仏習合によって変貌しつつも、常にその原型＝自然を保持してきた日本の神々の造型を図像学的方法によって捉え直し、その多彩な形象に日本人の精神構造をさぐる。 四六判３４２頁 '78

29 盤上遊戯 増川宏一

祭具・占具としての発生を『死者の書』をはじめとする古代の文献にさぐり、形状・遊戯法を分類しつつその〈進化〉の過程を考察。〈遊戯者たちの歴史〉をも跡づける。 四六判３２６頁 '78

30 筆 田淵実夫

筆の里・熊野に筆づくりの現場を訪ねて、筆匠たちの境涯と製筆の由来を克明に記録しつつ、筆の発生と変遷、種類、製筆法、さらには筆塚、筆供養にまで説きおよぶ。 四六判２０４頁 '78

31 ろくろ 橋本鉄男

日本の山野を漂移しつづけ、高度の技術文化と幾多の伝説とをもたらした特異な旅職集団＝木地屋の生態を、その呼称、地名、伝承、文書等をもとに生き生きと描く。 四六判４６０頁 '79

32 蛇 吉野裕子

日本古代信仰の根幹をなす蛇巫をめぐって、祭事におけるさまざまな蛇の「もどき」や各種の蛇の造型・伝承に鋭い考証を加え、忘れられたその呪性を大胆に暴き出す。 四六判２５０頁 '79

33 鋏（はさみ） 岡本誠之

梃子の原理の発見から鋏の誕生に至る過程を推理し、日本鋏の特異な歴史的位置を明らかにするとともに、刀鍛冶等から転進した鋏職人たちの創意と苦闘の跡をたどる。 四六判３９６頁 '79

34 猿 廣瀬鎮

嫌悪と愛玩、軽蔑と畏敬の交錯する日本人とサルとの関わりあいの歴史を、狩猟伝承や祭祀・風習、美術・工芸や芸能のなかに探り、日本人の動物観を浮彫りにする。 四六判２９２頁 '79

35 **鮫** 矢野憲一

神話の時代から今日まで、津々浦々につたわるサメの伝承とサメをめぐる海の民俗を集成し、神饌、食用、薬用等に活用されてきたサメと人間のかかわりの変遷を描く。四六判292頁 '79

36 **枡** 小泉袈裟勝

米の経済の枢要をなす器として千年余にわたり日本人の生活の中に生きてきた枡の変遷をたどり、記録・伝承をもとにこの独特な計量器が果たした役割を再検討する。四六判322頁 '80

37 **経木** 田中信清

食品の包装材料として近年まで身近に存在した経木の起源を、こけら経や塔婆、木簡、屋根板等に遡って明らかにし、その製造・流通に携った人々の労苦の足跡を辿る。四六判288頁 '80

38 **色** 染と色彩 前田雨城

わが国古代の染色技術の復元と文献解読をもとに日本色彩史を体系づけ、赤・白・青・黒等におけるわが国独自の色彩感覚を探りつつ日本文化における色の構造を解明。四六判320頁 '80

39 **狐** 陰陽五行と稲荷信仰 吉野裕子

その伝承と文献を渉猟しつつ、中国古代哲学＝陰陽五行の原理の応用という独自の視点から、謎とされてきた稲荷信仰と狐との密接な結びつきを明快に解き明かす。四六判232頁 '80

40-Ⅰ **賭博Ⅰ** 増川宏一

時代、地域、階層を超えて連綿と行なわれてきた賭博。——その起源を古代の神判、スポーツ、遊戯等の中に探り、抑圧と許容の歴史を物語る。全Ⅲ分冊の〈総説篇〉。四六判298頁 '80

40-Ⅱ **賭博Ⅱ** 増川宏一

古代インド文学の世界からラスベガスまで、賭博の形態・用具・方法の時代的特質を明らかにし、夥しい禁令に賭博の不滅のエネルギーを見る。全Ⅲ分冊の〈外国篇〉。四六判456頁 '82

40-Ⅲ **賭博Ⅲ** 増川宏一

聞香、闘茶、笠附等、わが国独特の賭博を中心にその具体例を網羅し、方法の変遷に賭博の時代性を探りつつ禁令の改廃に時代の賭博観を追う。全Ⅲ分冊の〈日本篇〉。四六判388頁 '83

41-Ⅰ **地方仏Ⅰ** むしゃこうじ・みのる

古代から中世にかけて全国各地で作られた無銘の仏像を訪ね、素朴で多様なノミの跡に民衆の祈りと地域の願望を探る。宗教の伝播、文化の創造を考える異色の紀行。四六判256頁 '80

41-Ⅱ **地方仏Ⅱ** むしゃこうじ・みのる

紀州や飛騨を中心に草の根の仏たちを訪ねて、その相好と像容の魅力を探り、技法を比較考証して仏像彫刻史に位置づけつつ、中世地域社会の形成と信仰の実態に迫る。四六判260頁 '97

42 **南部絵暦** 岡田芳朗

田山・盛岡地方で「盲暦」として古くから親しまれてきた独得の絵解き暦を詳しく紹介しつつその全体像を復元する。その無類の生活暦は、南部農民の哀歓をつたえる。四六判288頁 '80

43 **野菜** 在来品種の系譜 青葉高

蕪、大根、茄子等の日本在来野菜をめぐって、その渡来・伝播経路、品種分布と栽培のいきさつを各地の伝承や古記録をもとに辿り、畑作文化の源流とその風土を描く。四六判368頁 '81

44 **つぶて** 中沢厚

弥生投弾、古代・中世の石戦と印地の様相、投石具の発達を展望しつつ、願かけの小石、正月つぶて、石こづみ等の習俗を辿り、石塊に託した民衆の願いや怒りを探る。四六判３３８頁 '81

45 **壁** 山田幸一

弥生時代から明治期に至るわが国の壁の変遷を壁塗＝左官工事の側面から辿り直し、その技術的復元・考証を通じて建築史・文化史における壁の役割を浮き彫りにする。四六判２９６頁 '81

46 **箪笥**（たんす） 小泉和子

近世における箪笥の出現＝箱から抽斗への転換に着目し、以降近現代に至るその変遷を社会・経済・技術の側面からあとづける。著者自身による箪笥製作の記録を付す。四六判３７８頁 '82

47 **木の実** 松山利夫

山村の重要な食糧資源であった木の実をめぐる各地の記録・伝承を集成し、その採集・加工における幾多の試みを実地に検証しつつ、稲作農耕以前の食生活文化を復元。四六判３８４頁 '82

48 **秤**（はかり） 小泉袈裟勝

秤の起源を東西に探るとともに、わが国律令制下における中国制度の導入、近世商品経済の発展に伴う秤座の出現、明治期近代化政策による洋式秤受容等の経緯を描く。四六判３２６頁 '82

49 **鶏**（にわとり） 山口健児

神話・伝説をはじめ遠い歴史の中の鶏を古今東西の伝承・文献に探り、特に我国の信仰・絵画・文学等に遺された鶏の足跡を追って、鶏をめぐる民俗の記憶を蘇らせる。四六判３４６頁 '83

50 **燈用植物** 深津正

人類が燈火を得るために用いてきた多種多様な植物との出会いと個個の植物の来歴、特性及びはたらきを詳しく検証しつつ「あかり」の原点を問いなおす異色の植物誌。四六判４４２頁 '83

51 **斧・鑿・鉋**（おの・のみ・かんな） 吉川金次

古墳出土品や文献・絵画をもとに、古代から現代までの斧・鑿・鉋を復元・実験し、労働体験によって生まれた民衆の知恵と道具の変遷を蘇らせる異色の日本木工具史。四六判３０４頁 '84

52 **垣根** 額田巌

大和・山辺の道に神々と垣との関わりを探り、各地に垣の伝承を訪ねて、寺院の垣、民家の垣、露地の垣など、風土と生活に培われた生垣の独特のはたらきと美を描く。四六判２３４頁 '84

53-Ⅰ **森林Ⅰ** 四手井綱英

森林生態学の立場から、森林のなりたちとその生活史を辿りつつ、産業の発展と消費社会の拡大により刻々と変貌する森林の現状を語り、未来への再生のみちをさぐる。四六判３０６頁 '85

53-Ⅱ **森林Ⅱ** 四手井綱英

森林と人間との多様なかかわりを包括的に語り、人と自然が共生するための森や里山をいかにして創出するか、森林再生への具体的な方策を提示する21世紀への提言。四六判３０８頁 '98

53-Ⅲ **森林Ⅲ** 四手井綱英

地球規模で進行しつつある森林破壊の現状を実地に踏査し、森と人が共存する日本人の伝統的自然観を未来へ伝えるために、いま何が必要なのかを具体的に提言する。四六判３０４頁 '00

54 **海老**（えび） 酒向昇

人類との出会いからエビの科学、漁法、さらには調理法を語り、めでたい姿態と色彩にまつわる多彩なエビの民俗を、地名や人名、詩歌・文学、絵画や芸能の中に探る。四六判４２８頁 '85

55-I **藁**（わら）I 宮崎清

稲作農耕とともに二千年余の歴史をもち、日本人の全生活領域に生きてきた藁の文化を日本文化の原型として捉え、風土に根ざしたそのゆたかな遺産を詳細に検討する。四六判４００頁 '85

55-II **藁**（わら）II 宮崎清

床・畳から壁・屋根にいたる住居における藁の製作・使用のメカニズムを明らかにし、日本人の生活空間における藁の役割を見なおすとともに、藁の文化の復権を説く。四六判４００頁 '85

56 **鮎** 松井魁

清楚な姿態と独特な味覚によって、日本人の目と舌を魅了しつづけてきたアユ――その形態と分布、生態、漁法等を詳述し、古今のアユ料理や文芸にみるアユにおよぶ。四六判２９６頁 '86

57 **ひも** 額田巌

物と物、人と物とを結びつける不思議な力を秘めた「ひも」の謎を追って、民俗学的視点から多角的なアプローチを試みる。『結び』、『包み』につづく三部作の完結篇。四六判２５０頁 '86

58 **石垣普請** 北垣聰一郎

近世石垣の技術者集団「穴太」の足跡を辿り、各地城郭の石垣遺構の実地調査と資料・文献をもとに石垣普請の歴史的系譜を復元しつつ石工たちの技術伝承を集成する。四六判４３８頁 '87

59 **碁** 増川宏一

その起源を古代の盤上遊戯に探ると共に、定着以来二千年の歴史を時代の状況や遊び手の社会環境との関わりにおいて跡づける。逸話や伝説を排して綴る初の囲碁全史。四六判３６６頁 '87

60 **日和山**（ひよりやま） 南波松太郎

千石船の時代、航海の安全のために観天望気した日和山――多くは忘れられ、あるいは失われた船舶・航海史の貴重な遺跡を追って、全国津々浦々におよんだ調査紀行。四六判３８２頁 '88

61 **篩**（ふるい） 三輪茂雄

臼とともに人類の生産活動に不可欠な道具であった篩、箕（み）、笊（ざる）の多彩な変遷を豊富な図解入りでたどり、現代技術の先端に再生するまでの歩みをえがく。四六判３３４頁 '89

62 **鮑**（あわび） 矢野憲一

縄文時代以来、貝肉の美味と貝殻の美しさによって日本人を魅了し続けてきたアワビ――その生態と養殖、神饌としての歴史、漁法、螺鈿の技法からアワビ料理に及ぶ。四六判３４４頁 '89

63 **絵師** むしゃこうじ・みのる

日本古代の渡来画工から江戸前期の菱川師宣まで、時代の代表的絵師の列伝で辿る絵画制作の文化史。前近代社会における絵画の意味や芸術創造の社会的条件を考える。四六判２３０頁 '90

64 **蛙**（かえる） 碓井益雄

動物学の立場からその特異な生態を描き出すとともに、和漢洋の文献資料を駆使して故事・習俗・神事・民話・文芸・美術工芸にわたる蛙の多彩な活躍ぶりを活写する。四六判３８２頁 '89

65-Ⅰ 藍（あい）**Ⅰ** 風土が生んだ色　竹内淳子

全国各地の〈藍の里〉を訪ねて、藍栽培から染色・加工のすべてにわたり、藍とともに生きた人々の伝承を克明に描き、風土と人間が生んだ〈日本の色〉の秘密を探る。四六判４１６頁 '91

65-Ⅱ 藍（あい）**Ⅱ** 暮らしが育てた色　竹内淳子

日本の風土に生まれ、伝統に育てられた藍が、今なお暮らしの中で生き生きと活躍しているさまを、手わざに生きる人々との出会いを通じて描く。藍の里紀行の続篇。四六判４０６頁 '99

66 橋　小山田了三

丸木橋・舟橋・吊橋から板橋・アーチ型石橋まで、人々に親しまれてきた各地の橋を訪ねて、その来歴と築橋の技術伝承を辿り、土木文化の伝播・交流の足跡をえがく。四六判３１２頁 '91

67 箱　宮内悊

日本の伝統的な箱（櫃）と西欧のチェストを比較文化史の視点から考察し、居住・収納・運搬・装飾の各分野における箱の重要な役割とその多彩な文化を浮彫りにする。四六判３９０頁 '91

68-Ⅰ 絹Ⅰ　伊藤智夫

養蚕の起源を神話や説話に探り、伝来の時期とルートを跡づけ、記紀・万葉の時代から近世に至るまで、それぞれの時代・社会・階層が生み出した絹の文化を描き出す。四六判３０４頁 '92

68-Ⅱ 絹Ⅱ　伊藤智夫

生糸と絹織物の生産と輸出が、わが国の近代化にはたした役割を描くと共に、養蚕の道具、信仰や庶民生活にわたる養蚕と絹の民俗、さらには蚕の種類と生態におよぶ。四六判２９４頁 '92

69 鯛（たい）　鈴木克美

古来「魚の王」とされてきた鯛をめぐって、その生態・味覚から漁法、祭り、工芸、文芸にわたる多彩な伝承文化を語りつつ、鯛と日本人とのかかわりの原点をさぐる。四六判４１８頁 '92

70 さいころ　増川宏一

古代神話の世界から近現代の博徒の動向まで、さいころの役割を各時代・社会に位置づけ、木の実や貝殻のさいころから投げ棒型や立方体のさいころへの変遷をたどる。四六判３７４頁 '92

71 木炭　樋口清之

炭の起源から炭焼、流通、経済、文化にわたる木炭の歩みを歴史・考古・民俗の知見を総合して描き出し、独自で多彩な文化を育んできた木炭の尽きせぬ魅力を語る。四六判２９６頁 '93

72 鍋・釜（なべ・かま）　朝岡康二

日本をはじめ韓国、中国、インドネシアなど東アジアの各地を歩きながら鍋・釜の製作と使用の現場に立ち会い、調理をめぐる庶民生活の変遷とその交流の足跡を探る。四六判３２６頁 '93

73 海女（あま）　田辺悟

その漁の実際と社会組織、風習、信仰、民具などを克明に描くとともに海女の起源・分布・交流を探り、わが国漁撈文化の古層としての海女の生活と文化をあとづける。四六判２９４頁 '93

74 蛸（たこ）　刀禰勇太郎

蛸をめぐる信仰や多彩な民間伝承を紹介するとともに、その生態・分布・捕獲法・繁殖と保護・調理法などを集成し、日本人と蛸との知られざるかかわりの歴史を探る。四六判３７０頁 '94

75 曲物（まげもの） 岩井宏實

桶・樽出現以前から伝承され、古来最も簡便・重宝な木製容器として愛用された曲物の加工技術と機能・利用形態の変遷をさぐり、手づくりの「木の文化」を見なおす。四六判318頁 '94

76-Ⅰ 和船Ⅰ 石井謙治

江戸時代の海運を担った千石船（弁才船）について、その構造と技術、帆走性能を綿密に調査し、通説の誤りを正すとともに、海難と信仰、船絵馬等の考察にもおよぶ。四六判436頁 '95

76-Ⅱ 和船Ⅱ 石井謙治

造船史から見た著名な船を紹介し、遣唐使船や遣欧使節船、幕末の洋式船における外国技術の導入について論じつつ、船の名称と船型を海船・川船にわたって解説する。四六判316頁 '95

77-Ⅰ 反射炉Ⅰ 金子功

日本初の佐賀鍋島藩の反射炉と精錬方＝理化学研究所、島津藩の反射炉と集成館＝近代工場群を軸に、日本の産業革命の時代における人と技術を現地に訪ねて発掘する。四六判244頁 '95

77-Ⅱ 反射炉Ⅱ 金子功

伊豆韮山の反射炉をはじめ、全国各地の反射炉建設にかかわった有名無名の人々の足跡をたどり、開国か攘夷かに揺れる幕末の政治と社会の悲喜劇をも生き生きと描く。四六判226頁 '95

78-Ⅰ 草木布（そうもくふ）Ⅰ 竹内淳子

風土に育まれた布を求めて全国各地を歩き、木綿普及以前に山野の草木を利用して豊かな衣生活文化を築き上げてきた庶民の知られざる知恵のかずかずを実地にさぐる。四六判282頁 '95

78-Ⅱ 草木布（そうもくふ）Ⅱ 竹内淳子

アサ、クズ、シナ、コウゾ、カラムシ、フジなどの草木の繊維から、どのようにして糸を採り、布を織っていたのか——聞書きをもとに忘れられた技術と文化を発掘する。四六判282頁 '95

79-Ⅰ すごろくⅠ 増川宏一

古代エジプトのセネト、ヨーロッパのバクギャモン、中近東のナルド、中国の双陸などの系譜に日本の盤雙六を位置づけ、遊戯・賭博としてのその数奇なる運命を辿る。四六判312頁 '95

79-Ⅱ すごろくⅡ 増川宏一

ヨーロッパの鵞鳥のゲームから日本中世の浄土双六、近世の華麗な絵双六、さらには近現代の少年誌の附録まで、絵双六の変遷を追って時代の社会・文化を読みとる。四六判390頁 '95

80 パン 安達巖

古代オリエントに起ったパン食文化が中国・朝鮮を経て弥生時代の日本に伝えられたことを史料と伝承をもとに解明し、わが国パン食文化二〇〇〇年の足跡を描き出す。四六判260頁 '96

81 枕（まくら） 矢野憲一

神さまの枕・大嘗祭の枕から枕絵の世界まで、人生の三分の一を共に過す枕をめぐって、その材質の変遷を辿り、伝説と怪談、俗信と民俗、エピソードを興味深く語る。四六判252頁 '96

82-Ⅰ 桶・樽（おけ・たる）Ⅰ 石村真一

日本、中国、朝鮮、ヨーロッパにわたる厖大な資料を集成してその豊かな文化の系譜を探り、東西の木工技術史を比較しつつ世界史的視野から桶・樽の文化を描き出す。四六判388頁 '97

82-Ⅱ 桶・樽（おけ・たる）Ⅱ　石村真一

多数の調査資料と絵画・民俗資料をもとにその製作技術を復元し、東西の木工技術を比較考証しつつ、技術文化史の視点から桶・樽製作の実態とその変遷を跡づける。　四六判372頁　'97

82-Ⅲ 桶・樽（おけ・たる）Ⅲ　石村真一

樹木と人間とのかかわり、製作者と消費者とのかかわりを通じて桶樽と生活文化の変遷を考察し、木材資源の有効利用という視点から桶樽の文化史的役割を浮彫にする。　四六判352頁　'97

83-Ⅰ 貝Ⅰ　白井祥平

世界各地の現地調査と文献資料を駆使して、古来至高の財宝とされてきた宝貝のルーツとその変遷を探り、貝と人間とのかかわりの歴史を「貝貨」の文化史として描く。　四六判386頁　'97

83-Ⅱ 貝Ⅱ　白井祥平

サザエ、アワビ、イモガイなど古来人類とかかわりの深い貝をめぐって、その生態・分布・地方名、装身具や貝貨としての利用法などを豊富なエピソードを交えて語る。　四六判328頁　'97

83-Ⅲ 貝Ⅲ　白井祥平

シンジュガイ、ハマグリ、アカガイ、シャコガイなどをめぐって世界各地の民族誌を渉猟し、それらが人類文化に残した足跡を辿る。参考文献一覧／総索引を付す。　四六判392頁　'97

84 松茸（まつたけ）　有岡利幸

秋の味覚として古来珍重されてきた松茸の由来を求めて、稲作文化と里山（松林）の生態系から説きおこし、日本人の伝統的生活文化の中に松茸流行の秘密をさぐる。　四六判296頁　'97

85 野鍛冶（のかじ）　朝岡康二

鉄製農具の製作・修理・再生を担ってきた農鍛冶の歴史的役割を探り、近代化の大波の中で変貌する職人技術の実態をアジア各地のフィールドワークを通して描き出す。　四六判280頁　'98

86 稲　品種改良の系譜　菅　洋

作物としての稲の誕生、稲の渡来と伝播の経緯から説きおこし、明治以降主として庄内地方の民間育種家の手によって飛躍的発展をとげたわが国品種改良の歩みを描く。　四六判332頁　'98

87 橘（たちばな）　吉武利文

永遠のかぐわしい果実として日本の神話・伝説に特別の位置を占めて語り継がれてきた橘をめぐって、その育まれた風土とかずかずの伝承の中に日本文化の特質を探る。　四六判286頁　'98

88 杖（つえ）　矢野憲一

神の依代としての杖や仏教の錫杖に杖と信仰とのかかわりを探り、人類が突きつつ歩んだその歴史と民俗を興味ぶかく語る。多彩な材質と用途を網羅した杖の博物誌。　四六判314頁　'98

89 もち（糯・餅）　渡部忠世／深澤小百合

モチイネの栽培・育種から食品加工、民俗、儀礼にわたってそのルーツと伝承の足跡をたどり、アジア稲作文化という広範な視野からこの特異な食文化の謎を解明する。　四六判330頁　'98

90 さつまいも　坂井健吉

その栽培の起源と伝播経路を跡づけるとともに、わが国伝来後四百年の経緯を詳細にたどり、世界に冠たる育種と栽培・利用法を築いた人々の知られざる足跡をえがく。　四六判328頁　'99

91 珊瑚（さんご）　鈴木克美

海岸の自然保護に重要な役割を果たす岩石サンゴから宝飾品として知られる宝石サンゴまで、人間生活と深くかかわってきたサンゴの多彩な姿を人類文化史として描く。四六判３７０頁 '99

92-Ⅰ 梅Ⅰ　有岡利幸

万葉集、源氏物語、五山文学などの古典や天神信仰に表れた梅の足跡を克明に辿りつつ日本人の精神史に刻印された梅を浮彫にし、梅と日本人の二〇〇〇年史を描く。四六判２７４頁 '99

92-Ⅱ 梅Ⅱ　有岡利幸

その植生と栽培、伝承、梅の名所や鑑賞法の変遷から戦前の国定教科書に表れた梅まで、梅と日本人との多彩なかかわりを探り、桜との対比において梅の文化史を描く。四六判３３８頁 '99

93 木綿口伝（もめんくでん）第2版　福井貞子

老女たちからの聞書を経糸とし、厖大な遺品・資料を緯糸として、母から娘へと幾代にも伝えられた手づくりの木綿文化を掘り起し、近代の木綿の盛衰を描く。増補版　四六判３３６頁 '00

94 合せもの　増川宏一

「合せる」には古来、一致させるの他に、競う、闘う、比べる等の意味があった。貝合せや絵合せ等の遊戯・賭博を中心に、広範な人間の営みを「合せる」行為に辿る。四六判３００頁 '00

95 野良着（のらぎ）　福井貞子

明治初期から昭和四〇年までの野良着を収集・分類・整理し、それらの用途と年代、形態、材質、重量、呼称などを精査して、働く庶民の創意にみちた生活史を描く。四六判２９２頁 '00

96 食具（しょくぐ）　山内昶

東西の食文化に関する資料を渉猟し、食法の違いを人間の自然に対するかかわり方の違いとして捉えつつ、食具を人間と自然をつなぐ基本的な媒介物として位置づける。四六判２９２頁 '00

97 鰹節（かつおぶし）　宮下章

黒潮からの贈り物・カツオの漁法から鰹節の製法や食法、商品としての流通までを歴史的に展望するとともに、沖縄やモルジブ諸島の調査をもとにそのルーツを探る。四六判３８２頁 '00

98 丸木舟（まるきぶね）　出口晶子

先史時代から現代の高度文明社会まで、もっとも長期にわたり使われてきた刳り舟に焦点を当て、その技術伝承を辿りつつ、森や水辺の文化の広がりと動態をえがく。四六判３２４頁 '01

99 梅干（うめぼし）　有岡利幸

日本人の食生活に不可欠の自然食品・梅干をつくりだした先人たちの知恵に学ぶとともに、健康増進に驚くべき薬効を発揮する、その知られざるパワーの秘密を探る。四六判３００頁 '01

100 瓦（かわら）　森郁夫

仏教文化と共に中国・朝鮮から伝来し、一四〇〇年にわたり日本の建築を飾ってきた瓦をめぐって、発掘資料をもとにその製造技術、形態、文様などの変遷をたどる。四六判３２０頁 '01

101 植物民俗　長澤武

衣食住から子供の遊びまで、幾世代にも伝承された植物をめぐる暮らしの知恵を克明に記録し、高度経済成長期以前の農山村の豊かな生活文化を愛惜をこめて描き出す。四六判３４８頁 '01

102 箸（はし） 向井由紀子／橋本慶子

そのルーツを中国、朝鮮半島に探るとともに、日本人の食生活に不可欠の食具となり、日本文化のシンボルとされるまでに洗練された箸の文化の変遷を総合的に描く。 四六判３３４頁 '01

103 採集 ブナ林の恵み 赤羽正春

縄文時代から今日に至る採集・狩猟民の暮らしを復元し、動物の生態系と採集生活の関連を明らかにしつつ、民俗学と考古学の両面から山に生かされた人々の姿を描く。 四六判２９８頁 '01

104 下駄 神のはきもの 秋田裕毅

古墳や井戸等から出土する下駄に着目し、下駄が地上と地下の他界を結ぶ聖なるはきものであったという大胆な仮説を提出、日本の神々の忘れられた側面を浮彫にする。 四六判３０４頁 '02

105 絣（かすり） 福井貞子

膨大な絣遺品を収集・分類し、絣産地を実地に調査して絣の技法と文様の変遷を地域別・時代別に跡づけ、明治・大正・昭和の手づくりの染織文化の盛衰を描き出す。 四六判３１０頁 '02

106 網（あみ） 田辺悟

漁網を中心に、網に関する基本資料を網羅して網の変遷と網をめぐる民俗を体系的に描き出し、網の文化を集成する。「網に関する小事典」「網のある博物館」を付す。 四六判３１６頁 '02

107 蜘蛛（くも） 斎藤慎一郎

「土蜘蛛」の呼称で畏怖される一方「クモ合戦」など子供の遊びとしても親しまれてきたクモと人間との長い交渉の歴史をその深層に遡って追究した異色のクモ文化論。 四六判３２０頁 '02

108 襖（ふすま） むしゃこうじ・みのる

襖の起源と変遷を建築史・絵画史の中に探りつつその用と美を浮彫にし、衝立・障子・屏風等と共に日本建築の空間構成に不可欠の建具となるまでの経緯を描き出す。 四六判２７０頁 '02

109 漁撈伝承（ぎょろうでんしょう） 川島秀一

漁師たちからの聞き書きをもとに、寄り物、船霊、大漁旗など、漁撈にまつわる〈もの〉の伝承を集成し、海の道によって運ばれた習俗や信仰の民俗地図を描き出す。 四六判３３４頁 '03

110 チェス 増川宏一

世界中に数億人の愛好者を持つチェスの起源と文化を、欧米における膨大な研究の蓄積を渉猟しつつ探り、日本への伝来の経緯から美術工芸品としてのチェスにおよぶ。 四六判２９８頁 '03

111 海苔（のり） 宮下章

海苔の歴史は厳しい自然とのたたかいの歴史だった――採取から養殖、加工、流通、消費に至る先人たちの苦難の歩みを史料と実地調査によって浮彫にする食物文化史。 四六判１７２頁 '03

112 屋根 檜皮葺と杮葺 原田多加司

屋根葺師一〇代の著者が、自らの体験と職人の本懐を語り、連綿として受け継がれてきた伝統の手わざを体系的にたどりつつ伝統技術の保存と継承の必要性を訴える。 四六判３４０頁 '03

113 水族館 鈴木克美

初期水族館の歩みを創始者たちの足跡を通して辿りなおし、水族館をめぐる社会の発展と風俗の変遷を描き出すとともにその未来像をさぐる初の〈日本水族館史〉の試み。 四六判２９０頁 '03

114 古着（ふるぎ） 朝岡康二

仕立てと着方、管理と保存、再生と再利用等にわたり衣生活の変容を近代の日常生活の変化として捉え直し、衣服をめぐるリサイクル文化が形成される経緯を描き出す。 四六判292頁 '03

115 柿渋（かきしぶ） 今井敬潤

染料・塗料をはじめ生活百般の必需品であった柿渋の伝承を記録し、文献資料をもとにその製造技術と利用の実態を明らかにして、忘れられた豊かな生活技術を見直す。 四六判294頁 '03

116-I 道I 武部健一

道の歴史を先史時代から説き起こし、古代律令制国家の要請によって駅路が設けられ、しだいに幹線道路として整えられてゆく経緯を技術史・社会史の両面からえがく。 四六判248頁 '03

116-II 道II 武部健一

中世の鎌倉街道、近世の五街道、近代の開拓道路から現代の高速道路網までを通観し、道路を拓いた人々の手によって今日の交通ネットワークが形成された歴史を語る。 四六判280頁 '03

117 かまど 狩野敏次

日常の煮炊きの道具であるとともに祭りと信仰に重要な位置を占めてきたカマドをめぐる忘れられた伝承を掘り起こし、民俗空間の壮大なコスモロジーを浮彫りにする。 四六判292頁 '04

118-I 里山I 有岡利幸

縄文時代から近世までの里山の変遷を人々の暮らしと植生の変化の両面から跡づけ、その源流を記紀万葉に描かれた里山の景観や大和・三輪山の古記録・伝承等に探る。 四六判276頁 '04

118-II 里山II 有岡利幸

明治の地租改正による山林の混乱、相次ぐ戦争による山野の荒廃、エネルギー革命、高度成長による大規模開発など、近代化の荒波に翻弄される里山の見直しを説く。 四六判274頁 '04

119 有用植物 菅 洋

人間生活に不可欠のものとして利用されてきた身近な植物たちの来歴と栽培・育種・品種改良・伝播の経緯を平易に語り、植物と共に歩んだ文明の足跡を浮彫にする。 四六判324頁 '04

120-I 捕鯨I 山下渉登

世界の海で展開された鯨と人間との格闘の歴史を振り返り、「大航海時代」の副産物として開始された捕鯨業の誕生以来四〇〇年にわたる盛衰の社会的背景をさぐる。 四六判314頁 '04

120-II 捕鯨II 山下渉登

近代捕鯨の登場により鯨資源の激減を招き、捕鯨の規制・管理のための国際条約締結に至る経緯をたどり、グローバルな課題としての自然環境問題を浮き彫りにする。 四六判312頁 '04

121 紅花（べにばな） 竹内淳子

栽培、加工、流通、利用の実際を現地に探訪して紅花とかかわってきた人々からの聞き書きを集成し、忘れられた〈紅花文化〉を復元しつつその豊かな味わいを見直す。 四六判346頁 '04

122-I もののけI 山内昶

日本の妖怪変化、未開社会の〈マナ〉、西欧の悪魔やデーモンを比較考察し、名づけ得ぬ未知の対象を指す万能のゼロ記号〈もの〉をめぐる人類文化史を跡づける博物誌。 四六判320頁 '04

122-Ⅱ ものの け Ⅱ　山内昶
日本の鬼、古代ギリシアのダイモン、中世の異端狩り・魔女狩り等々をめぐり、自然＝カオスと文化＝コスモスの対立の中で〈野生の思考〉が果たしてきた役割をさぐる。四六判２８０頁 '04

123 染織（そめおり）　福井貞子
自らの体験と厖大な残存資料をもとに、糸づくりから織り、染めにわたる手づくりの豊かな生活文化を見直す。創意にみちた手わざのかずかずを復元する庶民生活誌。四六判２９４頁 '05

124-Ⅰ 動物民俗 Ⅰ　長澤武
神として崇められたクマやシカをはじめ、人間にとって不可欠の鳥獣や魚、さらには人間を脅かす動物など、多種多様な動物たちと交流してきた人々の暮らしの民俗誌。四六判２６４頁 '05

124-Ⅱ 動物民俗 Ⅱ　長澤武
動物の捕獲法をめぐる各地の伝承を紹介するとともに、全国で語り継がれてきた多彩な動物民話・昔話を渉猟し、暮らしの中で培われた動物フォークロアの世界を描く。四六判２６６頁 '05

125 粉（こな）　三輪茂雄
粉体の研究をライフワークとする著者が、粉食の発見からナノテクノロジーまで、人類文明の歩みを〈粉〉の視点から捉え直した壮大なスケールの〈文明の粉体史観〉　四六判３０２頁 '05

126 亀（かめ）　矢野憲一
浦島伝説や「兎と亀」の昔話によって親しまれてきた亀のイメージの起源を探り、古代の亀卜の方法から、亀にまつわる信仰と迷信、鼈甲細工やスッポン料理におよぶ。四六判３３０頁 '05

127 カツオ漁　川島秀一
一本釣り、カツオ漁場、船上の生活、船霊信仰、祭りと禁忌など、カツオ漁にまつわる漁師たちの伝承を集成し、黒潮に沿って伝えられた漁民たちの文化を掘り起こす。四六判３７０頁 '05

128 裂織（さきおり）　佐藤利夫
木綿の風合いと強靭さを生かした裂織の技と美をすぐれたリサイクル文化として見なおす。東西文化の中継地・佐渡の古老たちからの聞書をもとに歴史と民俗をえがく。四六判３０８頁 '05

129 イチョウ　今野敏雄
「生きた化石」として珍重されてきたイチョウの生い立ちと人々の生活文化とのかかわりの歴史をたどり、この最古の樹木に秘められたパワーを最新の中国文献にさぐる。四六判３１２頁〔品切〕'05

130 広告　八巻俊雄
のれん、看板、引札からインターネット広告までを通観し、いつの時代にも広告が人々の暮らしと密接にかかわって独自の文化を形成してきた経緯を描く広告の文化史。四六判２７６頁 '06

131-Ⅰ 漆（うるし）Ⅰ　四柳嘉章
全国各地で発掘された考古資料を対象に科学的解析を行ない、縄文時代から現代に至る漆の技術と文化を跡づける試み。漆が日本人の生活と精神に与えた影響を探る。四六判２７４頁 '06

131-Ⅱ 漆（うるし）Ⅱ　四柳嘉章
遺跡や寺院等に遺る漆器を分析し体系づけるとともに、絵巻物や文学作品の考証を通じて、職人や産地の形成、漆工芸の地場産業としての発展の経緯などを考察する。四六判２１６頁 '06

142 追込漁（おいこみりょう） 川島秀一

沖縄の島々をはじめ、日本各地で今なお行なわれている沿岸漁撈を実地に精査し、魚の生態と自然条件を知り尽した漁師たちの知恵と技を見直しつつ漁業の原点を探る。 四六判３６８頁 '08

143 人魚（にんぎょ） 田辺悟

ロマンとファンタジーに彩られて世界各地に伝承される人魚の実像をもとめて東西の人魚誌を渉猟し、フィールド調査と膨大な資料をもとに集成したマーメイド百科。 四六判３５２頁 '08

144 熊（くま） 赤羽正春

狩人たちからの聞き書きをもとに、かつては神として崇められた熊と人間との精神史的な関係をさぐり、熊を通して人間の生存可能性にもおよぶユニークな動物文化史。 四六判３８４頁 '08

145 秋の七草 有岡利幸

『万葉集』で山上憶良がうたいあげて以来、千数百年にわたり秋を代表する植物として日本人にめでられてきた七種の草花の知られざる伝承を掘り起こす植物文化誌。 四六判３０６頁 '08

146 春の七草 有岡利幸

厳しい冬の季節に芽吹く若菜に大地の生命力を感じ、春の到来を祝い新年の息災を願う「七草粥」などとして食生活の中に巧みに取り入れてきた古人たちの知恵を探る。 四六判２７２頁 '08

147 木綿再生 福井貞子

自らの人生遍歴と木綿を愛する人々との出会いを織り重ねて綴り、優れた文化遺産としての木綿衣料を紹介しつつ、リサイクル文化としての木綿再生のみちを模索する。 四六判２６６頁 '09

148 紫（むらさき） 竹内淳子

今や絶滅危惧種となった紫草（ムラサキ）を育てる人びと、伝統の紫根染を今に伝える人びとを全国にたずね、貝紫染の始原を求めて吉野ヶ里におよぶ「むらさき紀行」。 四六判３２４頁 '09

149-Ⅰ 杉Ⅰ 有岡利幸

その生態、天然分布の状況から各地における栽培・育種、利用にいたる歩みを弥生時代から今日までの人間の営みの中で捉えなおし、わが国林業史を展望しつつ描き出す。 四六判２８２頁 '10

149-Ⅱ 杉Ⅱ 有岡利幸

古来神の降臨する木として崇められるとともに生活のさまざまな場面で活用され、絵画や詩歌に描かれてきた杉の文化をたどり、さらに「スギ花粉症」の原因を追究する。 四六判２７８頁 '10

150 井戸 秋田裕毅（大橋信弥編）

弥生中期になぜ井戸は突然出現するのか。飲料水など生活用水ではなく、祭祀用の聖なる水を得るためだったのではないか。目的や構造の変遷、宗教との関わりをたどる。 四六判２６０頁 '10

151 楠（くすのき） 矢野憲一／矢野高陽

語源と字源、分布と繁殖、文学や美術における楠から医薬品としての利用、キューピー人形や樟脳の船まで、楠と人間の関わりの歴史を辿りつつ自然保護の問題に及ぶ。 四六判３３４頁 '10

152 温室 平野恵

温室は明治時代に欧米から輸入された印象があるが、じつは江戸時代半ばから「むろ」という名の保温設備があった。絵巻や小説、遺跡などより浮かび上がる歴史。 四六判３１０頁 '10

153 檜（ひのき） 有岡利幸
建築・木彫・木材工芸に最良の材としてわが国の〈木の文化〉に重要な役割を果たしてきた檜。その生態から保護・育成・生産・流通・加工までの変遷をたどる。 四六判320頁 '11

154 落花生 前田和美
南米原産の落花生が大航海時代にアフリカ経由で世界各地に伝播していく歴史をたどるとともに、日本で栽培を始めた先覚者や食文化との関わりを紹介する。 四六判312頁 '11

155 イルカ（海豚） 田辺悟
神話・伝説の中のイルカ、イルカをめぐる信仰から、漁撈伝承、食文化の伝統と保護運動の対立までを幅広くとりあげ、ヒトと動物との関係はいかにあるべきかを問う。 四六判330頁 '11

156 輿（こし） 櫻井芳昭
古代から明治初期まで、千二百年以上にわたって用いられてきた輿の種類と変遷を探り、天皇の行幸や斎王群行、姫君たちの輿入れにおける使用の実態を明らかにする。 四六判252頁 '11

157 桃 有岡利幸
魔除けや若返りの呪力をもつ果実として神話や昔話に語り継がれ、近年古代遺跡から大量出土して祭祀との関連が注目される桃。日本人との多彩な関わりを考察する。 四六判328頁 '12

158 鮪（まぐろ） 田辺悟
古文献に描かれ記されたマグロを紹介し、漁法・漁具から運搬と流通・消費、漁民たちの暮らしと民俗・信仰までを探りつつ、マグロをめぐる食文化の未来にもおよぶ。 四六判350頁 '12

159 香料植物 吉武利文
クロモジ、ハッカ、ユズ、セキショウ、ショウノウなど、日本の風土で育った植物から香料をつくりだす人びとの営みを現地に訪ね、伝統技術の継承・発展を考える。 四六判290頁 '12

160 牛車（ぎっしゃ） 櫻井芳昭
牛車の盛衰を交通史や技術史との関連で探り、絵巻や日記・物語等に描かれた牛車の種類と構造、利用の実態を明らかにして、読者を平安の「雅」の世界へといざなう。 四六判224頁 '12

161 白鳥 赤羽正春
世界各地の白鳥処女説話を博捜し、古代以来の人々が抱いた〈鳥への想い〉を明らかにするとともに、その源流を、白鳥をトーテムとする中央シベリアの白鳥族に探る。 四六判360頁 '12

162 柳 有岡利幸
日本人との関わりを詩歌や文献をもとに探りつつ、容器や調度品に、治山治水対策に、火薬や薬品の原料に、さらには風景の演出用に活用されてきた歴史をたどる。 四六判328頁 '13

163 柱 森郁夫
竪穴住居の時代から建物を支えてきただけでなく、大黒柱や鼻っ柱などさまざまな言葉に使われている柱。遺跡の発掘でわかった事実や、日本文化との関わりを紹介。 四六判252頁 '13

164 磯 田辺悟
人間はもとより、動物たちにも多くの恵みをもたらしてきた磯──その豊かな文化をさぐり、東日本大震災以前の三陸沿岸を軸に磯漁の民俗を聞書きによって再現する。 四六判450頁 '14

165 タブノキ　山形健介

南方から「海上の道」をたどってきた列島文化を象徴する樹木について、中国・台湾・韓国も視野に収めて記録や伝承を掘り起こし、人々の暮らしとの関わりを探る。　四六判316頁　'14

166 栗　今井敬潤

縄文人が主食とし栽培していた栗。建築や木工の材、鉄道の枕木といった生活に密着した多様な利用法や、品種改良に取り組んだ技術者たちの苦闘の足跡を紹介する。　四六判272頁　'14

167 花札　江橋崇

法制史から文学作品まで、厖大な文献を渉猟して、その誕生から現在までを辿り、花札をその本来の輝き、自然を敬愛して共存する日本の文化という特性のうちに描く。　四六判372頁　'14

168 椿　有岡利幸

本草書の刊行や栽培・育種技術の発展によって近世初期に空前の大ブームを巻き起こした椿。多彩な花の紹介をはじめ、椿油や木材の利用、信仰や民俗まで網羅する。　四六判336頁　'14

169 織物　植村和代

人類が初めて機械で作った製品、織物。機織り技術の変遷を世界史的視野で見直し、古来より日本と東南アジアやインド、ペルシアの交流や伝播があったことを解説。　四六判346頁　'14

170 ごぼう　冨岡典子

和食に不可欠な野菜ごぼうは、焼畑農耕から生まれ、各地の風土のなか固有の品種や調理法が育まれた。そのルーツを稲作以前の神饌や祭り、儀礼に探る和食文化誌。　四六判276頁　'15

171 鱈（たら）　赤羽正春

漁場開拓の歴史と漁法の変遷、漁民たちのくらしを跡づけ、戦時の非常食としての役割を明らかにしつつ、「海はどれほどの人を養えるか」についても考える。　四六判336頁　'15

172 酒　吉田元

酒の誕生から、世界でも珍しい製法が確立しブランド化する近世までの長い歩みをたどる。飢饉や幕府の規制をかいくぐり、いかにその香りと味を生みだしたのか。　四六判256頁　'15

173 かるた　江橋崇

外来の遊技具でありながら二百年余の鎖国の間に日本の美術・文芸・芸能を幅広く取り入れ、和紙や和食にも匹敵する存在として発展した〈かるた〉の全体像を描く。　四六判358頁　'15

174 豆　前田和美

ダイズ、アズキ、エンドウなど主要な食用マメ類について、その栽培化と作物としての歩みを世界史的視野で捉え直し、食文化に果たしてきた役割を浮き彫りにする。　四六判370頁　'15

175 島　田辺悟

日本誕生神話に記された島々の所在から南洋諸島の巨石文化まで、島をめぐる数々の謎を紹介し、残存する習俗の古層を発掘して島の精神性にもおよぶ島嶼文化論。　四六判306頁　'15

176 欅（けやき）　有岡利幸

長年営林事業に携わってきた著者が、実際に見聞きした事例や文献・資料を駆使し、その生態から信仰や昔話、防災林や木材としての利用にいたる歴史を物語る。　四六判306頁　'16

177 歯　大野粛英

虫歯や入れ歯など、古来より人は歯に悩んできた。著者は小説や日記、浮世絵や技術書まで多岐にわたる資料を駆使し、歯科医ならではの視点で治療法の変遷も紹介。

四六判２５０頁 '16

178 はんこ　久米雅雄

「漢委奴国王」印から織豊時代のローマ字印章、歴代の「天皇御璽」、さらには「庶民のはんこ」まで、歴史学と考古学の知見を綜合して、印章をめぐる数々の謎に挑む。

四六判３４４頁 '16

179 相撲　土屋喜敬

一五〇〇年の歴史を誇る相撲はもとは芸能として庶民に親しまれていた。力士や各地の興行の実態、まわしや土俵の変遷、櫓の意味、文学など多角的に興味深く解説。

四六判２９８頁 '17

180 醤油　吉田元

醤油の普及により、江戸時代に天ぷらや寿司、蕎麦など一気に食文化が花開く。濃口・淡口の特徴、外国産との製法の違い、代用醤油、海外輸出の苦労話等を紹介。

四六判２７２頁 '18

181 和紙植物　有岡利幸

奈良時代から現代まで、和紙原木の育成・伐採・皮剝ぎの工程を軸に、生産者たちの苦闘の歴史を描き、生産地の過疎化・高齢化、野生獣による被害の問題にもおよぶ。

四六判３１８頁 '18